DR. MARIE NITZSCHNER

Die Persönlichkeit des Hundes

WIE GENE UND UMWELT DAS WESEN BESTIMMEN

MIT KOSMOS MEHR ENTDECKEN
NEUES
aus der
FORSCHUNG
SEIT 1822

KOSMOS

☞ Inhalt

DAS PERSÖNLICHKEITS-KONZEPT

— *Wie beschreibt man das Wesen?*

WAS IST PERSÖNLICHKEIT?

Wenn man im Internet nach dem Begriff „Persönlichkeit" sucht, gibt es eine große Anzahl an Definitionen. Sie wird etwa als „Individualität eines einzelnen Menschen", „Alle prägenden Eigenschaften eines Menschen", „Gesamtstruktur einer Person" oder „Gesamtheit der charakteristischen Eigenschaften eines Menschen" beschrieben. Eine ausführlichere Definition lautet zum Beispiel: Was fällt dabei auf? Genau – sie beziehen sich ausschließlich und ausdrücklich auf den Menschen. Ähnlich verhält es sich in der Forschung zum Thema. Die ersten Konzepte zur menschlichen Persönlichkeit gab es schon in der Antike. Es folgten unzählige weitere Theorien. Vor allem seit Beginn des 20. Jahrhunderts wird intensiv zu dieser Thematik geforscht.

„Die Persönlichkeit eines Menschen ist eine lebenslang andauernde Kombination von Merkmalen des Temperaments, des Gefühlslebens, des Intellekts und der Art zu handeln und zu kommunizieren."

(Roth 2015)

Eine Frage, die viele Menschen interessiert: Besitzen Hunde eine Persönlichkeit?

Man kann nicht von jedem Verhalten auf die Persönlichkeit eines Individuums schließen.

Während die Persönlichkeit des Menschen also schon seit Tausenden von Jahren untersucht wird, hat die Wissenschaft nichtmenschlichen Tieren bis vor kurzem abgesprochen, dass sie eine Persönlichkeit besitzen. Erst in den letzten Jahren findet diese Thematik auch in Bezug auf Tiere Beachtung. Wenn wir uns jetzt aber zum Beispiel die obige Definition anschauen, bleibt die Frage, ob wir diese so einfach auf andere Tiere anwenden können. Wie definiert man denn das Temperament eines Tieres? Woher weiß man, wie es fühlt? Und wie äußert sich der Intellekt?

Aufgrund dieser Schwierigkeiten haben die Wissenschaftler, die sich mit der Persönlichkeit von Tieren beschäftigen, eine neue Definition entwickelt, die sich problemlos auch auf nichtmenschliche Tiere anwenden lässt (siehe Zitat).

Diese Verhaltensmerkmale und Reaktionsmuster schlagen sich sowohl in emotionalen als auch in kognitiven Variablen nieder. Somit äußern sich die Unterschiede in der Persönlichkeit zum Beispiel in der unterschiedlichen Herangehensweise an bestimmte Alltagssituationen sowie im Problemlösungsverhalten.

„Der Begriff ‚Persönlichkeit' beschreibt bestimmte Verhaltensmerkmale und Reaktionsmuster, die sich zwischen Individuen unterscheiden, aber bei einem Individuum über Zeit und verschiedene Situationen hinweg konstant sind."

(Bergmüller & Taborsky 2010)

Wichtig dabei ist, dass man nicht von jedem Verhalten auf die Persönlichkeit eines Individuums schließen kann. Allerdings ist es möglich, von der Persönlichkeit auf bestimmte Verhaltensweisen zu schließen. Man kann also Vorhersagen machen, wie sich ein Individuum vermutlich in einer zukünftigen Situation verhalten wird. Wenn ein Hund zum Beispiel einmal in einer Situation ängstlich reagiert, heißt das noch lange nicht, dass es ein ängstlicher Hund ist. Wenn der Hund allerdings in vielen verschiedenen Situationen sehr unsicher reagiert, könnte man sagen, dass es sich um einen unsicheren Hund handelt. Die Ängstlichkeit wäre dann ein zeit- und situationsstabiles Persönlichkeitsmerkmal (auch Trait genannt). Wenn man das weiß, lässt sich vermuten, dass dieser Hund auch zukünftig in ähnlichen Situationen Angstverhalten zeigen wird. Um die Persönlichkeit einschätzen zu können, muss man das Tier also mehrmals und in verschiedenen Situationen beobachten. Dass tatsächlich auch Tiere ganz individuelle und zeitstabile Verhaltensmerkmale aufweisen, konnte schon bei vielen verschiedenen Spezies wie zum Beispiel Kohlmeisen, Rabenvögeln, Ratten, Fischen und auch Hunden nachgewiesen werden.

Einige Autoren unterscheiden innerhalb der Persönlichkeit zwischen Temperament (Kernpersönlichkeit) und Charakter (erweiterte Persönlichkeit) (Cloninger et al. 1993). Während Ersteres teilweise bereits nach der Geburt relativ stabil ist und demnach einen hohen genetischen Anteil hat, wird der Charakter stark von Umwelteinflüssen mitbestimmt.

Die Persönlichkeit eines Hundes ist, wie auch beim Menschen, erst deutlich nach der Pubertät, also im frühen Erwachsenenalter relativ stabil (beim Menschen mit ca. 25 Jahren, beim Hund – je nach Rasse – mit 2–3 Jahren), wenngleich sie sich auch im weiteren Lebensverlauf weiterentwickelt. Zwar zeigen schon wenige Wochen alte Welpen verhältnismäßig beständige Verhaltensmuster, allerdings können sich diese in den folgenden Wochen und Monaten noch stark verändern. Das liegt zum einen an dem Einfluss verschiedener Umweltfaktoren und Erfahrungen, aber auch an bestimmten Reifungsprozessen. Das Konzept der Persönlichkeit bezieht sich daher vor allem auf erwachsene Individuen.

Das Persönlichkeitskonzept bezieht sich auf erwachsene Tiere.

PERSÖNLICHKEITSFORSCHUNG BEIM MENSCHEN

DIE „TEMPERAMENTENLEHRE" DER HIPPOKRATIKER

Wie schon erwähnt, gab es die ersten Untersuchungen zur menschlichen Persönlichkeit und daraus entstandene Modelle bereits in der Antike. Vor allem die „Temperamentenlehre" der Hippokratiker fand dabei eine große Verbreitung und reicht auch noch bis in die heutige Zeit. In dieser Theorie gibt es vier Persönlichkeitstypen: Choleriker, Sanguiniker, Melancholiker und Phlegmatiker.

Choleriker sind leicht erregbare und zornige Menschen,
Phlegmatiker sind langsam und antriebsarm,
Sanguiniker hingegen heitere, lebenslustige Menschen und
Melancholische Personen gelten als schwermütig.

Diese Bezeichnungen haben auch auf die heutige Persönlichkeitspsychologie einen starken Einfluss genommen und werden teilweise noch in der Alltagssprache verwendet. Allerdings verzichtet man in der modernen Persönlichkeitsforschung auf diese Art der Typisierung. Stattdessen betrachtet man die einzelnen Persönlichkeitsmerkmale als kontinuierliche Variablen.

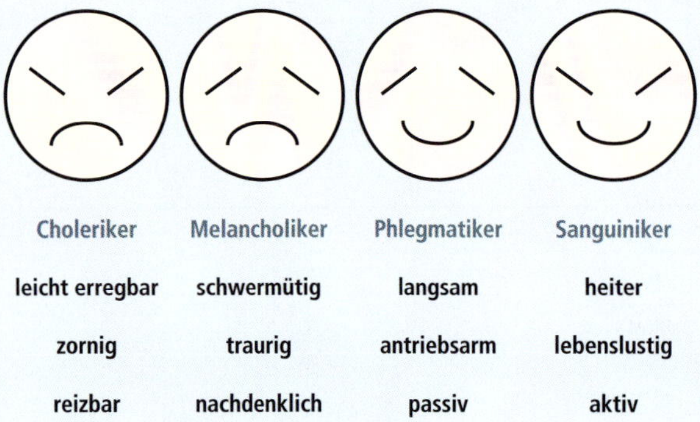

Abb. 1.1: Die vier Persönlichkeitstypen der Temperamentenlehre

DAS BIG5-MODELL

Das bekannteste Modell in der Persönlichkeitsforschung beim Menschen ist das sogenannte Fünf-Faktoren-Modell, welches auch Big5-Modell genannt wird. Es basiert auf einem lexikalischen Ansatz, das bedeutet, es ist durch die Analyse des menschlichen Wortschatzes entstanden. Die Forscher haben dazu unseren Wortschatz nach Worten durchsucht, die charakterbeschreibend sind. Dazu zählen Wörter wie kooperativ, sachlich, freundlich, träge, sensibel. Mittels Faktorenanalyse, einem statistischen Verfahren, mit dem man zahlreiche zusammenhängende Merkmale auf die zugrunde liegenden Faktoren reduzieren kann, konnten fünf stabile Persönlichkeitsfaktoren ermittelt werden. Diese Faktoren werden auch Persönlichkeitsdimensionen oder -merkmale genannt.

Offenheit für Erfahrungen (engl. Openness) Dieser Faktor drückt das Interesse an neuen Erfahrungen, Erlebnissen und Eindrücken aus. Personen mit hohen Werten in diesem Faktor sind wissbegierig, fantasievoll und künstlerisch interessiert. Sie hinterfragen bestehende Wertevorstellungen und handeln eher unkonventionell. Menschen mit niedrigen Offenheitswerten neigen dagegen eher zu konservativen Ansichten und konventionellem Verhalten.
Zu den Unterkategorien, sogenannten Facetten, die der Offenheit zugeordnet werden können, zählen Fantasie, Ästhetik, Gefühle, Handlungen, Ideen und Werte.

Gewissenhaftigkeit (engl. Conscientiousness) Die Dimension (also der Bereich) der Gewissenhaftigkeit beschreibt vor allem den Grad an Zielstrebigkeit, Genauigkeit und

Selbstkontrolle. Hohe Werte in diesem Bereich deuten auf zuverlässige, organisierte und überlegte Personen hin. Personen mit niedrigen Werten in dieser Dimension handeln eher spontan, unbekümmert und nachlässig.
Die Facetten in diesem Bereich umfassen Kompetenz, Ordnungsliebe, Pflichtbewusstsein, Leistungsstreben, Selbstdisziplin und Besonnenheit.

Extraversion (engl. Extraversion) Dieser Faktor beschreibt die Aktivität und das zwischenmenschliche Verhalten. Extrovertierte Personen sind aktiv, gesellig, heiter und optimistisch. Introvertierte Personen verhalten sich bei sozialen Interaktionen eher zurückhaltend, sie sind gern allein und unabhängig.
Zur Persönlichkeitsdimension der Extraversion gehören Herzlichkeit, Geselligkeit, Durchsetzungsfähigkeit, Aktivität, Erlebnishunger und Frohsinn.

Verträglichkeit (engl. Agreeableness)
Ähnlich wie die Extraversion beschreibt dieser Faktor vor allem das interpersonelle, also zwischenmenschliche Verhalten. Personen mit hohen Verträglichkeitswerten sind bemüht, anderen zu helfen und begegnen anderen mit Wohlwollen und Mitgefühl. Niedrige Verträglichkeitswerte hingegen deuten auf streitbare und misstrauische Personen hin. Sie verhalten sich eher wettbewerbsorientiert als kooperativ.
Vertrauen, Freimütigkeit, Altruismus, Entgegenkommen, Bescheidenheit, Gutherzigkeit sind die Facetten der Verträglichkeit.

Neurotizismus (engl. Neuroticism)
Neurotizismus beschreibt die emotionale Stabilität eines Menschen. Menschen mit hohen Neurotizismus-Werten sind eher labil, sie erleben häufiger Anspannung, Angst, Trauer und Unsicherheit. Niedrige Neurotizismuswerte weisen auf eine hohe

Ist das Big5-Modell auf den Hund anwendbar?

emotionale Stabilität hin. Diese Menschen erleben seltener negative Gefühle.
Die Unterpunkte, die in diese Persönlichkeitsdimension fallen, sind: Ängstlichkeit, Reizbarkeit, Depression, Befangenheit, Impulsivität und Verletzlichkeit.
Aufgrund der Anfangsbuchstaben wird das Big5-Modell im englischsprachigen Raum auch OCEAN-Modell genannt (Openness, Conscientiousness, Extraversion, Agreeableness, Neuroticism).

☞ 1.1 DIE PERSÖNLICHKEITSMERKMALE

nach dem Big5-Modell und die Pole ihrer Ausprägungen

PERSÖNLICHKEITSMERKMAL	AUSPRÄGUNGEN		
Offenheit für Erfahrungen	konservativ/ vorsichtig/ pragmatisch	⟷	neugierig/ kreativ/ spekulativ
Gewissenhaftigkeit	unbekümmert/ nachlässig/ spontan	⟷	effektiv/ organisiert/ ehrgeizig
Extraversion	zurückhaltend/ reserviert/ ruhig	⟷	gesellig/ durchsetzend/ aktiv
Verträglichkeit	wettbewerbsorientiert/ antagonistisch/ egozentrisch	⟷	kooperativ/ freundlich/ mitfühlend
Neurotizismus	selbstsicher/ gelassen/ optimistisch	⟷	emotional/ verletzlich/ pessimistisch

Messwert mit zwei Polen

Jede dieser Persönlichkeitsdimensionen stellt ein Kontinuum, also einen stufenlosen Messwert mit zwei Polen, dar und jeder Mensch hat auf jeder dieser Grunddimensionen eine bestimmte Ausprägung. Mit Hilfe eines komplex aufgebauten Fragebogens können diese Ausprägungen gemessen werden. In der Kurzform enthält dieser Fragebogen 60 Punkte, die ausführlichere Variante umfasst 240 Fragen. Daraus ergibt sich für jede Person ein ganz individuelles Persönlichkeitsprofil (Abbildung 1.2).
Die Messung der Grunddimensionen funktioniert sowohl in der Selbstbeschreibung der Person als auch in Fremdbeschreibungen durch Familienangehörige oder enge Bekannte. Und das trifft nicht nur für Menschen in unserem Kulturkreis zu, sondern auch für die unterschiedlichsten Kulturen rund um den Globus. Somit hat sich das Fünf-Faktoren-Modell als sehr robust erwiesen. Und auch wenn es noch andere Persönlichkeitsmodelle gibt, sind sich die Wissenschaftler doch weitestgehend einig, dass diese fünf Faktoren geeignete Kategorien darstellen, um die menschliche Persönlichkeit abzubilden. In den letzten Jahrzehnten wurde das Fünf-Faktoren-Modell zum Beispiel in der Erforschung von politischen Einstellungen, der Stressforschung sowie im Schul- und Erziehungsbereich eingesetzt. Auch spielt es eine wichtige Rolle, um Risikofaktoren für psychische Erkrankungen zu ermitteln. Die größte Anwendung fand es aber vermutlich im Bereich des Personalmanagements.

WARUM PERSÖNLICHKEITSFORSCHUNG MIT HUNDEN?

Für potenzielle Hundebesitzer macht es durchaus Sinn, bei der Wahl des richtigen Hundes auch dessen Persönlichkeit zu betrachten. So würde beispielsweise ein sehr aktiver Hund zu Besitzern passen, die auch einen aktiven Lebensstil führen. Im Gegensatz dazu eignet sich ein ruhiger Vierbeiner eher für Besitzer, die ihren Alltag gemütlicher angehen. Hingegen ist ein ängstlicher Hund vermutlich am besten bei Menschen aufgehoben, die mit diesem Persönlichkeitsmerkmal umgehen können.
Nur wenn man die Persönlichkeitsstruktur des Hundes versteht, kann man einen passenden Hund für das eigene Lebensumfeld auswählen und dann auch im Umgang sowie Erziehung und Training bestmöglich auf die Bedürfnisse des Tieres eingehen. Aber nicht nur für Hundehalter ist es wichtig, Temperament und Charakter eines Hundes zu erkennen, denn Hunde erfüllen in unserer Gesellschaft nicht nur die Rolle eines Sozialpartners, sondern sie werden auch für eine Vielzahl von sehr unterschiedlichen Aufgaben eingesetzt. Sie arbeiten zum Beispiel als Assistenzhunde für Menschen mit verschiedensten körperlichen, geistigen oder psychischen Einschränkungen, werden als Spürhunde für unterschiedlichste Substanzen eingesetzt oder arbeiten als Diensthund bei Polizei oder Militär. Für all diese Aufgaben werden Hunde mit sehr unterschiedlichen Persönlichkeitsprofilen benötigt. Die Wahl der „richtigen" Hunde basiert also auf stabilen individuellen Verhaltensmerkmalen, die für die entsprechenden Anforderungen als relevant erscheinen. Um geeignete Hunde für die jeweilige Aufgabe auszuwählen und mit ihnen weiter zu züchten, bedarf es einer systematischen Einschätzung individueller Unterschiede im Verhalten. Es besteht also auch ein wirtschaftliches Interesse, die Persönlichkeit eines Hundes zu erforschen, um das zukünftige Verhalten möglichst genau vorhersagen und passende Hunde für bestimmte Aufgaben auswählen zu können.

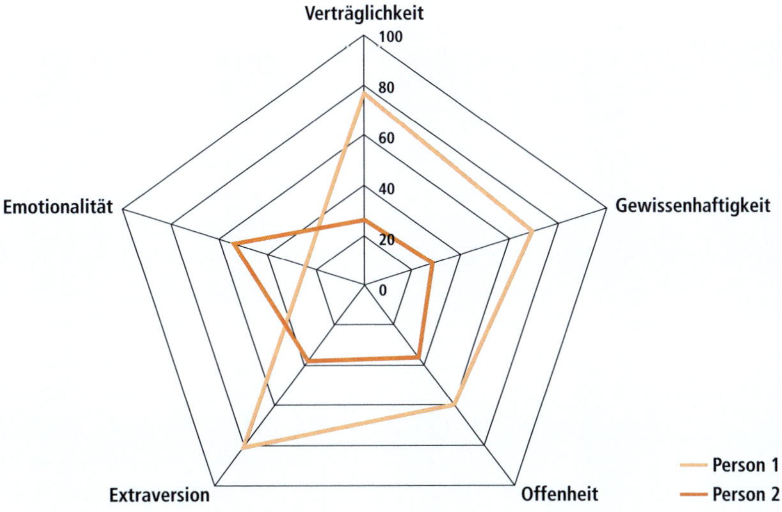

Abb. 1.2: Die Ausprägung der fünf Persönlichkeitsmerkmale variieren bei verschiedenen Personen.

FORSCHUNG ZUR PERSÖNLICHKEIT DER HUNDE

Die Forschung zur Persönlichkeit unserer hündischen Begleiter konzentriert sich dabei vor allem auf folgende Punkte:

- Erarbeitung verschiedener Instrumente zur Erfassung stabiler, individueller Verhaltensmuster
- Ermittlung (genetischer) Rasseunterschiede
- Identifikation von Genvarianten, die mit Persönlichkeitsmerkmalen assoziiert sind
- Bestimmung des Einflusses der individuellen Entwicklung
- Erforschung Stabilität von Verhaltenscharakteristiken

Die Funktion und die Mechanismen der Persönlichkeit des Hundes zu verstehen, hat umfassenden Einfluss auf das Wohlbefinden des Tieres und somit natürlich auch auf die Hund-Mensch-Beziehung.

Welcher Hund passt zu wem?

METHODEN ZUR MESSUNG DER PERSÖNLICHKEIT

EINSCHÄTZUNG DER HUNDEHALTER

Beim Menschen wird die Ausprägung verschiedener Persönlichkeitsmerkmale in erster Linie über Fragebögen ermittelt. Auch im Hundebereich dienen Fragebögen als ein Instrument zur Erfassung der individuellen Verhaltensunterschiede. Nur werden diese Fragebögen natürlich nicht von den Hunden selbst, sondern meistens von deren Besitzern ausgefüllt. Diese Methode hat den Vorteil, dass die Besitzer ihren Hund gut kennen und es sich um eine „allgemeine" Beurteilung handelt, diese also nicht auf eine bestimmte Situation beschränkt ist. Außerdem kann man so relativ unkompliziert eine große Menge Daten erfassen. Allerdings birgt diese Methode auch Nachteile. Zum einen sind Hundehalter meist keine Hundeexperten und durch die enge Beziehung zu ihrem Hund können verschiedene Einschätzungen verzerrt sein. Wenn der Besitzer beispielsweise das Aggressionsverhalten des eigenen Hundes auf einer Skala von „wenig" zu „ernsthaften Anzeichen von Aggression" einschätzen soll, besteht durchaus die Möglichkeit, dass er bestimmte Aggressionsanzeichen nicht erkennt bzw. diese falsch interpretiert werden. Zusätzlich kann es für den Besitzer schwierig werden, die Häufigkeit eines solchen Verhaltens einzuschätzen. So würde eventuell ein Besitzer es als „selten" bezeichnen, wenn sein Hund einmal im Jahr Aggressionen gegen andere Hunde zeigt, für einen anderen bedeutet „selten" möglicherweise, wenn sein Hund einmal in der Woche aggressives Verhalten gegenüber Artgenossen zeigt. Zudem spielt das Phänomen der „sozialen Erwünschtheit" eine Rolle, das bedeutet, dass Menschen dazu neigen, sich (bzw. ihren Hund) so darzustellen, wie es ihrer Meinung nach von ihnen erwartet

Eine Methode zur Einschätzung der Persönlichkeit ist die Beobachtung des Hundeverhaltens in einer alltäglichen Situation, wie zum Beispiel in einer Fußgängerzone oder auf einem Bahnhof.

wird. Gerade im Bereich des Aggressionsverhaltens werden entsprechende Anzeichen gern (unbewusst) heruntergespielt und relativiert („Er hat noch nie gebissen, er zwickt nur manchmal").

VERHALTENSBEOBACHTUNG IN „NATÜRLICHER" UMGEBUNG UND TESTBATTERIEN

Zwei weitere Messmethoden, bei denen diese Schwierigkeiten nicht auftreten, wären Verhaltensbeobachtungen in „natürlicher" Umgebung oder die Durchführung von Testbatterien. Bei Ersteren wird das Verhalten der Hunde beispielsweise in der Fußgängerzone, in einem Laden oder am Flughafen beobachtet und nach bestimmten Kriterien bewertet. Diese Bewertung erfolgt meist durch eine sachkundige Person, die den Hund nicht kennt. Somit wird die Beurteilung auch nicht durch vorherige Erfahrungen mit dem Hund beeinflusst. Da hier die äußeren Umstände nur teilweise beeinflusst werden können, ist es möglicherweise schwierig, die Ergebnisse verschiedener Individuen miteinander zu vergleichen. Dieses Problem kann man mit der dritten Methode – der Testbatterie – umgehen. Hier wird der Hund in verschiedenen kontrollierten Situationen getestet. Dabei ist sowohl der Ablauf als auch die Auswertung standardisiert, sodass eine hohe Vergleichbarkeit zwischen den getesteten Individuen erreicht werden kann. Auch hier gibt es den Vorteil, dass die bewertende Person den Hund nicht kennt und so möglichst neutral dessen Verhalten beurteilen kann. Ein Nachteil dieser beiden letzten Methoden im Vergleich zu der Fragebogen-Methode ist allerdings, dass man nur einen sehr geringen Ausschnitt der Verhaltensmuster beobachten kann und damit die Ergebnisse stark von der jeweiligen Tagesform abhängen und von verschiedenen Umweltfaktoren beeinflusst werden.

☞ 1.2 VERGLEICH VERSCHIEDENER METHODEN

	PERSÖNLICHKEITS-FRAGEBOGEN	TESTBATTERIE/ VERHALTENSBEOBACHTUNG
Datenmenge, die erhoben werden kann	Groß	Relativ klein
Zeitstabilität	Besitzer schätzen das Verhalten über einen längeren Zeitraum relativ konstant ein	Relativ wenig Stabilität, da Tagesform und verschiedene Umweltfaktoren Einfluss haben können
Subjektivität	Die erhaltenen Daten sind sehr subjektiv und können daher verzerrt sein	Das Verhalten kann relativ objektiv eingeschätzt werden

VERGLEICH DER METHODEN

Jede dieser Methoden hat demnach sowohl Vor- als auch Nachteile. Für welches dieser Erfassungsverfahren man sich dann entscheidet, hängt vor allem von der Fragestellung ab. Es kann natürlich auch sinnvoll sein, mehrere Methoden zu kombinieren, um ein vollständiges Bild von den zeit- und situationsstabilen Verhaltensmustern des Hundes zu bekommen. Die Methoden werden in Tabelle 1.2 verglichen.

VON VERHALTENSWEISEN ZUR PERSÖNLICHKEITSDIMENSION

All diese Messmethoden erfassen allerdings nicht die Persönlichkeitsdimensionen direkt, stattdessen werden verschiedene Verhaltensweisen gemessen. Über statistische Verfahren ermittelt man dann, welche der beobachteten beziehungsweise beschriebenen Verhaltensweisen zu einem Persönlichkeitsmerkmal zusammengefasst werden können. Man könnte sich zum Beispiel vorstellen, dass in einem Test (oder einem Fragebogen) ermittelt wird, wie ausgeprägt das Explorationsverhalten eines Hundes in einer neuen Umgebung ist, also wie mutig er die neue Umgebung erkundet. Außerdem wird in diesem Beispiel gemessen, wie viel Futter der Hund aufnimmt, wenn ein bedrohlich erscheinender Gegenstand in seiner Nähe steht. Man könnte annehmen, dass beide Situationen potenziell gefährlich für den Hund sind. Er nimmt also ein gewisses Risiko auf sich, wenn er eine unbekannte Umgebung erkundet und auch wenn er in der Nähe eines unbekannten, möglicherweise bedrohlichen Objektes frisst. Zusätzlich geht man davon aus, dass bestimmte biologische Mechanismen dafür sorgen, dass ein Hund sich in vergleichbaren Situationen ähnlich verhält. Man würde also erwarten, dass Hunde, die mutig eine neue Umgebung erkunden, auch weniger Probleme hätten, in der Nähe eines bedrohlichen Objektes zu fressen. Andersherum besteht die Möglichkeit, dass sich schüchterne Hunde sowohl in einer unbekannten Umgebung als auch

Mutige Individuen haben weniger Probleme, in der Nähe eines bedrohlichen Objektes zu fressen.

in der Nähe eines bedrohlichen Objektes eher zurückhaltend verhalten. Es gibt also risikofreudige und risikovermeidende Individuen sowie sämtliche Zwischenstufen. Wenn dieser Zusammenhang bei einer großen Anzahl der untersuchten Hunde auftritt, kann man eine Korrelation, also einen idealisierten statistischen Zusammenhang der beiden Verhaltensweisen erkennen. Daraus ergibt sich ein Persönlichkeitsmerkmal, dass man in diesem Beispiel „Wagemut" oder aber auch „Ängstlichkeit" nennen könnte. Abbildung 1.3 zeigt eine Verbildlichung dieses Merkmals.

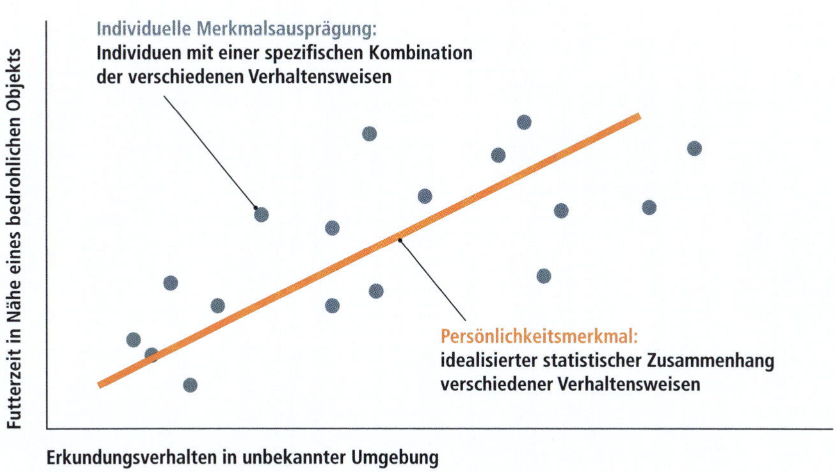

Abbildung 1.3: Ein Persönlichkeitsmerkmal als idealisierter statistischer Zusammenhang unterschiedlicher Verhaltensweisen. Jeder Punkt stellt dabei ein Individuum dar.

PERSÖNLICHKEITS-MODELLE BEI HUNDEN

Schon zu Beginn des 20. Jahrhunderts bemerkte Pavlov während seiner Studien zur klassischen Konditionierung, dass Hunde unterschiedlich auf verschiedene Einflüsse von außen reagieren. Angelehnt an die hippokratische Temperamentlehre, in der Menschen in Choleriker, Melancholiker, Phlegmatiker und Sanguiniker eingeteilt werden, bildete Pavlov zwei Hauptkategorien: diejenigen Hunde mit einem „starken" und die mit einem „schwachen" Nervensystem. Letztere sind sensibel, schüchtern, nervös und gehemmt. Pavlov bezeichnet sie als melancholisch. Phlegmatische Hunde haben, ebenso wie sanguinische Hunde, nach seiner Auffassung ein „starkes" und in Balance befindliches Nervensystem. Während er Erstere als ruhig, zurückhaltend und ausdauernd beschreibt, sind sanguinische Tiere sehr agil, reagieren stark auf neue Reize und sind schnell gelangweilt. Cholerische Hunde haben zwar auch ein „starkes" Nervensystem, welches sich allerdings nicht in Balance befindet. Sie sind sehr aktiv und neigen zur Aggressivität.

Es gibt verschiedene Modelle, mit denen man die Persönlichkeit eines Hundes beschreiben kann.

VON TRAINERN VERWENDET

Diese Typisierung wurde auch von vielen Trainern genutzt. Allerdings verzichtet man in der Forschung heutzutage auch bei Hunden auf diese Art der Typisierung. Stattdessen betrachtet man – wie beim Menschen auch – die einzelnen Persönlichkeitsmerkmale als kontinuierliche, also stufenlose Variablen. Während sich die Fachwelt beim Menschen in den letzten Jahrzehnten relativ einig war, welche die relevanten Persönlichkeitsdimensionen sind, unterscheiden sich die Modelle beim Hund sehr. Einige Studien finden fünf Persönlichkeitsdimensionen, andere finden aber nur drei oder vier. Die Ergebnisse wieder anderer Untersuchungen lassen mehr als fünf, einige sogar bis zu 22 Dimensionen vermuten. Die Modelle sind dabei vor allem von der angewandten Messmethode abhängig. Unterschiedliche Messmethoden resultieren natürlich in unterschiedlichen Modellen. Auch die Menge und die Qualität der gesammelten Daten spielt eine wichtige Rolle bei der Erstellung eines Persönlichkeitsmodelles.

ZWEI GÄNGIGE PERSÖNLICHKEITSMODELLE

Im Folgenden stelle ich die zwei Modelle vor, die am weitesten verbreitet sind und die in diesem Buch an verschiedenen Stellen erneut auftauchen werden:

Das DMA („Dog mentality assessment") ist eine Testbatterie mit zehn standardisierten Testsituationen, das von der Swedish Working Dog Association genutzt wird, um unter anderem Hunde für den Militärdienst einzuschätzen. In dieser Testbatterie wird zum Beispiel untersucht, wie der Hund sich bei der Begrüßung und beim Anfassen durch einen fremden Menschen verhält und wie er auf ein lautes Geräusch oder einen plötzlichen optischen Reiz reagiert. Außerdem wird analysiert, ob er sich durch eine fremde Person zum Spielen auffordern lässt und wie er auf eine bedrohliche Annäherung reagiert (für eine Übersicht der einzelnen Tests siehe Tabelle 1.3). Kent Svartberg von der Universität Stockholm hat diese Testbatterie genutzt, um die Daten von 15 329 Hunden von 164 unterschiedlichen Rassen zu erheben. Aufgrund dieser Daten hat er fünf Persönlichkeitskategorien ermittelt (Svartberg & Forkman 2002):

— Verspieltheit
— Neugier
— Jagdliche Neigung
— Geselligkeit
— Aggressivität

Der sogenannte C-BARQ (Canine Behavioral Assessment & Research Questionnaire), der 2003 von Yuying Hsu und James Serpell der Universität Pennsylvania entwickelt wurde, ist ein Fragebogen, der aus 100 Fragen mit einer Fünf-Punkte-Bewertungsskala (von 0 bis 4) besteht. Der Besitzer kann den Fragebogen online ausfüllen. Dabei soll er die typische Reaktion des Hundes in verschiedenen Alltagssituationen und auf bestimmte Reize angeben. Durch Auswertung des C-BARQs mittels Faktorenanalyse wurden 14 verschiedene Persönlichkeitsdimensionen ermittelt:

— Aggressivität gegenüber fremden Menschen
— Aggressivität gegenüber Besitzer
— Aggressivität gegenüber Artgenossen
— Furcht gegenüber Artgenossen
— Furcht gegenüber Fremden
— Nicht-soziale Furchtsamkeit
— Rivalität gegenüber Artgenossen
— Trennungsbezogenes Verhalten
— Aufmerksamkeitsbezogenes Verhalten
— Trainierbarkeit
— Jagdliche Motivation
— Erregbarkeit
— Schmerzempfindlichkeit
— Energielevel

Ursprünglich wurde dieser Fragebogen nicht zur Einschätzung der Persönlichkeit eines Hundes entwickelt, sondern um die Häufigkeit und das Ausmaß von Verhaltensproblemen bei Arbeits- und Familienhunden zu ermitteln.
Mittlerweile umfasst der C-BARQ die Daten von mehr als 50 000 Hunden, die mehr als 300 verschiedenen Rassen angehören. Aufgrund dieser enormen Datenbasis diente er in den letzten Jahren auch als Grundlage für zahlreiche Studien rund um die Hundepersönlichkeit.

Tabelle 1.3: Die Testsituationen des „Dog Mentality Assessment" Tests (DMA). In jeder dieser Situationen wird die Reaktion des Hundes analysiert. Daraus ergeben sich jeweils Rückschlüsse auf die fünf verschiedenen Persönlichkeitsmerkmale, die mit dem DMA bestimmt werden können.

VIELE METHODEN – VIELE MODELLE

Auch wenn diese Modelle auf verschiedenen Messmethoden beruhen und sich in der Anzahl der gefundenen Dimensionen sowie in vielen Punkten unterscheiden, gibt es doch auch einige Überschneidungen. In einer Übersichtsanalyse dieser vier und 47 anderen Studien zum Thema Persönlichkeit bei Hunden ergaben sich fünf Dimensionen, die in einem großen Teil der analysierten Untersuchungen gefunden wurden (Jones & Gosling 2005, Fratkin et al. 2013):

Furchtsamkeit/ Ängstlichkeit Eine hohe Furchtsamkeit ist vor allem durch die Vermeidung neuer Reize sowie unbekannter Situationen und damit verbundenen Stresssignalen gekennzeichnet. Begriffe, die auch unter diesen Punkt fallen, wären zum Bei-

☞ 1.3 DIE TESTSITUATIONEN DES „DOG MENTALITY ASSESSMENT" TESTS (DMA)

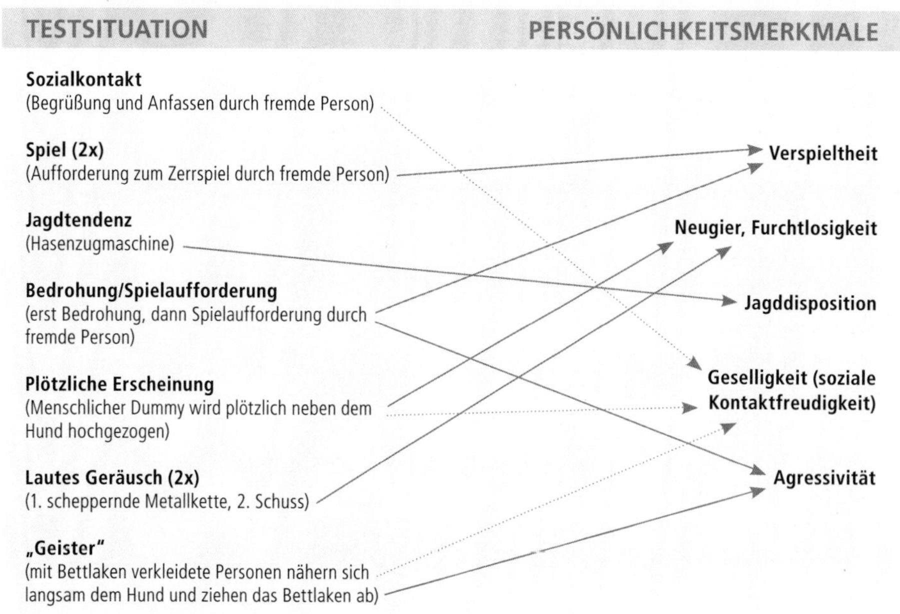

Eine Begrüßungssituation, bei der eine fremde Person den Hund anfasst, ist ein Bestandteil vieler Persönlichkeitstests.

spiel „Wagemut“ (als Gegenteil von Furchtsamkeit), „Nervenstabilität“ oder „Emotionale Stabilität“. Auch wenn es fachlich nicht ganz korrekt ist, werde ich in diesem Buch statt „Furchtsamkeit“ den alltagssprachlicheren Begriff „Ängstlichkeit“ benutzen.

Geselligkeit Die Geselligkeit eines Hundes wird indiziert durch freundliche Interaktionen mit Menschen und anderen Hunden. Individuen mit hohen Geselligkeitswerten initiieren solche Interaktionen häufig. Hunde mit niedrigen Werten in dieser Dimension gehen Menschen und Artgenossen lieber aus dem Weg. In Hinblick auf das Fünf-Faktoren-Modell des Menschen entspricht diese Dimension am ehesten der „Extraversion“.

Empfänglichkeit für Training In dieser Dimension geht es vor allem um die Kooperationsbereitschaft des Hundes, aber auch um die Frage, wie schnell er neue Dinge lernt und wie fokussiert er an einer Aufgabe arbeiten kann. Ähnliche Bezeichnungen, die in dieser Kategorie fallen, sind „Trainierbarkeit“, „Problemlöseverhalten“ und „Will to please“.

Aggressivität Diese Dimension erfasst die Bereitschaft des Hundes, Aggressionsverhalten gegenüber dem Besitzer, fremden Menschen oder anderen Hunden zu zeigen.

Ängstliche Hunde zeigen sich in neuen Situationen häufig unsicher.

Das Aktivitätslevel ist eine von fünf beschriebenen Charaktereigenschaften eines Hundes.

Aktivitätslevel Das Aktivitätslevel bezieht sich vor allem auf die lokomotorische Aktivität, also wie viel sich ein Hund bewegt. Noch gibt es in der Literatur zur Persönlichkeit bei diesem keinen allgemeingültigen Konsens darüber, wie viele und welche Dimensionen genau den Charakter allumfassend beschreiben können. Dennoch scheinen die meisten Wissenschaftler die fünf zuletzt aufgeführten Merkmale als relevant zu erachten.

REAKTIVITÄT UND SELBSTREGULATION

Meines Erachtens kommen in diesen Konzepten allerdings zwei fundamentale individuelle Eigenschaften zu kurz: Die Reaktivität und die Selbstregulation. Einige Psychologen fassen diese beiden Prozesse als „Temperament" zusammen und grenzen es von den übrigen Persönlichkeitsdimensionen, die zusammengefasst als „Charakter" bezeichnet werden, ab (Rothbart und Bates

Abb. 1.4: Die Persönlichkeit des Hundes setzt sich aus seinem Temperament, welches die Reaktivität und Selbstregulierung umfasst, sowie fünf Persönlichkeitsdimensionen zusammen. Die Persönlichkeit wird von verschiedenen genetischen und umweltbedingten Faktoren sowie einer Wechselwirkung dieser beeinflusst.

2006 in Roth). Das Temperament steht sozusagen „über" den anderen Persönlichkeitsmerkmalen und beeinflusst diese mehr oder weniger. Reaktivität bezieht sich dabei auf die Art, wie ein Individuum auf Stressreize aus der Umwelt reagiert und wie es diese Reize verarbeiten kann. Zur Selbstregulation gehören die Impulskontrolle und Frustrationstoleranz. Unter Impulskontrolle versteht man die Fähigkeit und Bereitschaft eines Individuums, dominante Reaktionen zu unterdrücken, um ein gewünschtes Ziel zu erreichen beziehungsweise unerwünschte Handlungen zu unterdrücken. Beide Mechanismen sind in meinen Augen grundlegende Bestandteile der Persönlichkeit eines Individuums.

GENETIK UND UMWELTEINFLÜSSE

Natürlich spielen sowohl genetische als auch ontogenetische Faktoren sowie eine Wechselwirkung dazwischen eine Rolle bei der Persönlichkeitsentwicklung. Man könnte sagen, dass ein Verhaltensmuster zu 100 % genetisch bedingt und gleichzeitig zu 100 % durch Umwelteinflüsse geprägt ist. Dieser zunächst widersprüchlich klingende Satz verdeutlicht das enge Zusammenspiel und Wechselwirkungen zwischen der genetischen Ausstattung, mit der ein Individuum auf die Welt kommt, und den Erfahrungen, die es im Laufe seines Lebens sammelt. **Die genetischen Anlagen geben zwar einen gewissen Rahmen vor, in dem sich die Persönlichkeit des Tieres entwickeln kann. Wie genau diese Charakterausprägungen dann aber aussehen, wird auch in einem großen Maße von äußeren Einflüssen und Erlebnissen bestimmt.**

In diesem Buch werde ich mich neben den fünf erwähnten Persönlichkeitsdimensionen Ängstlichkeit, Geselligkeit, Trainierbarkeit, Aggressivität und Aktivitätslevel auch auf das Temperament, also Reaktivität und Selbstregulation/Impulskontrolle, konzentrieren. Ich werde den aktuellen Forschungsstand zusammenfassen und auch betrachten, inwieweit die Genetik und Umwelt beziehungsweise Erfahrungen diese Verhaltensmuster beeinflussen.

Die Charakterausprägungen des Hundes werden auch durch äußere Einflüsse bestimmt.

DAS TEMPERAMENT DES HUNDES
— *Die Basis der Persönlichkeit*

WAS DAS TEMPERAMENT AUSZEICHNET

In der Literatur gibt es viele verschiedene Definitionen und Theorien zum Temperament. In diesem Buch befasse ich mich in erster Linie mit der Theorie der Entwicklungspsychologin Mary Rothbart. Wie die meisten anderen Denkansätze zum Thema bezieht diese sich auch ursprünglich auf Menschen. Aus meiner Sicht lässt sie sich aber gut auf Hunde und andere Tiere anpassen.

Nach Rothbart und Bates (2007) setzt sich das Temperament aus Reaktivität und Selbstregulation zusammen. Reaktivität bezieht sich dabei auf die Aktivierbarkeit der verhaltensbezogenen und physiologischen Systeme des Individuums. Sie beschreibt die biologische Empfindlichkeit eines Individuums gegenüber Stressreizen. Es geht also um Stressverarbeitung. Oder anders gesagt: Mit welcher Strategie reagiert ein Individuum auf neue Eindrücke/Situationen? Dieses Stressverhalten hat hohe angeborene Anteile und wird schon vorgeburtlich beziehungsweise früh nachgeburtlich festgelegt. Die Selbstregulation hingegen umfasst Verhaltensmuster, die dazu dienen, die Reaktivität zu modulieren. Sie bezieht sich vor allem auf Prozesse, die ein Individuum dazu befähigen, Handlungen und Emotionen zu steuern. Es geht um Impulskontrolle und Frustrationstoleranz. Diese haben große erlernte Anteile. Während verschiedene mit der Reaktivität eng verwobene Verhaltensweisen, wie das Erkundungsverhalten in einer unbekannten Umgebung und die Impulsivität mit dem Alter zwar generell abnehmen, bleiben die individuellen Unterschiede über die Lebenszeit recht konstant (Riemer et al. 2014, 2016). Auch wenn ein Hund mit einem sehr aufgeregten Temperament im Alter zwar ruhiger wird, so wird er im Vergleich zu seinen Altersgenossen immer noch ein eher aufgeregter Hund sein. Diese Ergebnisse spiegeln die angeborene Basis des Temperamentes wider.

Die Reaktivität gibt also einen gewissen Rahmen vor, innerhalb dessen die Selbstregulation das Temperament regulieren kann. Ein Hund, der extrem stark auf Umweltreize reagiert, wird zwar durch Training der Impulskontrolle deutlich händelbarer und wird deutlich weniger Stress empfinden. Er kann also lernen, mit den Umweltreizen umzugehen. Nichtsdestotrotz wird er aufgrund seines angeborenen Temperamentes sehr unwahrscheinlich die innere Gelassenheit eines Hundes erlangen, der schon mit einer „Leck-mich-am-Arsch"-Einstellung auf die Welt kam. Ebenso wird ein Hund, der ein sehr schüchternes, zurückhaltendes Wesen mitbringt, wohl nie der größte Draufgänger auf dem Hundeplatz.

Das Temperament besteht aus Reaktivität und Selbstregulation.

DIE REAKTIVITÄT

Einfach ausgedrückt umschreibt die Reaktivität die Art, wie ein Individuum mit Umwelteinflüssen umgeht. Die Grundlage der verschiedenen Reaktionsmuster auf äußere Einflüsse bilden zwei unterschiedliche Stresssysteme. Das erste System ist das schnell reagierende Adrenalinsystem. Dieses vermittelt vor allem die erste Schreckreaktion und wird, wie der Name schon sagt, über das Hormon Adrenalin gesteuert, welches im Nebennierenmark gebildet wird. Dieses System aktiviert sich in Sekundenschnelle, erhöht den Muskeltonus sowie die Aufmerksamkeit und ermöglicht so eine sekundenschnelle Reaktion. Dem gegenüber steht das etwas trägere Cortisolsystem. Das vermittelnde Hormon Cortisol wird erst nach einiger Zeit des Stresszustandes in der Nebennierenrinde gebildet. Es mobilisiert die metabolischen, physiologischen und psychischen Reserven, um mit dem anhaltenden Stress umgehen zu können. Je nachdem, welches System stärker ausgebildet wird, ergeben sich unterschiedliche Reaktionstypen beziehungsweise Stresspersönlichkeiten.

Die Ausprägung des Reaktionstyps wird vor allem durch die zwei Stresssysteme bestimmt, …

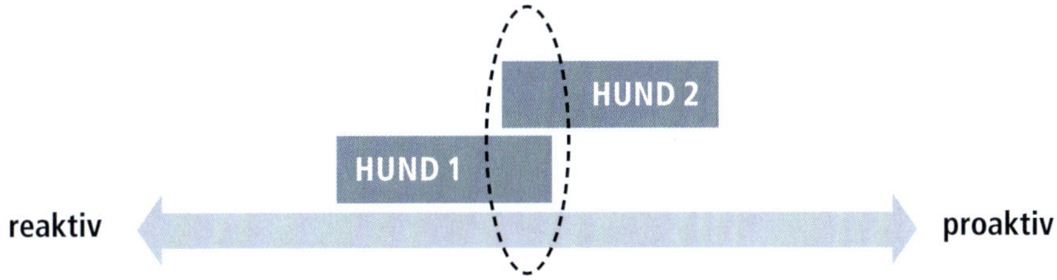

Abb. 2.1: Die Kästchen symbolisieren die vorgegebenen Rahmen, innerhalb derer sich das Stressverhalten ausprägen kann. Diese Rahmen werden durch genetische sowie vor- und frühe nachgeburtliche Faktoren festgelegt. Die genaue Merkmalsausprägung wird dann durch ontogenetische Faktoren bestimmt.

DIE STRESS-PERSÖNLICHKEITEN

In der deutschsprachigen Literatur spricht man häufig von den sogenannten A- und B-Typen. Diese Bezeichnung geht auf die beiden Kardiologen Friedman und Rosenman zurück, die in einer Veröffentlichung im Jahr 1959 feststellten, dass bestimmte Persönlichkeitsmerkmale mit einem höheren Risiko an Herz-Kreislauf-Erkrankungen einhergehen. Sie nannten den ihrer Meinung nach anfälligeren Typen A-Typ. Dieser zeichnet sich vor allem durch Ungeduld, Ruhelosigkeit, Ehrgeiz und Wettbewerbsstreben aus. Personen, die diese Persönlichkeitsfaktoren nicht aufweisen und eher gelassener und zufriedener sind, wurden als B-Typ kategorisiert. Auch wenn es einige Kritik an dieser Studie gab (z. B. dass ausschließlich Männer mittleren Alters betrachtet wurden), fand die Grundidee dieser Kategorisierung auch Anwendung in der Persönlichkeitsforschung. In der Hundetrainerwelt beurteilt man Persönlichkeitstypen teilweise heute noch nach diesem Schema. Allerdings werden diese starren Typenbezeichnungen in der moderneren Wissenschaft größtenteils durch ähnliche Konzepte ersetzt, die eine differenziertere Betrachtungsweise zulassen. So spricht man heute aus wissenschaftlicher Sicht überwiegend von proaktiven (entspricht dem A-Typ) und reaktiven (entspricht dem B-Typ) Reaktionstypen. Diese unterschiedlichen Stressbewältigungsstrategien werden auch „coping styles" genannt. Wichtig hierbei ist, dass es sich dabei nicht um fixe Kategorien handelt, sondern um ein Kontinuum, dessen einer Pol einen extrem proaktiven Typen darstellt, während sich am anderen Ende ein extrem reaktiver Typ einordnet. Die allermeisten Individuen liegen irgendwo dazwischen (Abbildung 2.1). Die Typenbeschreibungen im folgenden Abschnitt beziehen sich jeweils auf die äußeren Pole des Kontinuums.

... dem Adrenalinsystem und dem Cortisolsystem.

Infobox 2.1

SCHÜCHTERN ODER KÜHN?

Beim Shyness-Boldness-Kontinuum befinden sich auf der einen Seite die draufgängerischen, eher aggressiven Individuen, während am anderen Ende des Kontinuums die schüchternen, zurückhaltenden Individuen einsortiert werden. Analog dazu könnte man beim Menschen die Einteilung in extrovertiert und introvertiert anwenden.

Auf viele Arten anwendbar

Unterschiedliche Studien zeigen, dass dieses Konzept sowohl bei verschiedensten Säugetieren, aber auch beispielsweise bei Vögeln, Fischen, Reptilien und sogar Insekten Anwendung findet. Bei jeder dieser Tierarten kann man eher schüchterne und eher kühnere Individuen finden. Gemessen werden diese Verhaltenstendenzen meist dadurch, wie das Erkundungsverhalten in einer unbekannten Umgebung ausgeprägt ist oder wie sich das Tier in Gegenwart eines (vermeintlichen) Raubfeindes oder Konkurrenten verhält. Man könnte annehmen, dass kühne Individuen mehr Erfolg im Leben haben, weil sie beispielsweise in der Lage sind, Ressourcen besser zu verteidigen. Es liegt also die Vermutung nahe, dass diese bei zunehmendem Konkurrenzdruck einen Wettbewerbsvorteil haben. Tatsächlich gewöhnen sich z. B. wagemutigere Sonnenbarsche schneller an eine unbekannte Umgebung und trauen sich auch an schwer zu erreichende Beute (Wilson et al. 1994). Kühnere Zahnkarpfen haben größere Gebiete zur Nahrungssuche und wachsen schneller (Fraser et al. 2001). Bei Dickhornschafen pflanzen sich die forscheren Exemplare zeitiger fort, und die Aufzucht der Nachkommen ist erfolgreicher (Réale et al. 2000). Allerdings gehen wagemutige Individuen auch höhere Risiken ein und haben damit eher niedrigere Überlebenschancen. Experimente mit Kohlmeisen zeigen, dass die Überlebenschancen der eher zurückhaltenden Individuen vor allem bei einer hohen Populationsdichte höher sind und mehr Nachwuchs hervorbringen (Nicolaus et al. 2016). Beide Strategien haben also ihre Vor- und Nachteile.

Reaktivität – ein sogenannter „Supertrait"

Kenth Svartberg (2002) konnte zeigen, dass fast alle Persönlichkeitsdimensionen, die mit seinem DMA-Test gefunden werden, im Shyness-Boldness-Kontinuum zusammengefasst werden können. Auch wenn Svartberg selbst keinen Zusammenhang zwischen Wagemut und Aggressivität finden konnte, zeigt eine große Anzahl an Untersuchungen, dass es auch hier einen Zusammenhang geben kann, da wagemutigere Individuen in Stresssituationen häufig auch eine geringe Angriffslatenz haben (Sih & Bell 2008). Somit ist die Reaktivität ein sogenannter „Supertrait", also ein Faktor, der den anderen Persönlichkeitsmerkmalen übergeordnet ist.

Ein sehr ähnliches wissenschaftliches Konzept ist das sogenannte Shyness-Boldness-Kontinuum (also „Schüchternheit-Kühnheits-Kontinuum", siehe Infobox 2.1). Dieses ist gewissermaßen in das Proaktiv-Reaktiv-Kontinuum eingebettet. Proaktive Individuen verhalten sich eher wagemutig, reaktive dagegen eher schüchtern. Beide Modelle eignen sich, um das zugrunde liegende Temperament darzustellen.

PROAKTIVE UND REAKTIVE TYPEN

Der stark proaktive Typ reagiert dabei unmittelbar auf wahrgenommene Stressreize. Er begegnet einem Stressreiz mit der sogenannten „Fight-or-Flight"-Reaktion, das heißt, je nach Situation greift er an oder flieht. Beides findet allerdings blitzschnell und ohne großes Nachdenken statt. Proaktive Tiere sind schnell, aber oberflächlich im Erkunden ihrer Umwelt. Sie bilden schnell Verhaltensrituale, die sie nicht gern ändern. Die Verhaltensweisen sind also sehr unflexibel. Das heißt, das Individuum kennt in einer bestimmten Situation nur eine bestimmte Antwort. Somit kann es sich eher schlecht auf neuartige Situationen einstellen. Diese Strategie macht also vor allem Sinn, wenn das Individuum in einer stabilen Umgebung lebt, in der es auf bekannte Stressoren schnell reagieren kann.

ALARMREAKTIONEN UND MEIDESTRATEGIEN

Auf physiologische Ebene wird diese Reaktion vor allem über Adrenalin bzw. Noradrenalin vermittelt. Das bedeutet, es kommt zu einer erhöhten Aktivierung der ersten Stressachse, also des Sympathikus und somit auch zu einem erhöhten Herzschlag. Proaktive Tiere investieren daher eher in eine „Alarmreaktion". Bei andauernder Sympathikus-Aktivierung durch Stress sind diese Typen besonders anfällig für Herz-Kreislauf-Schäden. In verschiedenen Tierversuchen konnte gezeigt werden, dass proaktive Reaktionstypen eine höhere Aggressivität zeigen als reaktive Typen. Reaktive Typen neigen eher zu passiven Meidestrategien. Bei wechselnden Umwelteinflüssen ist ein reaktiver Stresstyp deutlich im Vorteil. Er kann nämlich erheblich flexibler auf Änderungen reagieren. Statt in eine „Alarmreaktion" investieren reaktive Tiere

Die proaktive Stressstrategie macht vor allem Sinn, wenn das Tier in einer stabilen Umgebung lebt.

Reaktive Reaktionstypen zeigen höhere Cortisolwerte in stressigen Situationen.

eher in eine längerfristige Reaktion. Bei ihnen kommt es weniger zu einer Sympathikus-Aktivierung und somit zu weniger Adrenalin- und Noradrenalin-Ausstoß, weswegen sie im Regelfall auch weniger aggressiv reagieren. Vielmehr zeigen sie eine erhöhte Aktivierung der Hypophysen-Nebennierenrinden-Stressachse, durch die Cortisol freigesetzt wird. Bei anhaltendem Stress und somit andauernder Aktivierung der Cortisol-Stressachse kann es bei diesen Typen vor allem zu gesteigertem Abbau von Muskulatur und Fettgewebe, Verminderung des Immunsystems sowie Beeinträchtigung der Wundheilung kommen.

Eine Übersicht der Gegenüberstellung der beiden Extreme dieser beschriebenen Achse findest du in Tabelle 2.1.

☞ 2.1 ÜBERSICHT REAKTIONSTYPEN, VERÄNDERT NACH CARERE ET AL. 2010

PROAKTIV		REAKTIV
hoch	**Aggression**	niedrig
niedrig	**Verhaltensflexibilität**	hoch
niedrig	**Aktivierung der Stressachse**	hoch
hoch	**Sympathikus-Aktivierung**	niedrig
„Alarmreaktion"	**Reaktion auf Stressreiz**	längerfristig

ZUSAMMENHANG MIT DEN CORTISOLWERTEN

Horvath und Kollegen (2007) analysierten die Reaktion von Polizeihunden auf die bedrohliche Annäherung einer fremden Person sowie deren Cortisolwerte. Sie konnten verschiedene Reaktionsmuster feststellen. Zum einen gab es die Hunde, die mit einem Gegenangriff reagierten. Diese wurden als proaktiver Reaktionstyp kategorisiert. Zum anderen gab es Hunde, die eher zurückhaltend beziehungsweise submissiv reagierten oder ambivalente Verhaltensweisen zeigten. Während die Gruppe der proaktiven Hunde keinen erhöhten Cortisolspiegel hatten, zeigte sich bei den zurückhaltenden und ambivalenten Tieren nach der Konfrontation ein erhöhter Wert des Stresshormons. Ähnliche Ergebnisse zeigt auch eine Studie, in der Hunde mit Knurrgeräuschen eines fremden Hundes konfrontiert wurden. Die Hunde, die sich proaktiv auf den Lautsprecher zubewegt haben, zeigten keine erhöhten Cortisolwerte. Bei den Hunden, die eine vermeidende, reaktive Reaktion gezeigt haben, wurden deutlich erhöhte Werte des Stresshormons gemessen (Wood et al. 2014).

Wie schon erwähnt, bestimmen in erster Linie vorgeburtliche oder früh nachgeburtliche Einflüsse den Rahmen, in welchem Ausmaß sich welches Stresssystem ausbildet. Dieser Rahmen ist in Abbildung 2.1 durch die Kästchen symbolisiert. Er umfasst die genetische Ausstattung, also zum Beispiel die Anzahl der Cortisolrezeptoren. So hätte „Hund 2" in dieser Illustration eine deutlich proaktivere Grundausstattung als „Hund 1". **Die Genetik gibt also einen gewissen Rahmen vor, innerhalb dessen sich dieser Persönlichkeitsanteil dann entwickeln kann.** Wie in der Abbildung verdeutlicht, gibt es bei den beiden Beispielen aber auch eine gewisse Überlappung. Es kann also sein, dass trotz genetischer Unterschiede das Temperament bei beiden Hunden ähnlich ausgeprägt ist und sie sich in bestimmten Situationen vergleichbar verhalten. Die Richtung dieser Entwicklung wird durch verschiedene ontogenetische Einflüsse reguliert, die teilweise bereits vor der Geburt oder früh nachgeburtlich eingestellt werden (ausführlicher im Kapitel „Persönlichkeitsentwicklung"). Aber auch das Training hat hier einen Einfluss. Einen entscheidenden Faktor spielt hier die Selbstregulation, die die Reaktivität reguliert. Diese kann durch Training verbessert werden, und damit ist es möglich, die Reaktivität eines Hundes innerhalb des genetisch vorgegebenen Rahmens zu beeinflussen.

Der Reaktionstyp wird vor und nach der Geburt bestimmt.

DIE SELBSTREGULATION

Unter Selbstregulation versteht man diejenigen Prozesse, die die Reaktivität regulieren. Umgangssprachlich könnte man hier von Selbstbeherrschung sprechen. Dazu gehören zum Beispiel die Steuerung der Aufmerksamkeit, die Bereitschaft und Fähigkeit eines Individuums, unerwünschte Handlungen zu unterdrücken sowie Emotionszustände, wie beispielsweise Aggressionen zu regulieren. Es lässt sich also festhalten, dass eine erfolgreiche Selbstregulation die Handlungsfähigkeit eines Individuums in einer sozialen Struktur sichert. **Im Gegensatz zur Reaktivität hat die Selbstregulation viele erlernte Anteile. Man kann sie also durch gezieltes Training der Impulskontrolle und Frustrationstoleranz fördern.**

Eine jagdliche Motivation zu unterdrücken, erfordert Selbstregulation.

NEUROBIOLOGIE DER SELBSTREGULATION

Die Fähigkeit zur Selbstregulation sitzt vor allem im Stirnlappen, dem präfrontalen Cortex (PFC). Dieser Bereich des Hirnes ist für Handlungssteuerung, Planung künftiger Handlungen und Verarbeitung komplexer Probleme zuständig. Verletzungen in diesem Hirnareal führen weniger zu Verlusten von Intelligenz, sondern zu Persönlichkeitsveränderungen. Deutlich wird das zum Beispiel im Fall „Phineas Gage“ Mitte des 19. Jahrhunderts. Während einer Sprengung schoss dem Gleisbauarbeiter eine Eisenstange durch die linke Wange und durchstieß den Schädel im Bereich des präfrontalen Cortex. Nach diesem Unfall hatte er weder Einschränkungen bei der Bewegung noch in seinen intellektuellen Fähigkeiten. Allerdings kam es zu auffälligen Persönlichkeitsveränderungen. Aus dem ausgeglichenen, freundlichen und zuverlässigen Gage wurde ein impulsiver, unmoralischer und unzuverlässiger Mensch. Kurzum: Ihm fehlte es an Selbstregulation, um sich an die herrschenden sozialen Regeln anzupassen.
Die Zerstörung des präfrontalen Cortex führt bei Ratten zu erhöhter Aggressivität und dem Verlust der Fähigkeit zum Belohnungsaufschub. Sie verhalten sich also generell impulsiver (Coppens et al. 2010).

AUCH BEI HUNDEN IST DAS SO

Wie neuere Studien mit bildgebenden Verfahren belegen, spielt der Frontallappen auch beim Hund eine entscheidende Rolle bei der Ausübung von Impulskontrolle. In einer Studie von Peter Cook und Kollegen

Kleine Übungen fördern die Konzentrationsfähigkeit.

(2016) wurden die Hunde zunächst trainiert, in einem funktionellen Magnetresonanztomografen stillzuliegen. Im nächsten Schritt wurde ihnen beigebracht, auf einen Pfiff mit einer Trillerpfeife die vorgestreckte Handfläche der Trainerin zu berühren. Haben sie dieses Verhalten erfolgreich gezeigt, kam nun ein neues Signal hinzu: Wenn die Trainerin während des Pfiffs die Arme kreuzte anstatt die Handfläche entgegenzustrecken, sollten die Hunde liegen bleiben. Die Hunde mussten also neu lernen, dass das vorher erlernte Verhalten („Pfiff bedeutet Handfläche anstupsen") nicht gezeigt werden soll, wenn die Trainerin die Arme kreuzt. Sie mussten also Impulskontrolle aufbringen, um dieses erlernte Verhalten zu unterdrücken. Es zeigte sich, dass bei den Hunden, die diese Aufgabe erfolgreich meisterten, auch eine höhere Aktivität im Bereich des präfrontalen Cortex aufgezeichnet werden konnte.

AUFMERKSAMKEIT UND BELOHNUNGSAUFSCHUB

Ein Hund benötigt in sämtlichen Situationen des Alltags Impulskontrolle: beispielsweise, wenn er vorm Futternapf warten soll, bis er fressen darf; wenn er den Besuch nicht anspringen darf, obwohl er sich sehr freut; wenn er nicht an der Leine ziehen soll; wenn er nicht durch eine Tür stürmen oder nicht unaufgefordert aus dem Kofferraum springen soll; wenn er widerstehen muss, einem Hasen oder Reh hinterherzulaufen oder einen Artgenossen anzupöbeln. Aber auch schon, dass der Hund seine Aufmerksamkeit auf uns oder eine Aufgabe richtet, verlangt Impulskontrolle, denn dabei muss er anderen Umweltreizen bewusst widerstehen.
Die Aufmerksamkeit gegenüber dem Menschen steigt mit zunehmendem Training.

Die Aufmerksamkeit dem Besitzer gegenüber nimmt mit mehr Training zu.

So schenken Hunde, mit denen über eine längere Zeit verschiedene Unterordnungsübungen trainiert wurden, ihrem Besitzer deutlich mehr Aufmerksamkeit als Hunde, mit denen nicht trainiert wurde (Mongillo et al. 2016). Gemeinsame Aktivitäten und gemeinsames Training im Alltag steigern die Aufmerksamkeit des Hundes gegenüber der interagierenden Person. Im Gegensatz dazu wird eine Person, die zwar mit im Haushalt lebt, die allerdings nicht regelmäßig gemeinsame Aktivitäten mit dem Hund durchführt, mit deutlich geringerer Intensität beobachtet. Das Maß an Aufmerksamkeit unterscheidet sich hier nicht zu einer komplett unbekannten Person (Horn et al. 2013). **Aufmerksamkeit, die die Grundlage für ein erfolgreiches Training darstellt, kann also trainiert werden.**

KONZENTRATIONSFÄHIGKEIT STEIGERN

Auch die Konzentrationsfähigkeit, also die Fokussierung auf eine Aufgabe, fällt in den Bereich der Selbstregulation. Auch diese Fähigkeit ist unter anderem von der Vorerfahrung abhängig und lässt sich durch Training verbessern. Hunde, die beispielsweise als Rettungshunde, Blindenführhunde oder Spürhunde ausgebildet wurden, zeigen eine größere Beharrlichkeit als Familienhunde ohne besondere Ausbildung (Marshall-Pescini et al. 2008, Scandurra et al. 2015). Da diese Aufgabe es verlangt, „am Ball zu bleiben", ist es nicht verwunderlich, dass eine entsprechende Ausbildung auch diese Fähigkeit trainiert. Aber auch wenn der eigene Vierbeiner nicht auf solch große Ziele vorbereitet werden soll, kann man die Konzentrationsfähigkeit und Beharrlichkeit in vielen kleinen Aufgaben fördern: Zum Beispiel, indem man Futterstücke oder das Lieblingsspielzeug versteckt und den Hund suchen lässt. Dabei sollte man beachten, dass man mit einem geringen Schwierigkeitsgrad anfängt, sodass der Hund nicht gleich die Lust daran verliert. Das Level der Herausforderung kann man dann nach und nach steigern.

DER MARSHMALLOW-TEST

Aber auch andere Bereiche der Selbstregulation können mithilfe des Trainings gesteigert werden. Zum Beispiel, wenn es um den sogenannten Belohnungsaufschub geht. Unter Belohnungsaufschub versteht man den Verzicht auf eine unmittelbare kleine Belohnung zugunsten einer späteren, größeren Belohnung. Ein bekannter Versuchsaufbau in der Entwicklungspsychologie stammt von Walter Mischel und wurde in den 60er-Jahren durchgeführt. Im sogenannten Marshmallow-Test bekamen vierjährige Kinder ein Marshmallow vorgesetzt und wurden vor die Wahl gestellt, es entweder sofort zu essen oder abzuwarten, um nach einigen Minuten noch ein zweites zu bekommen.

In einem ähnlichen Aufbau wurde nun auch die Fähigkeit zum Belohnungsaufschub bei Hunden untersucht (Abbildung 2.2). Hierbei wurde den Hunden zunächst durch Beobachtungslernen beigebracht, dass sie ein Stück Würstchen bekommen, wenn sie über eine gewisse Zeit einem Stück Trockenfutter widerstehen konnten. Wie auch bei den Ergebnissen des Marshmallow-Tests zeigte sich, dass diese Fähigkeit zum Belohnungsaufschub bei den untersuchten Hunden sehr unterschiedlich ausfällt. Während die Hälfte der Hunde maximal zehn Sekunden durchhält, schaffen es andere Hunde über zwei Minuten, das Stück Trockenfutter zu ignorieren und auf das Würstchen zu warten (Brucks et al. 2017).

IMPULSKONTROLLE = IMPULSKONTROLLE?

Wie die bisherigen Ausführungen zeigen, lässt sich die Impulskontrolle in verschiedenen Bereichen durch gezieltes Training verbessern. Dabei bleibt die Frage offen, ob sich die Fähigkeit, die in einer Situation gelernt wurde, auch auf eine andere Situation übertragen lässt. Dieser Frage gingen Desiree Brucks und Kolleginnen (2017) in einer Testbatterie nach. Sie testeten 67 Hunde in fünf verschiedenen Aufgaben, die jeweils einen anderen Aspekt der Impulskontrolle erforderten. Diese umfassten unter anderem Belohnungsaufschub, Verhaltensflexibilität und die Hemmung von zuvor gelernten Bewegungsmustern. Dabei zeigte sich, dass es keinerlei Korrelationen beim Erfüllen der verschiedenen Aufgaben gab. Hunde, die also in einer Aufgabe gut waren, schnitten nicht automatisch auch in den anderen Aufgaben gut ab. Für den Trainingsalltag mit Hund bedeutet das also, dass die verschiedenen Aspekte der Impulskontrolle in den

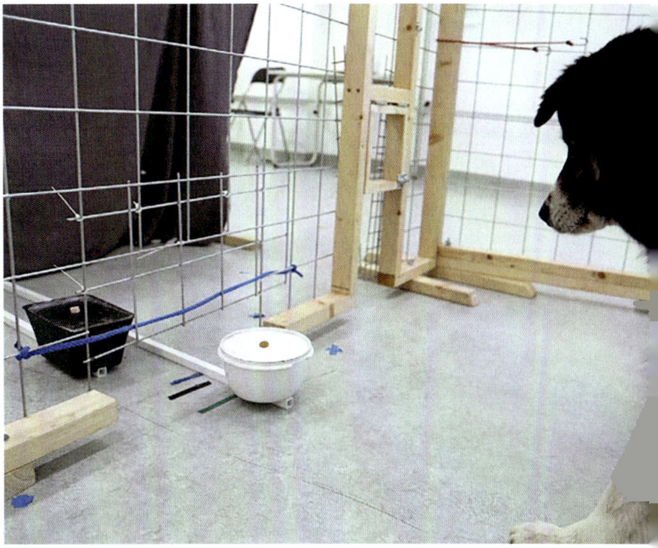

Abb. 2.2: Der Hund ignoriert das Stück Trockenfutter auf der weißen Schüssel und wartet, bis das Würstchen auf der schwarzen Dose erreichbar ist. (aus Brucks et al. 2017)

unterschiedlichen Situationen einzeln gelernt und verfestigt werden müssen. Die zugrunde liegende Reaktivität und die Impulskontrolle als Regulierungsmechanismus haben auch einen Einfluss auf alle anderen Persönlichkeitsstrukturen, weshalb ich sie als eine Art übergeordnetes Persönlichkeitsmerkmal einordne. Beispielsweise wird ein Hund, der eine gute Impulskontrolle aufweist, auch im Bereich der Trainierbarkeit höhere Werte erzielen. Auch die Aggressivität und die Ängstlichkeit ist weniger stark ausgeprägt, wenn der Hund über eine gute Emotionskontrolle verfügt. Das Training an der Impulskontrolle beeinflusst also auch diverse andere Persönlichkeitsaspekte.

Am Futternapf zu warten, trainiert die Selbstregulation.

IST IMPULSKONTROLLE ENDLICH?

Viele Hundebesitzer kennen das: Der eigene Vierbeiner läuft angeleint brav an fünf Artgenossen vorbei, aber bei der sechsten Hundebegegnung explodiert er. Oft wird dann gesagt, dass er seine Impulskontrolle aufgebraucht hat und sich deswegen nicht mehr beherrschen kann. Es besteht also die Annahme, dass es einen gewissen Vorrat an Impulskontrolle gibt, der sich über den Tag aufbrauchen würde und dann gegebenenfalls nicht mehr genug vorhanden ist, um bestimmte Handlungen unterdrücken zu können. Basierend auf dieser Vermutung gibt es dann Ratschläge, wie man seinem Hund auf den Weg zum Wald keine Impulskontrolle abverlangen solle, indem er „bei Fuß" laufen muss, damit er dann im Wald noch der Rehspur widerstehen kann. Aus wissenschaftlicher Sicht sind solche Ratschläge nicht haltbar.

IMPULSKONTROLLE IST NICHT GLEICH IMPULSKONTROLLE

Zum einen ist – wie oben ausgeführt – Impulskontrolle nicht gleich Impulskontrolle. Es gibt also kein einzelnes Kontingent, das sich über den Tag leert. Vielmehr besteht die Fähigkeit, sich zu fokussieren, bestimmte Handlungen zu unterdrücken oder seine Emotionen zu kontrollieren, aus vielen einzelnen Komponenten, die einzeln durch gezieltes Training gefördert werden können.

DER RADIESCHEN-KEKS-VERSUCH

Die Annahme, dass Impulskontrolle erschöpfbar sei wie ein Muskel, kommt vor allem von verschiedenen Studien mit Menschen, die unter der Leitung von Roy Baumeister durchgeführt wurden. Für diese Studien wurden Probanden in das Labor eingeladen, in dessen Warteraum frisch gebackene Kekse sowie Radieschen auf dem Tisch standen. Einer Testgruppe wurde

Wenn man nicht möchte, dass der Hund jagen geht, muss man die Selbstregulation trainieren.

verboten, die Radieschen zu essen, während der anderen Testgruppe verboten wurde, die Kekse zu essen. Letztere musste also sehr wahrscheinlich mehr Impulskontrolle aufbringen, um den Keksen zu widerstehen, als diejenigen, die auf die Radieschen verzichten sollten. Anschließend wurde allen Probanden ein Puzzle gegeben, das allerdings nicht lösbar war. Das Forscherteam hat gemessen, wie lange sich die Probanden mit dem Puzzle beschäftigten. Dabei fanden sie heraus, dass diejenigen Versuchspersonen, die den Keksen widerstehen mussten, nur halb solange versuchten, die Problemaufgabe zu lösen als diejenigen, die lediglich auf die Radieschen verzichteten. Die Autoren schlussfolgerten daraus, dass Erstere schon mehr Impulskontrolle verbraucht hatten und sich deswegen nicht mehr so beharrlich der Problemaufgabe widmen konnten.
Auch wenn diese Ergebnisse erst einmal nachvollziehbar klingen, haben sie doch ihre Tücken. Dieses Resultat kann nämlich nicht zuverlässig bestätigt werden.
In einer groß angelegten Nachuntersuchung haben 24 Labore weltweit diese Studie erneut durchgeführt. Allerdings kamen nur zwei von ihnen auf die gleichen Ergebnisse wie die Originalstudie, eines fand sogar gegenteilige Ergebnisse. Die restlichen 21 Arbeitsgruppen fanden keinen Unterschied in der Dauer, wie lange die beiden Probandengruppen versuchten, das Puzzle zu lösen (Hagger et al. 2016). Das bedeutet, der gefundene und viel beschriebene Effekt tritt, wenn überhaupt, nur unter bestimmten Bedingungen auf und ist keinesfalls als Fakt zu betrachten.

DER HAMSTER-TEST

Zwar gibt es auch eine Studie mit Hunden, die einen ähnlichen Effekt beschreibt, allerdings lassen sich aufgrund von methodischen Mängeln nur schwer allgemeingültige Rückschlüsse aus dieser Erhebung ziehen. In dieser Studie sollten Hunde entweder für zehn Minuten „Sitz“ und „Bleib“ machen, während ein batteriebetriebener Spielzeughamster durch den Raum kugelte. Die Kontrollgruppe hat diese zehn Minuten in einer Hundebox verbracht. Die Testgruppe musste also wesentlich mehr Impulskontrolle aufbringen, um dem wuselnden Hamster zu widerstehen. Anschließend wurden beide

Versuchsgruppen im gleichen Raum mit einem aggressiven Artgenossen konfrontiert, und es wurde gemessen, wie sehr sich die Testhunde dieser Gefahr näherten. Die Auswertung ergab, dass diejenigen Hunde, die zuvor „Sitz" und „Bleib" machen mussten, näher an die Gefahrenquelle gingen als die Hunde, die zuvor 10 Minuten in der Box verbracht haben. Die Autorinnen schlussfolgerten, dass die Testgruppe zuvor schon Impulskontrolle verbraucht hat und deswegen nicht mehr genug übrig hatten, um der Gefahr aus dem Weg zu gehen (Miller et al. 2012). Allerdings weist die Studie zu viele methodische Mängel auf, um diesen Rückschluss zuzulassen. Ein zentraler Kritikpunkt ist die fehlende Vergleichbarkeit zwischen Test- und Kontrollgruppe. Während der wuselnde Hamster die Testgruppe in eine erhöhte Aufregung versetzte, wuselte er in der Kontrollbedingung nicht durch den Raum. Es ist also beispielsweise möglich, dass die Hunde in der Testbedingung ein deutlich höheres Erregungslevel haben und aufgrund dessen mehr appetenzbedingtes Erkundungsverhalten zeigten.

Auch wenn es also wenig überzeugende wissenschaftliche Belege gibt, dass Impulskontrolle ermüdbar ist wie ein Muskel, heißt das natürlich nicht, dass man einen Hund endlos belasten kann. Hundebesitzer müssen im Training immer beachten, wo die Belastungsgrenze ihres Hundes ist.

STEIGENDE ERREGUNGSLAGE

Aber wenn Impulskontrolle nicht endlich ist, wie erklärt sich dann das Eingangsbeispiel – also, dass der Vierbeiner bei der sechsten Hundebegegnung explodiert? Die Situation lässt sich leicht mit einem etwas anderen Blickwinkel erklären: Der Hund hat ein gewisses Level an Impulskontrolle in dieser bestimmten Situation, die ein gewisses Maß an Erregung abdeckt

Je höher die Erregungslage ist, umso schwieriger wird es, sich selbst zu regulieren.

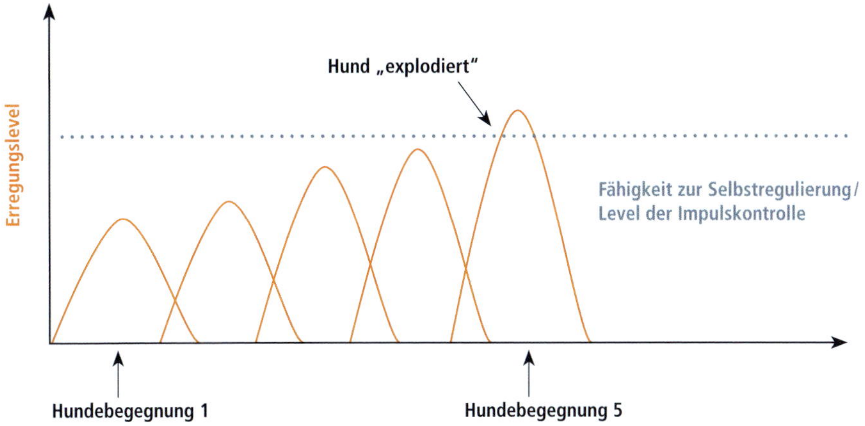

Abb. 2.3: In dieser Verbildlichung löst jede Hundebegegnung eine gewisse Erregung aus. Wenn der Hund zwischenzeitlich nicht genug Zeit hat, sich zu beruhigen, summiert sich die Erregung auf, bis sie die vorhandene Fähigkeit zur Selbstregulierung übersteigt.

(siehe Abbildung 2.3). Dabei steigt bei jeder Hundebegegnung die Erregungslage um ein gewisses Maß an. Hat der Hund nach einer Begegnung nicht genug Zeit, um sich wieder zu beruhigen, summiert sich das Arousal mit jeder weiteren Artgenossenkonfrontation auf. Ab einem bestimmten Erregungslevel reicht die vorhandene Impulskontrolle nicht mehr aus, um das steigende Stresslevel abzudecken. Dann „explodiert" der Hund.

Aber anstatt an anderer Stelle Impulskontrolle „einzusparen" (was auch zu einer steigenden Erregungslage beitragen kann), sollte die Fähigkeit zur Selbstkontrolle kleinschrittig in verschiedenen Situationen trainiert werden, um zu gewährleisten, dass der Hund sich zukünftig besser regulieren kann. Diese Änderung des Blickwinkels ist insofern wichtig, da sie die Schlussfolgerungen für das entsprechende Training ändert. Wenn man nämlich von Impulskontrolle als eine endliche Ressource ausgeht, müsste man diese Impulskontrolle an anderen Situationen „einsparen". Anstatt also an der Selbstregulierung zu arbeiten, lässt man den Hund in einem hohen Erregungszustand, was wiederum eine weitere Selbstregulierung schwierig macht.

Wenn man aber davon ausgeht, dass die Fähigkeit zur Selbstregulierung in erster Linie vom Erregungszustand abhängt und die Impulskontrolle trainierbar ist, kommt man zu der Schlussfolgerung, dass man eben diese kleinschrittig in verschiedenen Situationen üben muss, um ans Ziel zu kommen.

Auch für die Vermutung, eine kohlenhydratreiche Fütterung würde für eine bessere Impulskontrolle sorgen, gibt es keinerlei wissenschaftliche Belege.

DAS TEMPERAMENT ALS „BASIS" DER PERSÖNLICHKEIT

Das Temperament eines Hundes lässt sich durch die weitestgehend angeborene Reaktivität sowie die regulierende Funktion der Impulskontrolle beschreiben. Man könnte das Temperament als „Basis" der hündischen Persönlichkeit betrachten, die die weiteren Persönlichkeitsdimensionen, die als Charakter zusammengefasst werden, in mehr oder weniger großem Ausmaß beeinflussen.

DER CHARAKTER DES HUNDES

— *Fünf Persönlichkeitsmerkmale*

DAS AKTIVITÄTSLEVEL

Das Aktivitätslevel beschreibt, wie viel sich ein Hund bewegt beziehungsweise wie unruhig er ist. Andere Begriffe, die in verschiedenen Studien mehr oder weniger Synonym für das Aktivitätslevel verwendet werden, sind „Energielevel", „Lebhaftigkeit" und „Erregbarkeit". Oder aber diese Persönlichkeitsdimension wird von der anderen Seite des Spektrums betrachtet und als „Gelassenheit" oder „Ausgeglichenheit" bezeichnet. Häufig wird das Aktivitätslevel auch gemeinsam mit der Impulsivität beurteilt und hat somit also Überschneidungen mit der Impulskontrolle. In Bezug auf das Big-5-Modell beim Menschen gehört die Aktivität als Facette zur Persönlichkeitsdimension der Extraversion (Gosling & John 1999).

WIE WIRD DAS AKTIVITÄTSLEVEL GEMESSEN?

In Welpentests wird das Aktivitätslevel häufig ermittelt, in dem man den kleinen Hund in die Mitte eines mit Linien versehenen Bodens setzt und zählt, wie viele dieser Markierungen er durchquert. Tatsächlich scheint das Aktivitätslevel die einzige Persönlichkeitsdimension zu sein, die sich aus einem Welpentest vorhersagen lässt. 50 Border Collies wurden sowohl wenige Tage nach der Geburt, im Alter von 6 Wochen sowie im Alter von 1,5 bis 2 Jahren in verschiedenen Testsituationen beobachtet und das Verhalten analysiert (Riemer et al. 2014). Die Aktivität, die hier durch das Erkundungsverhalten in einer

Das Aktivitätslevel lässt sich mit einem Welpentest vorhersagen.

Australian Shepherds zählen zu den Hunden mit dem höchsten Energielevel.

neuen Umgebung gemessen wurde, war dabei die einzige Verhaltensweise, die in den unterschiedlichen Altersstufen stabil blieb. Dieses Ergebnis unterstreicht auch die starke angeborene Komponente des Temperaments, das starke Überschneidungen mit dem Aktivitätslevel als Basis der Persönlichkeit hat.

VON VIELEN FAKTOREN ABHÄNGIG

Allerdings hat die Messung der Aktivität durch Beobachtung seine Tücken, denn die Ausprägung der Aktivität in einer bestimmten Situation ist stark abhängig von vielen unterschiedlichen Variablen. Zum Beispiel kann das Ergebnis davon abhängen, wie bekannt die Testumgebung für den Hund ist. Auch Faktoren wie die Haltungsbedingungen und der Zeitpunkt des Tests können einen Einfluss haben. So wird vermutlich ein Hund, der beispielsweise nach mehreren Stunden allein im Zwinger getestet wird, ein höheres Aktivitätslevel zeigen als ein Hund, der gerade von einem dreistündigen Spaziergang kommt. Aus diesen Gründen kann es sinnvoll sein, diese Persönlichkeitsdimension über Fragebögen zu ermitteln.

FAKTOR ERREGBARKEIT

Im weitverbreiteten C-BARQ werden zwei Faktoren erhoben, die mit dem Aktivitätslevel assoziiert sind, aber doch einige qualitative Unterschiede aufweisen. Zum einen gibt es den Faktor „Erregbarkeit“, der die Stärke der Reaktion auf potenziell aufregende Situationen abbildet. Dazu gehören Situationen wie das Klingeln der Haustür, die Ankunft von Besuchern, die Rückkehr des Besitzers nach Abwesenheit und die Aufregung direkt vor einem Spaziergang oder einer Autofahrt. Diese Hunde haben häufig auch Probleme, sich nach diesen Situationen wieder zu beruhigen. In diesen Faktor fließen also starke Anteile der Reaktivität ein.

KLEINE, QUIRLIGE HUNDE

Nicht überraschend schneiden hier die Englische Bulldogge, der Mastiff und der Husky mit den niedrigsten Werten ab – sie sind also in dieser Erhebung die Rassen mit der größten Gelassenheit. Vor allem kleine Rassen erreichen hier überdurchschnittlich hohe Werte. Einige davon schneiden auch in anderen Kategorien wie der Ängstlichkeit und der Aggressivität hoch ab (zum Beispiel Dackel, Malteser und Yorkshire Terrier). Dies verdeutlicht eine enge Verknüpfung dieser Persönlichkeitsmerkmale, deren gemeinsame Grundlage die Reaktivität ist. Außerdem fällt auf, dass viele kurzschnäuzige Rassen, wie zum Beispiel der Boston Terrier, Boxer, Französische Bulldogge und Mops, mit überdurchschnittlich hohen Werten in dieser Kategorie abschneiden (Serpell & Duffy 2014). Angesichts der oft vorhandenen Atemproblematik und gestörten Thermoregulation bei diesen Rassen ist ein erhöhtes Erregungslevel der Gesundheit nicht sonderlich zuträglich.

FAKTOR ENERGIELEVEL

Der C-BARQ-Faktor „Energielevel“ umfasst Aspekte wie „Hund ist verspielt, übermütig, ungestüm“ und „Hund ist aktiv und energiegeladen“.
Hier liegen die Werte der untersuchten Rassen relativ nah beieinander, wobei es einige Ausnahmen gibt. Vor allem Australian Shepherd, Boxer, Dobermann und Deutsch Kurzhaar schneiden hier mit hohen Werten ab. Da es sich hierbei um Arbeitsrassen handelt, wurden sie vermutlich auf ein hohes Energielevel selektiert. Die Schlusslichter der Kategorie in dieser Erhebung bilden die Englische Bulldogge, der Mastiff und die Deutsche Dogge. Vor allem bei der Bulldogge könnten häufig auftretende, massive gesundheitliche Probleme einen Einfluss auf das Energielevel haben, während bei den beiden Riesenrassen auch morphologische Gründe ausschlaggebend für ein eher lethargisches Auftreten sein können.

☞ 3.1 RASSEN MIT DEN HÖCHSTEN UND NIEDRIGSTEN WERTEN IN DEN KATEGORIEN „ERREGBARKEIT“ UND „ENERGIELEVEL“

nach dem C-BARQ (Serpell & Duffy 2014)

	ERREGBARKEIT	ENERGIELEVEL
Hohe Werte	Boston Terrier, Malteser, Zwergschnauzer, Yorkshire Terrier	Australian Shepherd, Boxer, Dobermann, Deutsch Kurzhaar
Niedrige Werte	Englische Bulldogge, Mastiff, Sibirian Husky	Englische Bulldogge, Mastiff, Deutsche Dogge

Infobox 3.1

DER HUNDE-ADHS FRAGEBOGEN
für Besitzer zum Aufmerksamkeitsdefizit und Aktivität/Impulsivität (eigene Übersetzung nach Vas et al. 2007)

Skala mit vier Werten (0 = niemals bis 3 = sehr häufig)

1. Der Hund hat Schwierigkeiten, neue Dinge zu lernen, weil er unaufmerksam ist und sich leicht von anderen Dingen ablenken lässt.
2. Es ist leicht, seine Aufmerksamkeit zu bekommen, aber er verliert sein Interesse schnell.
3. Es fällt ihm schwer, sich auf Aufgaben oder ein Spiel zu konzentrieren.
4. Er verlässt seinen Platz häufig, obwohl er dableiben soll.
5. Er kann nicht still sein und lässt sich schwer beruhigen.
6. Er zappelt die ganze Zeit.
7. Es scheint, dass er nicht zuhört, obwohl er weiß, dass jemand mit ihm spricht.
8. Er reagiert oft unverhältnismäßig stark, ist schwer zu kontrollieren. Wenn er in die Leine springt, ist er schwer zurückzuhalten.
9. Er würde ständig spielen und rennen.
10. Er löst einfach Aufgaben leicht, hat aber Schwierigkeiten mit komplexeren Aufgaben, selbst wenn er sie kennt und öfter übt.
11. Er reagiert oft überhastet, weswegen er auch an Aufgaben scheitert.
12. Seine Aufmerksamkeit kann leicht abgelenkt werden.
13. Er ist nicht in der Lage zu warten, weil er keine Impulskontrolle besitzt.

Mit den Fragen 1, 2, 3, 7, 10 und 12 wird dabei die Unaufmerksamkeit gemessen, während die Fragen 4, 5, 6, 8, 8, 11, und 13 über die Aktivität/Impulsivität Auskunft geben.

GIBT ES ADHS BEI HUNDEN?

Häufig hört man von Besitzern Sätze wie „Mein Hund hat ADHS". Und auch wenn man im allgemeinen Sprachgebrauch ahnt, was damit gemeint ist, bleibt die Frage offen, ob es so eine Störung beim Hund tatsächlich gibt.
ADHS ist die Abkürzung für die Aufmerksamkeitsdefizit-/Hyperaktivitätsstörung. Die klassischen Symptome äußern sich in Problemen mit der Aufmerksamkeit, Impulsivität und Selbstregulation. Auch eine starke körperliche Unruhe, die sich in Hyperaktivität äußert, ist möglich. Diese Störung wird zur Gruppe der „Verhaltens- und emotionalen Störungen mit Beginn in der Kindheit und Jugend" gezählt. Mit etwa 5,3 % betroffener Kinder und Jugendlicher weltweit ist sie die häufigste psychiatrische Erkrankung im Jugendalter.
Judit Vas und Kolleginnen (2007) entwickelten, basierend auf einen validierten Fragebogen für Kinder, einen Fragebogen, um ADHS-ähnliche Tendenzen bei Hunden zu untersuchen. Wie aus Infobox 3.1 ersichtlich, besteht der Fragebogen aus 13 Punkten. Die Forscherinnen testeten die Anwendbarkeit bei 220 Hunden 69 verschiedener Rassen. Die Ergebnisse zeigen, dass sich vor allem zwei Unterskalen herausstellen: Zum einen die Aufmerksamkeit und zum anderen die Aktivität/Impulsivität. Auch hier gibt es also Überschneidungen mit dem Temperament sowie mit der Trainierbarkeit. Die Auswertung dieses Fragebogens zeigt, dass die Aufmerksamkeitsfähigkeit von Hunden vor allem vom Alter und vom Trainingsstand abhängt. Damit konnten vorherige Studienergebnisse bestätigt werden, und es zeigt, dass der Fragebogen ein valides Werkzeug ist, um die Aufmerksamkeitsfähigkeit und die Aktivität von Hunden zu messen. Allerdings muss man hier beachten, dass dieser Fragebogen lediglich als Richtlinie dienen

kann und kein Diagnosewerkzeug ist, da dafür die Referenzwerte fehlen.

HYPERAKTIVITÄTSSTÖRUNG ODER ÜBERAKTIVITÄT

Schwierig ist auch eine Abgrenzung zwischen einer tatsächlichen Hyperaktivitätsstörung und einer Überaktivität. Während Überaktivität eher eine Erziehungsfrage ist, der Hund also nie gelernt hat, sich ruhig zu verhalten und es wenig Kontrolle des Besitzers über die Aktivitäten des Hundes gibt, hat eine tatsächliche Hyperaktivitätsstörung physiologische Ursachen. Dabei sollte ausgeschlossen werden, dass es sich um andere hormonelle oder neurologische Erkrankungen handelt. In Tabelle 3.2 findest du eine Gegenüberstellung der beiden Begrifflichkeiten (Bowen & Heath 2005).

DIE NEUROBIOLOGISCHEN GRUNDLAGEN DES AKTIVITÄTSLEVELS

Bei vielen Persönlichkeitsaspekten nimmt man an, dass es innerhalb der Wirbeltiere, zu denen sowohl Mensch als auch Hund zählen, gewisse entwicklungsgeschichtliche Übereinstimmungen gibt. Dementsprechend sollten auch die zugrunde liegenden neurobiologischen und neuroendokrinen Prozesse ähnlich verlaufen.
Das Dopamin-D4-Rezeptor-Gen (DRD4) war eines der ersten Kandidatengene, bei dem man annahm, dass unterschiedliche Allele mit unterschiedlichen Verhaltensmustern in Verbindung stehen. Diese Dopaminrezeptoren sind vor allem im limbischen

☞ 3.2 GEGENÜBERSTELLUNG VON MERKMALEN DER HYPERAKTIVITÄT UND ÜBERAKTIVITÄT

nach Bowen & Heath 2005

HYPERAKTIVITÄT	ÜBERAKTIVITÄT
Nicht in der Lage zu entspannen, auch in der Abwesenheit von Stimuli	Zeigt normale Fähigkeit zu schlafen und zu entspannen
Herzfrequenz, Atemrate und Temperatur sind möglicherweise erhöht, selbst wenn der Hund in „Ruhe" ist und verändert sich nur unwesentlich, wenn er aktiv ist	Herzfrequenz und andere physiologische Parameter variieren normal in Abhängigkeit mit dem Aktivitätslevel
Paradoxer, beruhigender Effekt bei der Gabe von Stimulantien	Normaler Effekt bei Gabe von Stimulantien
Aufmerksamkeitsuchendes Verhalten selten – der Hund scheint sich völlig unabhängig vom Besitzer und der Umwelt zu verhalten	Aufmerksamkeitsuchendes Verhalten häufig
Spontanes Aktivitätsverhalten, unabhängig von der Anwesenheit des Besitzers oder Auslösern	Aktivität steht üblicherweise mit Auslösern in Verbindung

Das Dopaminrezeptor-Gen DRD4 hat bei Hund und Mensch einen Einfluss auf Aktivität und Impulsivität.

System angesiedelt, das an der Verarbeitung von Emotionen und kognitiven Prozessen beteiligt ist.

In einem bestimmten Teil des Dopaminrezeptors (Exon 3) gibt es unterschiedliche Ausprägungen, die beim Menschen unter anderem mit dem Aufmerksamkeitsdefizit-/Hyperaktivitäts-Syndrom (ADHS) in Verbindung gebracht werden (Faraone & Mick 2010).

Auch bei Hunden gibt es am gleichen Genort einen Polymorphismus. Es konnten bis jetzt 4 Varianten dieses Genabschnitts gefunden werden, deren Verteilung sich zwischen den untersuchten Rassen und Wölfen deutlich unterscheidet. So kommen die Varianten 2 und 3a bei allen Rassen sowie bei den Wölfen vor. Zudem gibt es aber bei den Wölfen und den untersuchten Sibirian Huskys auch noch zwei weitere Varianten, 5 und 8. Jedes Individuum besitzt zwei Allele, die jeweils zu einer der Varianten gehören. Die Verteilung dieser Allele bei den untersuchten Rassen ist in Abbildung 3.1 abgebildet.

Verschiedene Rassen haben also unterschiedliche Varianten des Gens. Um nun zu untersuchen, inwieweit verschiedene Varianten des DRD4 Einfluss auf das Verhalten haben können, sollte man sich auf die Betrachtung einer Rasse beschränken, um mögliche Verzerrungen rassebedingter Ausprägungen zu umgehen.

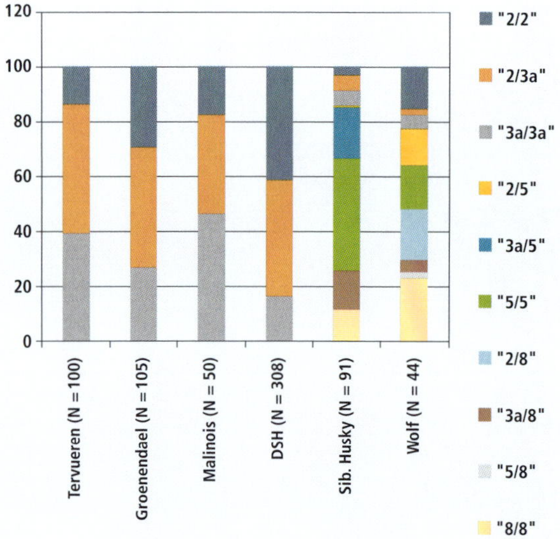

Abb. 3.1: Häufigkeit der verschiedenen DRD4 (Exon 3) Genotypen bei verschiedenen Rassen und Wölfen (Héjjas et al. 2007)

UNTERSUCHUNGEN DER GENETISCHEN AUSPRÄGUNG DER AKTIVITÄT

Krisztina Hejjas und Kolleginnen (2007) haben die Genvarianten und den Zusammenhang mit dem Aktivitätsverhalten bei 189 Deutschen Schäferhunden untersucht. Dabei wurden 87 Hunde als Diensthunde bei der Polizei eingesetzt, während 102 weitere als Haustiere ohne besondere Ausbildung gehalten wurden. Die Hunde wurden genetisch typisiert, zudem füllten die Besitzer den Hunde-ADHS Fragebogen (Vas et al, siehe Infobox 3.1) aus. Die Auswertung ergab, dass diejenigen Polizeihunde, die ein 3a-Allel aufwiesen, eine höhere Punktzahl auf der Aktivitäts-Impulsivitäts-Skala erreichten, als die Diensthunde, die dieses Allel nicht hatten. Dieser Unterschied konnte allerdings bei den Schäferhunden, die als Haustiere gehalten wurden, nicht gefunden werden. Die Autorinnen interpretieren diesen Befund dahingehend, dass die ausgebildeten Diensthunde alle in einer ähnlichen Umwelt leben und das gleiche Trainings- und Ausbildungsprogramm durchlaufen. Dementsprechend sind die gemachten Erfahrungen der Diensthunde untereinander relativ ähnlich, während sich Umwelt und Erfahrungen bei den Familienhunden je nach Lebensumfeld stark unterscheiden. Durch diese unterschiedlichen Einflüsse werden vermutlich die subtilen genetischen Effekte des DRD4-Gens überschattet.

Infobox 3.2

DOPAMIN

Dopamin ist ein zu den Katecholaminen gehörender Neurotransmitter mit überwiegend erregender Wirkung. Es ist eine Vorstufe des Adrenalins und Noradrenalins und wird im Nebennierenmark sowie in Nervenendigungen gebildet. Nervenzellen, in denen Dopamin vorkommt, werden dopaminerg genannt. Dopamin wird in erster Linie mit Antriebssteigerung und Motivation in Verbindung gebracht – es ist immer dann aktiv, wenn das Individuum eine Belohnung erwartet. Ein Dopaminmangel kann zu einem Nachlassen der Motivation und Leistung bis hin zu Depression führen. Auch Parkinson wird mit einem Mangel an diesem Neurotransmitter in Verbindung gebracht. Versuche mit genmanipulierten Mäusen, die selbst kein Dopamin bilden können, zeigen, dass diese Mäuse binnen drei Wochen sterben, weil sie keinerlei zielgerichtetes Verhalten zeigen und damit nicht ausreichend Futter zu sich zu nehmen (Palmiter 2008). Weiterhin steht ein Ungleichgewicht des Botenstoffes im Zusammenhang mit der Aufmerksamkeitsdefizit-Hyperaktivitäts-Störung. Auch beim Suchtverhalten spielt Dopamin eine entscheidende Rolle.

Dopamin-Rezeptor-Gen DRD4

DRD4 ist ein Dopamin-Rezeptor-Gen, das in verschiedenen Hirnregionen exprimiert wird. DRD4 ist eines der ersten Kandidatengene, bei dem unterschiedliche Allele im Zusammenhang mit verschiedenen Verhaltensmustern und Persönlichkeitsmerkmalen beim Menschen stehen. Diese Zusammenhänge lassen sich hinsichtlich des Aktivitätslevels und der Aufmerksamkeit finden, und es wird auch ein Bezug zur Aufmerksamkeitsdefizit-/Hyperaktivitätsstörung vermutet (Swanson et al. 1998).
Ein ähnlicher Polymorphismus kann auch bei verschiedenen Hunderassen gefunden werden. Interessanterweise ergeben sich dabei unterschiedliche Muster je nach Herkunft der untersuchten Hunderasse.

DER BEGRÜSSUNGSTEST

In einer weiteren Studie analysierten die Wissenschaftlerinnen zusätzlich eine andere Region des DRD4-Gens. Neben dem Polymorphismus in Exon 3 wurde auch das Intron 2 untersucht (Hejjas et al. 2009). Außerdem basierten die Daten diesmal nicht auf einem Fragebogen, sondern auf einer Verhaltensbeobachtung. Hierzu wurden erneut 96 Deutsche Schäferhunde in einer Begrüßungssituation beobachtet. Dabei näherte sich eine fremde Person dem angeleinten Testhund an, dessen Reaktion und Kontaktaufnahme analysiert wurde. Die Auswertung ergab, dass sowohl die Varianten des Exon 3 als auch die Ausprägungen des Intron 2 mit unterschiedlichen Verhaltensausprägungen im Begrüßungstest assoziiert werden können. Die Ergebnisse der unterschiedlichen Studien legen also nahe, dass, wie beim Menschen auch, das Dopaminrezeptor-Gen DRD4 einen Einfluss auf die Aktivität und Impulsivität eines Hundes hat.
Dass es eine genetische Grundlage für die Ausprägung der Aktivität/Impulsivität gibt, wird auch durch eine weitere Untersuchung an Deutschen Schäferhunden bestätigt. Hier konnte eine relativ hohe Erblichkeit von 0.53 gefunden werden (Wilsson & Sundgren 1998). Das bedeutet, dass 53 % der Aktivitätsunterschiede in der untersuchten Population auf die Genetik zurückzuführen ist.

Eine Untersuchung mit Deutschen Schäferhunden unterstreicht die hohe Erblichkeit des Aktivitätslevels.

Junge Hunde sind aktiver als ältere Hunde.

FAKTOREN, DIE AKTIVITÄT BEEINFLUSSEN

Häufig besteht die Annahme, das kleine Hunde generell aktiver und impulsiver sind als größere Vierbeiner. Aus Studiensicht ergibt sich hier hinsichtlich der Aktivität aber nur ein geringer Zusammenhang (Vas et al. 2007). Allerdings scheinen sich kleine Hunde tatsächlich schneller aufzuregen. Allerdings ist hier nicht klar, ob es tatsächlich eine biologische Ursache für die leichtere Erregbarkeit gibt oder ob erzieherische Unterschiede eine Rolle spielen.
Das Geschlecht scheint keinen einheitlichen Einfluss auf das Aktivitätslevel zu haben. Während beispielswiese in einer Studie weibliche Labrador Retriever als aktiver eingeschätzt wurden, zeigen sich in einer anderen Untersuchung männliche Flat Coated Retriever aufgeregter als die weiblichen Rassevertreter (Fratkin et al. 2013). Allerdings scheint Kastration einen Einfluss auf das Aktivitätslevel zu haben. Dabei verhalten sich intakte Hunde ruhiger als kastrierte Hunde. Dieser Effekt zeigt sich besonders stark bei Hunden, die jünger als 4,8 Jahre alt sind (Kubinyi et al. 2009).

Nicht überraschend zeigen junge Hunde eine höhere Aktivität als alte Hunde. Dabei sind Vierbeiner, die älter als 6,9 Jahre sind, besonders ruhig (Kubinyi et al. 2009). Vor allem im Bereich „Aufmerksamkeit“ schneiden ältere Hunde deutlich besser ab als jüngere Vierbeiner. Zum einen hängt dieser Effekt vermutlich mit einer gewissen Reifung zusammen. Hinzu kommt neben dem Alter auch noch ein starker Effekt des Trainings. Je besser trainiert ein Hund ist, umso aufmerksamer verhält er sich auch (Vas et al. 2007). Man kann also die Aufmerksamkeit des Hundes durch gezieltes Training deutlich verbessern.

GESUNDE HUNDE SIND AKTIVER

Wie bei Menschen findet sich auch beim Hund ein Zusammenhang zwischen der Gesundheit eines Hundes und seinem Aktivitätslevel. Je weniger aktiv ein Hund ist, umso höher ist das Risiko, an einer chronischen Krankheit zu leiden. Bei dieser Korrelation lohnt sich ein genauerer Blick auf die Kausalität: Zum einen ist es natürlich möglich, dass ein Hund weniger aktiv ist, weil er eine chronische Erkrankung hat. Die Krankheit sorgt dann gegebenenfalls dafür,

Kleine Hunde werden häufig als aktiver beschrieben.

dass der Hund schlapp und erschöpft ist oder auch aufgrund von Schmerzen weniger Aktivität zeigt. Andersherum ist es aber auch möglich, dass eine geringe Aktivität ein stärkeres Risiko für bestimmte Krankheiten birgt (Chopik et al. 2019), zu nennen wäre hier die Fettleibigkeit.

ÜBERGEWICHT UND IHRE FOLGEN

Übergewicht ist eine Volkskrankheit, auch unter Hunden. Bis zu 40 % aller Hunde gelten in Industrieländern als übergewichtig – das bedeutet, dass der Hund sein Idealgewicht um mehr als 15 % überschreitet. Dabei kann Übergewicht fatale Auswirkungen auf die Gesundheit des Vierbeiners haben. Die Lebenszeit verkürzt sich um bis zu zwei Jahre. Eine lebensbegleitende Studie bei Labradoren hat gezeigt, dass bereits moderates Übergewicht die Lebenserwartung erheblich senken kann. In dieser Studie wurde eine Gruppe von Labradoren mit 25 % mehr Futter gefüttert als ihre Geschwister. Die normalgewichtigen Geschwister hatten eine 15 % höhere Lebenserwartung. Zusätzlich litt die übergewichtige Gruppe nach kürzerer Zeit an Arthrose und anderen chronischen Krankheiten. Arthrose ist eine typische

Erkrankung, die durch Übergewicht entstehen kann. Ursache dafür ist die permanente Überlastung von Sehnen, Bändern und Gelenken (Kealy et al. 2002).
Aber Fettleibigkeit ist nicht nur gefährlich wegen des erhöhten Gewichts, das auf das Skelett drückt, das Herz belastet und somit den Stress erhöht. Nach neueren Erkenntnissen werden Krankheiten, die mit Übergewicht verbunden sind, auch darauf zurückgeführt, dass Fettgewebe aktiv Hormone, die sogenannten Adipokine produziert, die den Stoffwechsel negativ beeinflussen können. Adipokine fördern die Insulinresistenz, sie gelten als wichtigster Faktor bei der Entstehung von Diabetes.
Obwohl Kastration und genetische Faktoren einen Einfluss haben können, ist am Ende doch einzig der Besitzer für das Übergewicht des Hundes verantwortlich. Dies bestätigt auch eine Umfrage unter Tierärzten: 97 % der Teilnehmer sehen falsche Ernährung, zu wenig Bewegung oder andere besitzerabhängige Faktoren als Hauptursache für die hündische Korpulenz (Bland et al. 2010).
Tatsächlich zeigen verschiedene Studien, dass übergewichtige Hunde weniger Bewegung haben und dass sie öfter Leckerli bekommen, da die Halter oft das Futter als Ausdruck der Zuneigung benutzen. Zudem unterschätzen fast 50 % der Besitzer übergewichtiger Hunde die Gewichtssituation ihres Vierbeiners (White et al. 2011).
Natürlich gehört zu einem gesunden Abnehmen immer Bewegung. Die Spaziergänge sollten deshalb länger ausfallen. Auch gemeinsames Spielen steigert das Aktivitätslevel und stärkt zudem die Bindung.

REDUKTION DER KALORIENZUFUHR

Besonderes Hundefutter ist meist nicht unbedingt notwendig. Je nach Ausmaß des Übergewichtes und wenn der Hund keine krankheitsbedingten Beeinträchtigungen hat, reicht in vielen Fällen eine Senkung der Kalorienzufuhr, also eine Verkleinerung der Portionen. Und vor allem: die Leckerli müssen von der Tagesration abgezogen werden! Besonders bei Hunden im Wachstum und bei älteren Hunden sollte man ein Auge auf das Gewicht haben, denn dann belasten die unnötigen Pfunde die Knochen und den Kreislauf umso mehr.

Übergewicht kann bei Hunden zu ernsthaften gesundheitlichen Folgen führen.

DIE GESELLIGKEIT

Die Geselligkeit umfasst diejenigen Verhaltensweisen, die freundliche Interaktionen mit anderen Hunden oder Menschen initiieren, also wie freundlich ein Hund auf Artgenossen beziehungsweise Menschen zugeht. Im Vergleich zum Big Five-Modell beim Menschen entspricht diese Persönlichkeitsdimension am ehesten der Extraversion. In der wissenschaftlichen Literatur findet man unter anderem auch die Begriffe „Freundlichkeit" oder „Soziabilität". Allgemein gibt es eine Überschneidung dieser Persönlichkeitsdimension mit Aggressivität und Ängstlichkeit, allerdings nur teilweise. Denn wie ein Hund auf einen Menschen oder einen anderen Hund zugeht, ist nicht zwingend davon abhängig, wie er fremden Objekten oder unbekannten Situationen begegnet. Gemessen wird die Geselligkeit meist über eine Begrüßungsituation mit einer fremden Person.

In einem Persönlichkeitstest wurden 134 Border Collie-Welpen in einer Interaktion mit einer fremden Person beurteilt.

PERSÖNLICHKEITSTEST MIT BORDER COLLIE-WELPEN

Stefanie Riemer und Kolleginnen (2013) testeten 134 Border Collie-Welpen in einem Persönlichkeitstest, der unter anderem eine freundliche Interaktion mit einer fremden Person umfasste. Dazu hockte sich die Versuchsleiterin in einiger Entfernung zu dem 40 – 50 Tage alten Welpen auf den Boden. Sie sprach ihn mit freundlicher Stimme an und lud ihn ein, sich zu nähern. Wenn der Welpe in die Nähe der Versuchsleiterin kam, streichelte diese ihn. Mit diesem Versuchsteil wurde die Geselligkeit jedes Individuums bestimmt. Außerdem wurde der Welpe mit einem unbekannten Objekt konfrontiert. Danach gab es drei kurze Episoden, in denen der Welpe in seiner Bewegung eingeschränkt wurde. Zum einen wurde er für 25 Sekunden vorsichtig auf den Rücken gedreht, zum anderen einer tierarztähnlichen Untersuchung unterzogen. Der Versuchsleiter berührte dabei die Pfoten und schaute ins Maul sowie in die Ohren. Zu guter Letzt hielt die Versuchsleiterin den Welpen für 30 Sekunden direkt vor sich aufrecht und starrte ihm in die Augen.
Die Wissenschaftlerinnen haben nun untersucht, inwieweit die Verhaltensstrategie der Welpen in diesen Konfliktsituationen mit dem Verhalten in Verbindung mit dem

fremden Objekt und der Geselligkeit gegenüber dem unbekannten Menschen zusammenhängt. Diejenigen Welpen, die hohe Werte im Geselligkeitstest erreichten, versuchten in den Konfliktsituationen freundlich mit dem Versuchsleiter zu interagieren. Diejenigen, die im Test wenig mit der fremden Person interagierten, verhielten sich in den Konfliktsituationen eher passiv. Die Art, wie der Hund sich dem unbekannten Objekt näherte, hatte keinen Einfluss darauf, wie er sich dem fremden Menschen näherte oder welche Strategie er in den Konfliktsituationen zeigte. Die Persönlichkeitsdimension Geselligkeit hängt also nicht allein davon ab, wie wagemutig ein Hund generell ist.
Ähnliche Beobachtungen hat auch MacDonald (1987) mit jungen Wölfen gemacht. Bei den 1–7 Monate alten Tieren schien die Angst vor Objekten (beziehungsweise die umgekehrte Ausprägung von Wagemut) unabhängig davon zu sein, wie das Individuum sich gegenüber Menschen verhielt. Die Selektion für die Präferenz für einen Menschen ist also (zumindest teilweise) unabhängig von genereller Ängstlichkeit beziehungsweise generellem Wagemut (zitiert aus Miklosi 2007).

IST GESELLIGKEIT ERBLICH?

Die Persönlichkeitsdimension der Geselligkeit scheint keine große Erblichkeit aufzuweisen. Die Heritabilitätsschätzungen reichen gerade mal von 0,003 bei einer Gruppe von Labrador Retrievern bis 0,38 bei einer Gruppe Deutscher Schäferhunde. Damit weist sie wenig züchterische Relevanz auf. Dafür verändert sich die Geselligkeit über die Lebensspanne. Verschiedene Studien zeigen, dass jüngere Hunde eher freundliche Interaktionen mit Menschen initiieren als ältere Hunde (Fratkin 2017). Ähnliche Ergebnisse hat auch eine systematische Studie mit Laborbeaglen gefunden: Geselligkeit scheint zwar eine genetische Basis zu haben – in der vorliegenden Studie gab es einen Heritabilitätskoeffizienten von 0,32 –, allerdings beeinflussen individuelle Erfahrungen sowie individuelle Merkmale, wie beispielsweise Alter und Geschlecht, die Ausprägung stark. Hündinnen zeigen dabei eine höhere Geselligkeit (Persson et al. 2015).

Eine Begrüßungssituation ist ein übliches Testsetting für die Perönlichkeitsdimension „Geselligkeit".

DIE ROLLE DES OXYTOCIN

Oxytocin ist ein Hormon, das eng mit der Geselligkeit verknüpft ist. Den meisten Menschen wird dieser körpereigene Wirkstoff vermutlich als das „Kuschelhormon" oder „Bindungshormon" bekannt sein. Oxytocin kann den Blutdruck und den Cortisolspiegel senken und verringert somit Stress. Es wird im Hypothalamus gebildet. In der Literatur werden verschiedene Wirkmechanismen vorgeschlagen. Studien mit Menschen zeigen zum einen, dass Oxytocin die Amygdala (s. Infobox 3.14) „runterreguliert", die während sozialer Interaktion aktiv ist. So wird eine soziale Annäherung vereinfacht, da sie nicht mehr so bedrohlich wirkt. Auf der anderen Seite vereinfacht Oxytocin die Kategorisierung eines anderen Individuums als Mitglied der eigenen Gruppe und fördert so soziale Interaktionen (siehe Turcsan et al. 2017). Hunde, die häufiger körperlichen Kontakt zu einer fremden Person suchen, schauen einem Menschen auch länger ins Gesicht, um mit ihm zu kommunizieren. Möglicherweise halten diese Hunde den Blickkontakt mit dem Menschen beständiger, weil es für sie ein intrinsisch belohnendes Verhalten ist (Jakovcevic et al. 2012).

Infobox 3.2

OXYTOCIN

Das „Bindungshormon" Oxytocin

Oxytocin wird landläufig häufig „Kuschelhormon" oder auch „Bindungshormon" genannt. Tatsächlich spielt es eine zentrale Rolle bei sozialen Beziehungen, vor allem bei der Eltern-Kind-Beziehung. Auf physiologischer Ebene hat es auch einen Einfluss auf die Wehentätigkeit während der Geburt sowie den Milchfluss in der frühen nachgeburtlichen Phase. Auf psychischer Ebene steht es im Zusammenhäng mit Zuständen wie Vertrauen, soziale Bindung und Empathie. Beim Stillen setzt die Mutter Oxytocin frei, und durch ihre Zuwendung steigt auch beim Baby der Oxytocin-Spiegel an. Dieses wendet sich nun vermehrt der Mutter zu, wodurch wiederum deren Oxytocin-Level weiter ansteigt. Durch diese positive Rückkopplung wird die Bindung zwischen Mutter und Kind nachhaltig gestärkt. Aber auch außerhalb der Eltern-Kind-Beziehung wird Oxytocin bei angenehmen Berührungen, wie zum Beispiel Streicheln sowie bei sexuellen Kontakten, vor allem beim Orgasmus, ausgeschüttet. Aber auch schon Blicke reichen aus, um einen Oxytocinausstoß zwischen Bindungspartnern auszulösen.

Stress senken durch Oxytocin

Auch bei einer zugewandten Interaktion zwischen Hund und Besitzer steigt auf beiden Seiten das Level des Hormons. Das hat vor allem eine Relevanz, wenn es um den Umgang mit sozialen Stresssituationen geht. Hier kann nämlich soziale Zuwendung und Unterstützung durch den Besitzer das Stresslevel des Hundes deutlich senken. Voraussetzung ist hierbei natürlich, dass der Hund die Zuwendung als angenehm empfindet. Allerdings hat Oxytocin diese positiven Auswirkungen nur auf nahestehende Individuen. In Hinblick auf Konkurrenten oder Eindringlinge steigert Oxytocin Neid, Schadenfreude sowie aggressives Verhalten. Deshalb ist der Begriff „Kuschelhormon" auch nur bedingt zutreffend.

Schon der Blickkontakt zwischen Hund und Besitzer reicht aus, um Oxytocin freizusetzen.

Tatsächlich reicht Blickkontakt aus, um sowohl beim Hund als auch beim Halter einen Anstieg im Oxytocinlevel auszulösen (Nagasawa et al. 2015).

GENETISCHE VARIANTEN DES OXYTOCIN-SYSTEMS

Genetische Varianten (Polymorphismen) des Oxytocin-Systems können sowohl beim Menschen als auch beim Hund ursächlich für Unterschiede im Sozialverhalten und bei Interaktionen mit einer fremden Person sein. Am meisten erforscht sind dabei Polymorphismen des Oxytocinrezeptorgens (OXTR). Diese können unter anderem die Dichte, die Verteilung und die Funktion der Oxytocinrezeptoren beeinflussen. Damit haben diese Genvarianten einen Einfluss darauf, wie empflindlich ein Individuum auf das Hormon reagiert. Daraus ergeben sich dann auch Auswirkungen auf das Sozialverhalten. Eine Studie zeigt zum Beispiel, dass Hunde (in diesem Fall Border Collies und Deutsche Schäferhunde), die an einem bestimmten Genort eine sogenanntes G-Allel tragen, eher auf eine fremde Person zugehen, als Hunde, die eine andere Genvariante haben (Kis et al. 2014). Allerdings unterschieden sich die Auswirkungen der Genvarianten an zwei anderen Genorten je nach Rasse. Während Schäferhunde, die hier ein A-Allel trugen, freundlicher waren, waren Border Collies mit A-Allel unfreundlicher, als ihre Rassegenossen mit einer anderen Variante. In einer anderen Studie konnte dieser Zusammenhang bei Border Collies allerdings nicht gefunden werden (Kubinyi et al. 2017). Schon diese Ergebnisse zeigen, dass die Wirkweise von Oxytocin und der Zusammenhang mit den Genvarianten des Oxytocinrezeptors alles andere als einfach ist. Sie hängen sowohl vom Kontext, aber auch von verschiedenen Merkmalen des Individuums ab (zum Beispiel Rasse, Geschlecht usw.). Auch beim Menschen unterscheiden sich hier die Ergebnisse je nach sozialem Umfeld und Kontext.

EINFLUSS VON STRESS

Allerdings wird aus der Studienlage deutlich, dass Stress einen erheblichen Einfluss auf die Verhaltensweisen der unterschiedlichen Gentypen in sozialen Kontexten hat. Diesen Effekt konnten Borbala Turcsan und Kolleginnen (2017) kürzlich auch für Hunde nachweisen. Zusammenfassend zeigen die Ergebnisse dieser Studie, dass die Auswirkungen des Oxytocins auf das Begrüßungsverhalten eines Hundes durch das

Zusammenspiel von drei Faktoren bestimmt wird: Der Kontext der Begrüßungssitutation (hatte der Hund vorher schon schlechte Erfahrungen mit dem Menschen gemacht oder nicht), individuelle Merkmale des Hundes (zum Beispiel das Stresslevel und das Geschlecht) sowie der Gentyp des Oxytocinrezeptorgens.
Neben dem Oxytocin wird auch noch ein anderer Wirkstoff mit dem Persönlichkeitsfaktor Geselligkeit in Verbindung gebracht: Der Neurotransmitter Serotonin. Serotonin ist an der neuronalen Erregbarkeit beteiligt und wird mit der Regulation verschiedener sozialer Verhaltensweisen in Verbindung gebracht und spielt auch eine Rolle bei der Aggressivität und Ängstlichkeit. Die Ergebnisse einer italienischen Studie deuten darauf hin, dass das Level an Serotonin möglicherweise die Art und Weise beeinflusst, wie freundlich ein Hund auf einen unbekannten Menschen zugeht (Alberghina et al. 2017).

SIND GESELLIGERE HUNDE GESÜNDER?

Wie auch die Persönlichkeitsdimension „Extraversion" beim Menschen, gibt es auch bei der tierischen Geselligkeit Hinweise auf einen Zusammenhang mit der Immunantwort. Beispielsweise zeigen mit dem Simianen Immundefizienz-Virus (SIV) infizierte Rhesusaffen eine umso höhere Immunantwort je höher sie in der Geselligkeits-Dimension abschneiden (Capitanio et al. 1999). Auch bei Hunden scheint dieser Aspekt der Persönlichkeit einen Einfluss auf physiologische Merkmale zu haben. Bei Hunden, die im Tierheim untergebracht sind, zeigt sich mit höherer Geselligkeit eine geringere Konzentration an Cortisol-Metaboliten im Kot und eine höhere Kapazität für Antioxidantien. Außerdem gibt es eine erhöhte Immunantwort bei Hunden, die unter anderem in sozialen Situationen selbstbewusster auf Menschen zugehen (Corsetti et al.2018).

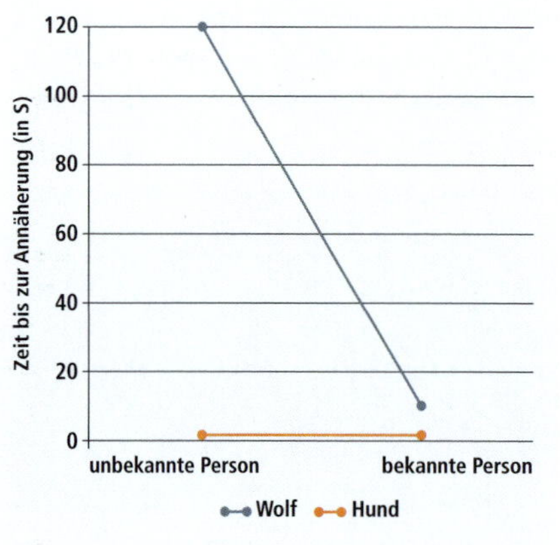

Abb. 3.2: links: Diese Abbildung stellt die Dauer der Annäherung an eine unbekannte beziehungsweise bekannte Person dar. Hunde nähern sich der Person direkt an, unabhängig davon, ob sie sie kennen. Wölfe hingegen nähern sich nur der bekannten Person an. Sie meiden jedoch die unbekannte Person während des gesamten Beobachtungszeitraums von 120 Sekunden (nach Bentosela et al. 2016).

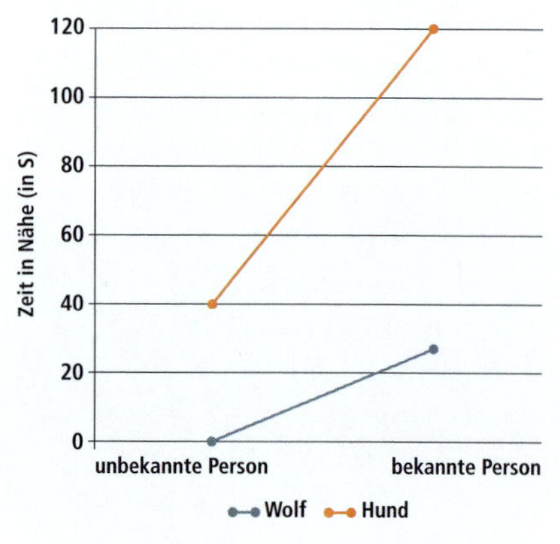

Rechts: Zeit, die sich die Tiere in der Nähe der bekannten beziehungsweise unbekannten Person aufhalten. Wölfe halten sich kurz bei der bekannten Person auf, aber gar nicht bei der unbekannten. Hunde halten sich ungefähr ein Drittel des Beobachtungszeitraumes bei der unbekannten Person auf und die ganze Zeit, wenn es sich um die bekannte Person handelt (nach Bentosela et al. 2016).

Labrador und Golden Retriever gelten als Rassen mit besonders hoher Geselligkeit.

Vermutlich nehmen Hunde mit einer höheren Sozialität den Umgang mit fremden Menschen und Hunden im Tierheim weniger als Belastung wahr. Daraus ergibt sich weniger Gefahr für die Ausbildung von chronischem Stress und somit wird die Krankheitsabwehr weniger geschwächt.

DER EINFLUSS DER DOMESTIKATION AUF DIE GESELLIGKEIT

Studien haben gezeigt, dass Hunde geselliger sind als Wölfe, die unter ähnlichen Bedingungen aufwuchsen. Sie achten gemeinhin mehr auf Menschen und folgen ihren Anweisungen und Befehlen effektiver. Mariana Bentosela und Kolleginnen (2016) verglichen das Annäherungsverhalten von handaufgezogenen Wölfen und Hunden gegenüber einer bekannten und einer unbekannten Person. Während die Hunde sich sowohl dem bekannten als auch dem fremden Menschen in den ersten Sekunden annäherten, kamen die Wölfe zwar der vertrauten Person innerhalb kurzer Zeit näher, doch sie näherten sich der fremden Person innerhalb der beobachteten 120 Sekunden gar nicht an. Außerdem hielten sich die Wölfe bei der vertrauten Person eine deutlich kürzere Zeit auf, als die Hunde, und die unbekannte Person mieden sie vollständig (siehe Abbildung 3.2).
Bridgett vonHoldt und Kolleginnen (2018) gingen der Frage nach, warum sich Hunde – im Gegensatz zu Wölfen – dem Menschen gegenüber so auffällig freundlich verhalten. Bei der vergleichenden Analyse der Hunde- und Wolfs-DNA zeigten sich Variationen in zwei Genen, die auch bei Menschen zu sehr ausgeprägtem Sozialverhalten führen. Beim Menschen verursacht dieser Stückverlust an den Genen GTF2I und GTF2IRD1 das sogenannte Williams-Beuren-Syndrom. Menschen, die von diesem Syndrom betroffen sind, zeichnen sich unter anderem durch ein hypersoziales Verhalten aus. Also sie gehen überaus freundlich auf fremde Personen zu, was unter Umständen als distanzlos wahrgenommen werden kann. Möglicherweise sind diese Variationen auch für die Entstehung des veränderten Sozialverhaltens des Hundes gegenüber dem Menschen verantwortlich. Damit legt das Ergebnis nahe, dass weniger genetische Modifikationen als bisher gedacht für die domestikationsbedingten Verhaltensänderungen verantwortlich sein könnten.

DIE TRAINIERBARKEIT

Trainierbarkeit beschreibt die Verhaltensweisen, die unter anderem die Kooperationsbereitschaft mit dem Menschen betreffen. Auch wie schnell ein Hund in neuen Situationen lernen kann und wie sehr er sich auf eine Aufgabe konzentrieren kann, fallen in diesen Verhaltenskomplex. Es gibt hier also auch Überschneidungen mit der Impulskontrolle. Die Trainierbarkeit wird je nach Autor auch Empfänglichkeit für Training, Gehorsam, Trainingsfokus oder Gelehrigkeit genannt. Der Grad der Trainierbarkeit wird in Verhaltenstests häufig über die Bereitschaft zur Kooperation mit dem Menschen (beispielsweise in einer Apportieraufgabe), über die Fokussierung auf eine bestimmte Aufgabe oder das Problemlöseverhalten ermittelt. Entsprechend fallen also verschiedene Verhaltensweisen unter diesen Komplex. Wie bei den anderen Persönlichkeitsdimensionen auch, können dabei die Ergebnisse je nach Messmethode unterschiedlich ausfallen.

Die Trainierbarkeit eines Hundes spielt vor allem dann eine Rolle, wenn er für bestimmte Arbeiten eingesetzt werden soll. Zum Beispiel sollten Vierbeiner, die bei der Polizei oder als Assistenzhunde arbeiten sollen, über eine hohe Trainierbarkeit verfügen.

Hunde mit höherer Trainierbarkeit weisen auch eine längere Lebenszeit auf. Hinsichtlich des Shyness-Boldness-Kontinuums zeigt sich, dass eher zurückhaltende Hunde leichter trainierbar sind als vierbeinige Draufgänger (Svartberg 2002). Möglicherweise liegt hier der Zusammenhang darin, dass eher zurückhaltende, besser trainierbare Hunde sich seltener auf potenziell gefährliche Konkurrenzkämpfe einlassen und weniger Risiken eingehen (Careau et al. 2010). Zudem haben gut erziehbare Hunde geringere Risiken für verschiedene gesundheitsschädliche Verhaltensweisen wie zum Beispiel wegzulaufen und sich dabei in gefährliche Situationen zu begeben oder beim Spaziergang ungeeignetes Futter aufzunehmen (Chopik et al. 2019).

Assistenzhunde benötigen eine hohe Trainierbarkeit.

WIE WIRD TRAINIERBARKEIT GEMESSEN?

Laut Serpell & Hsu (2003) beschreibt der Faktor Trainierbarkeit die Bereitschaft des Hundes, aufmerksam gegenüber dem Besitzer zu sein und einfachen Kommandos zu folgen. Außerdem haben Hunde mit hoher Trainierbarkeit eine hohe Apportier-Motivation, sind auf eine Aufgabe fokussiert und reagieren gut auf eine Korrektur. Die Fragebogenelemente dazu sind in Infobox 3.4 aufgeführt. Mit dieser Herangehensweise wird also in erster Linie die Kooperationsbereitschaft mit dem Menschen gemessen. Diese Tatsache sollte man bei der Interpretation der Ergebnisse im Hinterkopf behalten.

TRAINIERBARKEIT VERSCHIEDENER RASSEN

In einer weiteren Studie aus dem Jahr 2005 haben die Wissenschaftler 1 563 Besitzer 11 verschiedener Rassen bezüglich der Trainierbarkeit befragt. Dabei wurden die untersuchten Rassen nach den Rassegruppen des American Kennel Clubs eingeteilt. Dazu zählen:

Sporting Group: Hunderassen, die den Jäger beim Auffinden des Wildes unterstützen und/oder geschossene Beute apportieren. Hierzu zählen beispielsweise Vorstehhunde und Retriever.

Hound Group: Jagdhunde, die das Wild selbstständig verfolgen und stellen. Dackel, Beagle, Basset und Greyhound zählen neben anderen zu dieser Gruppe.

Herding Group: Hunderassen, die als Hüte- und Treibhunde arbeiten. Typische Vertreter dieser Gruppe sind Border Collie und Australian Shepherd.

Working Group: Hunderassen, die als Schlittenhunde, Wachhunde oder Herdenschutzhunde eingesetzt werden. Zu dieser sehr heterogenen Gruppe gehören unter anderem Dobermann, Riesenschnauzer und Sibirian Husky.

Infobox 3.4

ERFASSUNG DER TRAINIERBARKEIT

Nach C-BARQ (Serpell & Hsu 2005)
Der Hund …

- kommt im Freilauf unverzüglich zurück, wenn er gerufen wird,
- reagiert unverzüglich auf das Kommando „Sitz",
- reagiert unverzüglich auf das Kommando „Bleib",
- scheint sehr aufmerksam allem zu folgen, was der Besitzer sagt,
- reagiert sehr langsam auf Korrekturen oder Strafe; ist „dickfellig",
- lernt neue Tricks und Aufgaben sehr langsam,
- ist leicht ablenkbar durch interessante Objekte, Gerüche oder Geräusche,
- fängt geworfene Bälle, Stöcke oder Spielzeuge (bzw. versucht zu fangen).

Erfassung der Trainierbarkeit nach Turcsan et al. 2011
Der Hund …

- ist einfallsreich, wenn es um das Suchen von Futter oder Spielzeug geht,
- ist intelligent, lernt schnell,
- lässt sich einfach für ein neues Spielzeug begeistern,
- versteht häufig nicht, was von ihm erwartet wird,
- ist außer am Schlafen und Essen nicht sehr interessiert.

Terrier Group: Hunde, die ursprünglich zur Baujagd und/oder zur Bekämpfung von Kleintierplagen gezüchtet wurden. Jack Russell Terrier und Fox Terrier fallen beispielsweise in diese Gruppe.

Toy Group: Kleine Hunderassen, die als Begleithunde dienen, wie zum Beispiel Chihuahua oder Mops.

Non-Sporting Group: Hunderassen mit verschiedenen Verwendungen, die aber nicht als Wach- oder Hütehunde eingesetzt werden. Dalmatiner und Englische Bulldogge fallen beispielsweise in diese Kategorie.

Die Autoren erstellten eine Rangliste der untersuchten Rassen. Dabei erreichte der Labrador Retriever die höchsten Werte und der Basset bildet das Schlusslicht (Abbildung 3.3).
Generell ergibt sich das Bild, dass die trainierbarsten Rassen entweder Vertreter der Herding- oder der Sporting-Gruppe waren (zum Beispiel Springer Spaniel, Golden Retriever, Labrador Retriever und Sheltie). Die Ergebnisse von Hsu und Serpell konnten auch in einer weiteren Studie bestätigt werden. Obwohl die Trainierbarkeit mit anderen Fragen ermittelt wurde (Infobox 3.4), erwiesen sich auch hier die Rassen aus der Hütegruppe und der Sportgruppe als besonders trainierbar (Turcsan et al. 2011). Die Autoren erläuterten ihre Ergebnisse vor dem Hintergrund des ursprünglichen Zuchtzieles dieser Rassen. Tatsächlich wurden Hütehunde und Vorstehhunde für kooperative Aufgaben mit ständigem Sichtkontakt zu ihrem menschlichen Partner selektiert, also wurden hier Fähigkeiten wie der Aufmerksamkeitsfokus auf den Menschen, Reaktionsbereitschaft auf kommunikative Signale und Anweisungen sowie ein schnelles Lernvermögen züchterisch begünstigt.

Einfluss von Zuchtlinien

Aber nicht nur die Rasse an sich, sondern auch die Zuchtlinie spielt hier eine entscheidende Rolle. Bei den untersuchten Labrador Retrievern und den Springer Spaniels wurde ein Unterschied zwischen den Zuchtlinien gefunden. Erwartungsgemäß wiesen die Arbeitslinien eine höhere Trainierbarkeit auf als die Showlinien (siehe Abbildung 3.4).

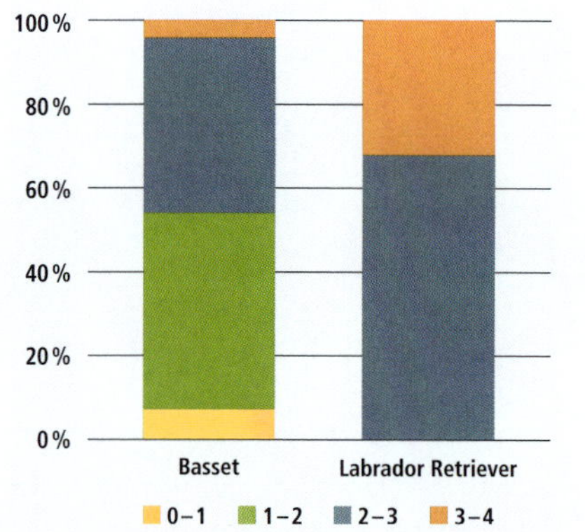

Abb. 3.3: Vergleich der Trainierbarkeit von Basset und Labrador Retriever. Der Basset schnitt in dieser Erhebung mit den niedrigsten Werten ab, der Labrador mit den höchsten Werten. (Serpell & Hsu 2005)

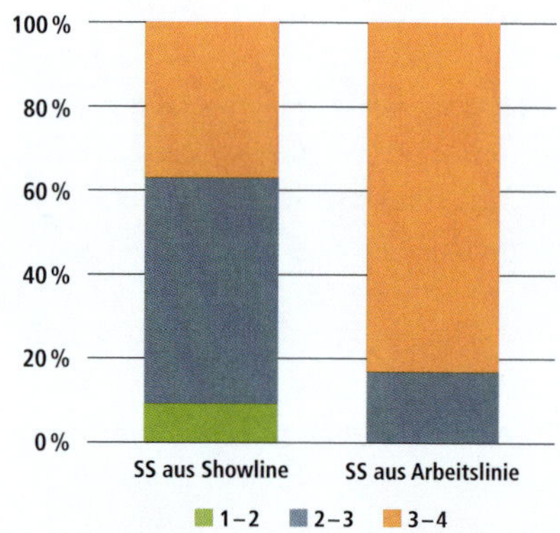

Abb. 3.4: Vergleich der Trainierbarkeit von Springer Spaniel aus Show-und Arbeitslinie. Dabei schneiden die Individuen aus der Arbeitslinie mit höheren Werten ab, als die Rassevertreter aus der Showlinie (Serpell & Hsu 2005).

Vertreter der Hound-Gruppe wie zum Beispiel der Basset gelten als wenig trainierbar. Sie sind eher für selbstständiges Arbeiten selektiert.

Weniger trainierbare Rassen

Vertreter der Toy-, Hounds-, Non-Working- und Non-Sporting-Kategorien wurden hingegen als weniger trainierbar eingeschätzt. Wenn man die verschiedenen Rassegruppen betrachtet, verwundern die Ergebnisse nicht. Entweder sind die Hunde hier eher auf selbstständige Arbeit gezüchtet oder eine Selektion auf Arbeitsfähigkeit fand gar nicht statt. Hunde, die der Hound- und Terrier-Kategorie angehören, sollen zum Beispiel auch außerhalb der menschlichen Sichtweite selbstständig jagen. Da die Fragebogenelemente des C-BARQ für diese Persönlichkeitsdimension aber nicht allgemein die Arbeitsfähigkeit, sondern eher die Kooperationsbereitschaft erfassen, erreichen diese Hunde aufgrund ihrer Eigenständigkeit eher geringe Werte. Bei vielen Rassen in der Working Group kommt neben einer Selektion auf eher selbstständiges Handeln noch eine genetische Nähe zum Wolf dazu. Das könnte zum Beispiel bei vielen nordischen Rassen dazu beitragen, dass die Kooperationsbereitschaft mit dem Menschen eher niedriger ausfällt. Vor allem die Toy Group erzielt in dieser Persönlichkeitsdimension eher geringe Werte. Neben der fehlenden Selektion auf Kooperationsbereitschaft und Arbeitsmotivation kommt hier vermutlich auch noch ein weiterer Aspekt zum Tragen: Möglicherweise sind die Halter von kleineren Hunden weniger konsequent in ihrer Erziehung, weil etwaiges Fehlverhalten weniger starke Auswirkungen hat, als es bei großen Hunden der Fall ist. Besitzer kleinerer Hunderassen besuchen auch seltener die Hundeschule (Kobelt et al. 2003).

Da es sich bei den meisten dieser Untersuchungen um Besitzerbefragungen handelt, ist bei der Interpretation eine gewisse Vorsicht geboten. Möglicherweise ist die Bewertung der Gehorsamkeit des Hundes durch bestimmte Rassestereotype beeinflusst. So ist es beispielsweise denkbar, dass der Halter eines Border Collies den Trainingsfokus seines Hundes besser einschätzt als der Halter eines Greyhounds oder eines Chihuahuas.

Auch frühe Erfahrungen eines Hundes sowie die Trainingserfahrung haben Einfluss auf die Kooperationsbereitschaft mit dem Menschen.

PHÄNOTYPISCHER EINFLUSS AUF DIE TRAINIERBARKEIT

Tatsächlich können auch bestimmte äußere Merkmale einen Einfluss auf die Bewertung der Trainierbarkeit haben. Kleinere Hunde werden generell als weniger trainierbar eingeschätzt als größere Hunde. Auch werden mesocephale Hunde, die also eine mittellange Schnauze haben, als besser trainierbar eingeschätzt, als Hunde mit kurzen oder sehr langen Schnauzen (Helton 2009). Tatsächlich werden mesocephale Hunde häufiger als Arbeits- oder Sporthunde eingesetzt. Einer der Gründe besteht vermutlich darin, dass kurzschnäuzige (brachycephale) Rassen häufig zum Kämpfen selektiert wurden und sie vor allem eine gute zentrierte Sehschärfe besitzen. Langschnäuzige (dolichocephale) Rassen haben stattdessen eher eine schlechte Sehschärfe im Zentrum, aber eine bessere laterale Sicht sowie verstärktes Bewegungssehen. Sie können also Bewegungen am Horizont besonders gut ausmachen, was ihrer ursprünglichen Aufgabe als Sichtjäger sehr entgegenkommt. Sowohl brachycephale als auch dolichocephale Hunde sind also schon allein aufgrund ihres Sichtfeldes starke Spezialisten. Hunde mit mittellangen Schnauzen sind hingegen eher Generalisten, die für eine Vielzahl von Aufgaben eingesetzt werden können.

Die Rasseunterschiede in dieser Persönlichkeitsdimension haben also unterschiedliche Ursachen. Zum einen resultieren sie aus den verschiedenen Zuchtzielen. Hunde, die darauf selektiert wurden, selbstständig zu arbeiten, zeigen häufig weniger Kooperationsbereitschaft mit dem Menschen. Dagegen weisen kooperative Rassen im Regelfall hohe Werte im Bereich der Trainierbarkeit auf. Aber auch äußere Merkmale wie die Größe oder die Kopfform haben einen Einfluss auf die Einschätzung der Trainierbarkeit.

IST EINE HOHE TRAINIERBARKEIT ERBLICH?

Da es wie bei anderen Persönlichkeitsmerkmalen auch große Rasseunterschiede bei der Trainierbarkeit gibt, liegt der Schluss nahe, dass diese Eigenschaft einen genetischen Anteil besitzt. Tatsächlich scheint die Persönlichkeitsdimension Trainierbarkeit einen hohen Erblichkeitsfaktor aufzuweisen (siehe Infobox 4.2 Heritabilität Seite 120). In einer aktuellen Untersuchung, bei der verschiedene Studien mit mehr als 5 600 Individuen ausgewertet wurden, erweist sich die Trainierbarkeit als diejenige der untersuchten Eigenschaften mit der höchsten Heritabilität ($h^2 = 0{,}73$) (MacLean et al. 2019). Bei einer Population Bretonen konnte bezüglich der Kooperationsbereitschaft mit dem Menschen sogar eine sehr hohe Erblichkeit von 0,9 beobachtet werden (Brenøe et al. 2002). Diese Information ist vor allem relevant, um die Erfolgschancen von Arbeitshunden in verschiedenen Zuchtprogrammen vorhersagen zu können.

Einzelne Gene, die die Trainierbarkeit eines Hundes beeinflussen, stehen auch bei Menschen im Zusammenhang mit Intelligenz und der Geschwindigkeit der Informationsverarbeitung (MacLean et al. 2019).

WAS HÄNSCHEN NICHT LERNT, LERNT HANS NIMMER MEHR?

Inwieweit das Alter einen Einfluss auf den Trainingsfokus hat, bleibt bei der aktuellen Studienlage ungeklärt. Während eine Besitzerbefragung ergeben hat, dass junge Hunde eine höhere Trainierbarkeit aufweisen (Kubinyi et al. 2009), kommt eine andere Untersuchung, deren Ergebnisse auf Verhaltensbeobachtungen basieren, zu dem Schluss, dass ältere Hunde empfänglicher für eine Kooperation mit dem Menschen sind (Roth & Jensen 2015).

Natürlich haben auch die frühen Erfahrungen eines Hundes einen Einfluss auf die Kooperationsbereitschaft. Hunde, die schlecht sozialisiert sind und nur wenig Trainingserfahrungen gemacht haben, erzielen in dieser Kategorie eher niedrige Werte (Kubinyi et al. 2009). Bei den elf untersuchten Rassen in Serpell und Hsu (2005) konnte bei neun Rassen kein Einfluss der Kastration auf die Trainingsbereitschaft festgestellt werden. Lediglich bei Shelties und Rottweilern schnitten die intakten Individuen durchschnittlich mit niedrigeren Werten ab als ihre kastrierten Rassegenossen.

Inwieweit das Alter Einfluss auf den Trainingsfokus hat, bleibt bei der aktuellen Studienlage ungeklärt.

DIE AGGRESSIVITÄT

Aggressivität beschreibt die innere Bereitschaft eines Organismus, aggressives Verhalten auszuführen. Dabei muss die Aggressivität, also die Bereitschaft, nicht zwangsläufig in allen Lebenssituationen aggressives Verhalten auslösen. Aggression wird erst gezeigt, wenn mehr oder weniger starke Schlüsselreize auf das Individuum einwirken. Dabei genügt bei hoher Aggressivität ein schwacher Schlüsselreiz, während bei einem Individuum mit niedriger Aggressivität ein stärkerer Reiz notwendig ist, um Aggressionen auszulösen. Die Ausprägung wird sowohl von verschiedenen inneren (zum Beispiel bestimmte Hormone) als auch äußeren Faktoren (zum Beispiel Lernerfahrungen) beeinflusst. Bei Hunden stellt die Aggressivität eine von fünf Persönlichkeitsdimensionen dar.

AGGRESSIONSMODELLE

In den letzten hundert Jahren gab es bereits mehrere Modelle, die die Entstehung von Aggressionen beschreiben sollten. Zur Übersicht sind die wichtigsten Hypothesen in der Infobox 3.5 dargestellt. Auch wenn alle klassischen Aggressionstheorien durchaus wahre Anteile enthalten, können sie jede für sich genommen nicht die Komplexität von Aggressivität wiedergeben.
Aus wissenschaftlicher Sicht gelten diese Modelle mittlerweile als überholt. Man geht heutzutage davon aus, dass es sich bei Aggressionen um ein Vielzweckverhalten handelt, das in verschiedenen Kontexten gezeigt wird und dem unterschiedliche Emotionen und Motivationen zugrunde liegen.

Infobox 3.5

KLASSISCHE AGGRESSIONSTHEORIEN (NACH GATTERMANN 2006):

Frustrationshypothese nach dem Frustrations-Aggressions-Modell (Dollard et al. 1939)
Annahme: verschiedene Formen der Frustration als Ursache der Aggressivität.
Problem: Keine Belege, dass Frustration zu verstärkter Aggressivität beziehungsweise jede Art von aggressivem Verhalten zu Frustration führt.

Triebstauhypothese (Konrad Lorenz 1963)
Annahme: Ein angeborener Zerstörungstrieb, der sich aufstaut und bei verzögertem Abruf von sich aus hervorbricht (notfalls als Leerlaufhandlung).
Problem: bei Tier und Mensch unbewiesen.

Reaktionshypothese (Scott 1958)
Annahme: Erst Aktivierung von Angst oder Zorn führt zu aggressiven Äußerungen; Ziel der Aggression besteht darin, auslösende Bedingungen zu beseitigen; Leugnung jeder Spontanität aggressiven Verhaltens.
Problem: Angenommene Passivität und Geradlinigkeit stimmt in vielen Fällen nicht mit Realität überein.

Lernhypothese (Bandura und Walthers 1972, Hutchinson 1972)
Annahme: Aggressivität wird über Konditionierungsvorgänge bzw. Beobachtungslernen aufgebaut.
Problem: Angeborene Komponente der Aggressivität wird unterbewertet.

Aggressionsverhalten können unterschiedliche Motivationen zugrunde liegen.

AGGRESSIONSVERHALTEN

Aggression ist eine der meist verbreiteten und funktionalen Formen des Sozialverhaltens, das unmittelbar zum Überleben eines Individuums dient. Aggressionen können dabei helfen, Zugang zu Ressourcen, wie zum Beispiel Futter, Unterkunft oder Sexualpartner zu erlangen, sie dienen zur eigenen Verteidigung beziehungsweise zur Verteidigung des Nachwuchses gegenüber Rivalen oder Fressfeinden. Im Regelfall agieren sowohl Menschen als auch andere Tiere innerhalb sozialer Konflikte mit angemessenen und gut kontrollierten Formen von Aggression. Allerdings unterscheidet sich die innere Bereitschaft eines Organismus zur Ausführung aggressiven Verhaltens zwischen den Individuen. Diese innere Bereitschaft nennt man Aggressivität. Sie hängt von verschiedenen Faktoren ab, die nun aufgeführt werden.

NEUROBIOLOGISCHE GRUNDLAGEN VON AGGRESSIVITÄT

Wie bei den meisten Verhaltensweisen sind auch beim Aggressionsverhalten verschiedene Hirnareale involviert. Eine wichtige Rolle spielt dabei die Amygdala, auch Mandelkern genannt. Der Mandelkern ist am Erkennen emotionaler Stimuli und der emotionalen Reaktion beteiligt. Eine entscheidende Eigenschaft der Amygdala ist, dass sie sehr schnell arbeitet und keine bewusste Wahrnehmung der Vorgänge benötigt. Diese Funktion ist ein zweischneidiges Schwert – zum einen ermöglicht es schnelle Reaktionen, bevor bewusste Entscheidungen getroffen werden können, zum anderen kann es aber auch vorkommen, dass Eindrücke als gefährlich bewertet werden, obwohl sie harmlos sind.

Aggressivere Hunde zeigen eine höhere Aktivität in der Amygdala, wenn ihr Besitzer mit einem Stoffhund interagiert.

EINFLUSS DER AMYGDALA

Schon in den 1950er-Jahren konnte an verschiedenen Tierarten festgestellt werden, dass die chirurgische Entfernung oder Zerstörung der Amygdala dafür sorgt, dass ein Individuum friedlicher wird (Bear et al. 2018). So wirkt sich bei Rhesusaffen die Entfernung der Amygdala massiv auf soziale Interaktionen aus. In einem Versuch aus dem Jahr 1954 zeigte sich, dass die zuvor dominanten Männchen in der Gruppe nach Entfernung des Mandelkerns auf den letzten Rang sanken, da sie ihre Position nicht mehr verteidigten. Eine elektrische Stimulation der Amygdala verstärkt hingegen das Aggressionsverhalten.

Starke Hinweise zur Beteiligung der Amygdala am Aggressionsverhalten gibt es auch beim Menschen. Einen wichtigen Anhaltspunkt liefert hier die Fallstudie Charles Whitman. Whitman beging am 01. August 1966 einen Amoklauf in Austin (Texas), bei dem er zunächst seine Mutter und Frau erstach und später an seiner Universität 17 Menschen erschoss und 32 weitere verletzte. Er wurde daraufhin von der Polizei erschossen. Während Charles Whitman in seiner Kindheit und Jugend als freundlicher Zeitgenosse beschrieben wurde, änderte sich sein Verhalten im frühen Erwachsenenalter. Er bekam häufiger unkontrollierbare Wutanfälle und klagte über starke Kopfschmerzen. In seinem Notizheft fanden sich später Aussagen, die darauf hindeuten, dass er schon länger mit einer starken Wut kämpfte, die immer mehr Kontrolle über sein Denken und Handeln zu nehmen schien. Die Autopsie ergab, dass Whitman einen walnussgroßen Hirntumor hatte, der vermutlich unter anderem auf den Mandelkern drückte und damit ein Auslösen für diese unerklärliche Wut und die daraus resultierenden Taten darstellen könnte. Dies war einer der ersten Belege dafür, dass die Amygdala auch beim Menschen eine Rolle bei der Regulation von antisozialem Verhalten

spielt. Wichtig ist hierbei zu bedenken, dass diese Unterschiede in den untersuchten Hirnregionen nicht zwingend für die Unterschiede im Verhalten verantwortlich sind. Denkbar ist auch eine umgekehrte Kausalität – also, dass das gewalttätige Handeln die Funktionsweise des Gehirns beeinflusst. Auch bei Hunden konnte ein Zusammenhang zwischen der Aggressivität und der Aktivität des Mandelkerns nachgewiesen werden.
Dazu wurde zunächst das Maß der Aggressivität der Versuchshunde mittels Fragebogen (C-BARQ) ermittelt. Danach wurde die Hirnaktivität der Hunde im funktionellen Magnetresonanztomographen gemessen, während sie beobachteten, wie der Besitzer mit einem lebensgroßen Stoffhund interagierte. Die Forscher konnten zeigen, dass die Reaktion der Amygdala bei aggressiveren Hunden ausgeprägter war (Cook et al. 2018).

NEURONALE SCHALTKREISE

Zu den weiteren Hirnstrukturen, die am Aggressionsverhalten beteiligt sind, zählt der Hypothalamus, der, wie auch die Amygdala, zum sogenannten limbischen System gehört.
Auch hier haben schon sehr frühe Studien in den 1920er-Jahren gezeigt, dass die elektrische Stimulation bestimmter Areale des Hypothalamus bei Katzen zu Aggressionsverhalten führt. Hierbei wurden Elektroden in das Hirn der Versuchstiere platziert, die dann mittels eines schwachen elektrischen Impulses aktiviert wurden. Schon bei geringer Stimulation bestimmter Bereiche des Hypothalamus reagierten die Katzen mit gesträubtem Fell, Knurren und Fauchen. Bei Erhöhung des Reizes zeigten die Tiere auch Drohangriffe. Zu den Reaktionen gehörten auch Pupillenerweiterung und Veränderung der Herzfrequenz sowie viele weitere physiologische Anpassungen. Auch bei anderen Tierarten, wie zum Beispiel Ratten und Affen, konnte bei Stimulation dieser Bereiche des Hypothalamus eine starke Aggressionsreaktion hervorgerufen werden. Die dadurch hervorgerufene Attacke ist sehr unspezifisch. Sie richtet sich sowohl gegen männliche als auch weibliche Artgenossen und sogar gegen tote Ratten und ist vor allem auf ungeschützte Körperteile gerichtet. Diese Form der Aggression ist also klar abnormal und ähnlich dem beim Menschen gebräuchlichen Gewalt-Begriff (de Boer 2016).
Interessanterweise wird bei einer Stimulation unmittelbar benachbarter Bereiche des Hypothalamus ein lautloser Beuteangriff ausgelöst. Wiederum andere Areale des Hypothalamus lösen Niesen, Keuchen oder Fressverhalten aus. Dies zeigt, wie viele unterschiedliche komplexe Reaktionen durch die Stimulation verschiedener Regionen dieser eher kleinen Hirnstruktur ausgelöst werden können.

WEITERE BETEILIGTE HIRNAREALE

Die Signale aus verschiedenen Bereichen des Hypothalamus gelangen unter anderem in zwei weitere Hirnregionen, die an der Entstehung von Aggressionsverhalten beteiligt sind:
das periaquäduktale Grau (PAG) und die ventrale tegmentale Area. Hier landen sowohl Signale von der Amygdala als auch vom Hypothalamus. Eine elektrische Stimulation dieser Areale löst auch aggressives Verhalten aus, während eine Läsion in diesem Bereich das Verhalten unterbinden kann. Abbildung 3.5 stellt ein sehr vereinfachtes Schema dieses Schaltkreises dar.
Die Schleife zwischen Amygdala, Hypothalamus und PAG ist hierarchisch organisiert. Dabei führt eine elektrische Stimulation der Amygdala nicht zu aggressivem Verhalten, wenn der Hypothalamus oder das PAG beschädigt sind. Ob die Stimulation des Hypothalamus Aggressionen auslöst, hängt davon ab, ob das PAG funktionstüchtig ist,

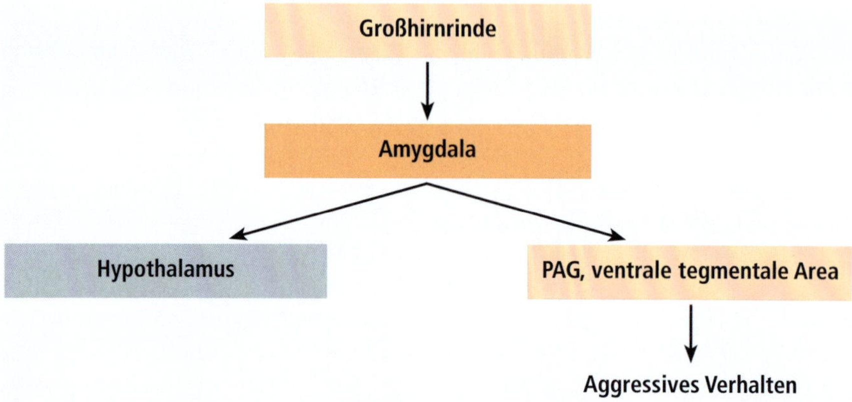

Abb. 3.5: Vereinfachter Schaltkreis für Wut und Aggression, die durch eine Projektion kontrolliert werden, die von der Amygdala zum Hypothalamus, PAG und der ventralen tegmentalen Area zieht (nach Bear 2018).

nicht aber von der Funktionsfähigkeit der Amygdala. Aggressionen, die durch eine Reizung des PAG entstehen, sind völlig unabhängig von Amygdala und Hypothalamus. Wenn beispielsweise bei Katzen ein kleiner Bereich im PAG zerstört wird, reagieren sie nicht mehr mit Fauchen und Angriff auf eine Bedrohung, selbst dann nicht, wenn die Amygdala und der Hypothalamus völlig intakt sind (Davis & Panksepp 2018).

HEMMUNG VON AGGRESSION

Bildgebende Studien beim Menschen geben außerdem Hinweise darauf, dass auch Teile des präfrontalen und cingulären Cortex an der Verarbeitung von Wut und Aggressionen beteiligt sind. Diese Areale wurden nämlich aktiv, wenn die Versuchspersonen aufgefordert wurden, an vergangene Ereignisse zu denken, die sie wütend gemacht haben. Vor allem aber spielt der präfrontale Cortex (PFC) eine wichtige Rolle bei der Hemmung der Aggression. Während im limbischen System die Emotionen entstehen, werden diese im PFC reguliert. Wenn also beispielsweise die Amygdala einen Außenreiz als bedrohlich wahrnimmt und mit Wut und Furcht reagiert, kann der PFC diese Emotionen neu bewerten und regulieren. Bei Personen, die andere Menschen getötet haben, zeigt sich unter anderem eine massiv geringere Aktivität des präfrontalen Cortex. Das ist vermutlich die Ursache für stark impulsives Verhalten, Verlust an Selbstkontrolle und damit die fehlende Regulierung des aggressiven Verhaltens (Raine et al. 1997). Auch bei Hunden ist der präfrontale Cortex an der Fähigkeit zur Selbstregulierung beteiligt, sodass man davon ausgehen kann, dass Störungen in diesem Bereich zu einer gestörten Emotionskontrolle führen, die auch die Aggressionsbereitschaft beeinflusst.

BETEILIGTE HORMONE UND NEUROTRANSMITTER

Wie am Anfang des Kapitels ausgeführt, ist Aggression ein Vielzweckverhalten, das in unterschiedlichen Situationen und Kontexten gezeigt wird. Dementsprechend sind auch unterschiedliche Hormone an der Ausprägung der Aggressionsbereitschaft beteiligt.

SEROTONIN

Der Neurotransmitter Serotonin wird mit aggressivem Verhalten in Verbindung gebracht. Es hat einen hemmenden Einfluss auf bestimmte Hirnareale und sorgt in normalen Mengen für eine ausgeglichene Stimmung. Sowohl bei Menschen als auch bei verschiedenen anderen Tieren gibt es zahlreiche Berichte über eine negative Korrelation zwischen der Serotonin-Aktivität und Aggression. So konnte beobachtet werden, dass Männer, die eine schwere Gewalttat (zum Beispiel Mord) ausgeführt haben, niedrigere Serotonin-Level aufweisen als eine nicht gewalttätige Vergleichsgruppe. Auch bei Hunden konnte dieser umgekehrte Zusammenhang gefunden werden.

Léon und Kolleginnen (2012) haben die Serotoninspiegel von 28 aggressiven und 10 nicht-aggressiven Hunden untersucht. Dabei war die Serotonin-Konzentration in den Proben der aggressiven Hunde deutlich niedriger als in den Proben der friedlichen Artgenossen. Zudem haben aggressive Cocker Spaniel niedrigere Serum-Serotonin-Level als aggressive Artgenossen anderer Rassen. Möglicherweise ist das der Grund, warum Cocker Spaniels häufig impulsiv aggressiv reagieren (Amat et al. 2013). Auch bei Messung des Abbauproduktes 5-Hydroxyindolessigsäure findet sich ein Zusammenhang mit dem Aggressionsverhalten. Nicht-aggressive Hunde weisen höhere Konzentrationen von 5-HIAA auf als ihre

Aggression kann in unterschiedlichen Kontexten gezeigt werden.

Infobox 3.6

SEROTONIN

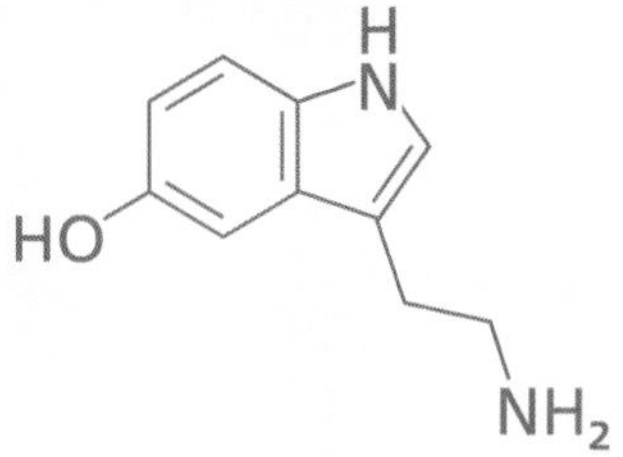

Was ist Serotonin?
Serotonin oder auch 5-Hydroxytryptamin (5-HT) wirkt sowohl als Gewebshormon als auch als Neurotransmitter. Es kommt sowohl im Herzkreislaufsystem, im Blut (da vor allem in den Blutplättchen), im Nervensystem des Darmes und im zentralen Nervensystem vor. Hauptsächlich wird Serotonin in der Darmschleimhaut produziert, von wo aus es über die Blutplättchen weitertransportiert wird. Die Blut-Hirnschranke kann es jedoch nicht überwinden, sodass es auch im zentralen Nervensystem gebildet werden muss.

Aufgaben und Funktion
Serotonin hat sehr viele unterschiedliche Aufgaben in unserem Körper. Es beeinflusst sowohl den Blutdruck als auch die Blutgerinnung, im Darm hat es Einfluss auf die Peristaltik (also der rhythmischen Darmbewegung), im Auge ist es an der Regulierung des Augeninnendrucks beteiligt.

Innerhalb des Nervensystems erfüllt Serotonin die Funktion eines Neurotransmitters. Es ist also ein Botenstoff, der Informationen von einer Nervenzelle zur nächsten weitergibt. Es steuert und beeinflusst hier u. a. das Schmerzempfinden, die Temperaturregulation, den Appetit und das Schlaf- sowie Sexualverhalten. Die bekannteste Wirkung des Serotonins ist hier aber wohl die Auswirkung auf die Stimmungslage.

Störungen im Serotoninhaushalt
Angesichts der Funktion als Neurotransmitter verwundert es nicht, dass Störungen des Serotoninhaushaltes auch Auswirkungen auf die Hirnfunktion und damit das Verhalten haben. Diverse Studien bei verschiedenen Tierarten zeigen, dass Serotoninmangel im Gehirn zu erhöhter Aggressivität führen kann. Außerdem stehen niedrige Serotoninspiegel im Zusammenhang mit geringerer Stresstoleranz, höherer Reaktivität und erhöhter Ängstlichkeit.
Serotonin wird sowohl beim Menschen als auch bei anderen Tieren aus der Aminosäure L-Tryptophan aufgebaut. Der Abbau findet u. a. durch die Monoamin-Oxidase (MAO) statt, die es zu 5-Hydroxyindolessigsäure (5-HIAA) umwandelt.

aggressiven Artgenossen (Reisner et al. 1996). Die hier vorgestellten Befunde sprechen für einen direkten umgekehrten Zusammenhang zwischen dem Serotoninspiegel und der Aggressivität. Dieser stark vereinfachte Zusammenhang wird jedoch von einigen Experten angezweifelt. Möglicherweise gilt dieser Zusammenhang nur bei Individuen mit abnormal ausgeprägter Aggressivität, aber nicht für Tiere, die funktionale Formen der Aggression zeigen, also bei welcher das Aggressionsverhalten der Kommunikation dient (Narvaes & de Almeida 2014).
Auch ist noch nicht abschließend geklärt, welche Rolle das Serotonin genau spielt. Viele Forscher gehen allerdings davon aus, dass Serotonin eine wichtige Funktion in der Informationsübertragung zwischen dem limbischen System, insbesondere der Amygdala, und dem präfrontalen Cortex erfüllt.

Individuen mit niedrigen Serotoninwerten haben also eine gestörte Informationsübermittlung zwischen dem Ort der Emotionsentstehung im limbischen System und der Kontrollinstanz im Vorderhirn. Somit haben sie weniger Kontrolle über ihre emotionalen Reaktionen, was unter anderem zu impulsiv aggressivem Verhalten führen kann.

TRYPTOPHANREICHE ERNÄHRUNG FÜR AGGRESSIVE HUNDE?

Serotonin wird aus der essenziellen Aminosäure L-Tryptophan aufgebaut, das nicht vom Körper selbst gebildet wird, sondern mit der Nahrung zugeführt werden muss. Dies legt den Schluss nahe, dass eine tryptophanreiche Ernährung zu einem höheren Serotoninspiegel führt und damit Aggressionen verringert. Allerdings ist dieser Zusammenhang nicht so eindeutig. Lebensmittel, die viel Tryptophan enthalten, sind im Regelfall auch reich an anderen langkettigen Aminosäuren. Diese konkurrieren an der Blut-Hirn-Schranke miteinander um den Eintritt in das Gehirn. Je mehr andere langkettige Aminosäuren also in einem Nahrungsmittel enthalten sind, umso weniger Tryptophan kann ins Hirn gelangen, wo es dann als Baustein für Serotonin dienen kann. Eine andere Möglichkeit wäre, L-Tryptophan als Nahrungsergänzungsmittel zusätzlich zuzuführen.

Verschiedene Studien

Tatsächlich scheinen einige Studien darauf hinzuweisen, dass eine Zugabe von Tryptophan mit der Nahrung auch mit einer Reduktion des hündischen Aggressionsverhaltens einhergeht. Beispielsweise deuten die Ergebnisse von DeNapoli et al. 2010 darauf hin, dass Hunde, die mit einer proteinarmen Nahrung und zusätzlichem Tryptophan gefüttert wurden, weniger territoriale Aggression zeigten. Um die Daten richtig interpretieren zu können, muss man allerdings einige methodische Details mit in Betracht ziehen.

Quark, Eier und Hülsenfrüchte gelten als besonders reich an Tryptophan, welches das Hundeverhalten beeinflussen soll. Bisher fehlen allerdings überzeugende Belege, dass die Zugabe von L-Tryptophan relevante Verhaltensänderungen hervorrufen kann.

Zum einen wurde die jeweilige Nahrung mit beziehungsweise ohne den Zusatz von Tryptophan immer nur eine Woche gefüttert. Es ist unwahrscheinlich, dass sich in so kurzer Zeit tiefgreifende Verhaltensveränderungen einstellen. In so einem kurzen Zeitraum können die Ergebnisse leicht durch die Tagesform und andere Faktoren beeinflusst werden. Zudem gab es keine objektive Beurteilung des Hundeverhaltens, sondern lediglich eine Einschätzung des Besitzers. Auch hierdurch könnten die Ergebnisse verzerrt werden.

In einer weiteren Studie wurde ängstlichen Hunden über einen Zeitraum von 8 Wochen entweder eine Tryptophan angereicherte Nahrung oder eine Kontrollnahrung ohne zusätzliches Tryptophan verabreicht. Es konnten nach diesem Zeitraum keine Veränderungen in den Reaktionen auf verschiedene Angstauslöser beobachtet werden (Bosch et al. 2009).

Auch eine aktuelle Studie kann den Zusammenhang zwischen der Zugabe von L-Tryptophan in der Nahrung und einer Verhaltensänderung nicht bestätigen. Über einen Zeitraum von 24 Wochen wurde den Hunden zusätzlich L-Tryptophan in unterschiedlichen Konzentrationen ins Futter gemischt. Außerdem gab es eine Kontrollgruppe, der kein zusätzliches L-Tryptophan verabreicht wurde. Die Forscher beobachteten nun das Verhalten der Hunde auf die Annährung einer bekannten und einer fremden Person. Das Verhalten der Hunde wurde nach bestimmten Bewertungskriterien hinsichtlich der gezeigten Aggression beurteilt. Die Forscher fanden keinen Zusammenhang im Ausmaß der gezeigten Aggression mit der verabreichten Menge an L-Tryptophan (Templeman et al. 2018). **Bisher fehlen also überzeugende Belege, dass die Zugabe von L-Tryptophan relevante Verhaltensänderungen hervorrufen kann.** Da es bei einer Überdosierung zu Übelkeit und sogar Schäden an Zellen und Nervensystem kommen kann, sollte man L-Tryptophan nur nach sorgfältiger Abwägung und nach Absprache mit dem Tierarzt als Nahrungsergänzungsmittel in Betracht ziehen.

Testosteron ist an der Rivalität und Konkurrenzorientierung zwischen Rüden beteiligt.

TESTOSTERON

Auch Testosteron kann einen Einfluss auf das Aggressionsverhalten haben – vor allem bei männlichen Individuen. Das Sexualhormon kommt zwar bei beiden Geschlechtern vor, unterscheidet sich aber sowohl in der Konzentration als auch in der Wirkweise bei männlichen und weiblichen Tieren.

WIRKWEISE VON TESTOSTERON

Testosteron sorgt vor allem für die Aggressivität zwischen männlichen Individuen. Es wird hauptsächlich während der Paarungssaison produziert. Generell scheint es die Rivalität und Konkurrenzorientierung zu steigern. Es zeigt sich beispielsweise, dass Männer, die aggressive Sportarten wie zum Beispiel Wrestling ausführen, höhere Testosteronwerte aufweisen. Allerdings ist dabei nicht klar, welche Kausalität dieser Korrelation zugrunde liegt. Zum einen wäre es möglich, dass Männer mit hohen Testosteronwerten diese Sportarten auswählen. Auf der anderen Seite ist es aber auch denkbar, dass die Testosteronwerte durch die regelmäßig ausgeübten Aggressionen steigen.

TESTOSTERON BEI FUSSBALLFANS

Der Testosteronspiegel wird auch durch eine Gewinner- bzw. Verlierererfahrung beeinflusst – auch wenn der Kontext eher weniger aggressiv ist. So steigt bei Gewinnern eines Schachturniers das Level des Sexualhormons. Diese Änderung im Testosteronlevel findet selbst dann statt, wenn der Mensch nicht selbst am Wettkampf teilnimmt. Es zeigt sich beispielsweise, dass bei männlichen Fans einer Fußballmannschaft das Testosteronlevel steigt, wenn das eigene Team gewinnt. Der Spiegel des Sexualhormons sinkt hingegen, wenn die Elf auf dem Platz verliert. In der Abbildung 3.6 sind die Testosteronlevel im Speichel der Fans der brasilianischen und italienischen Nationalmannschaft zu sehen, die im Finale der Fußballweltmeisterschaft 1994 aufeinandergetroffen sind. Die erste Probe wurde direkt vor Anpfiff genommen, die zweite erfolgte nach Ende des Spieles, das Brasilien nach dem Elfmeterschießen für sich entscheiden konnte. Deutlich ist zu sehen, wie die Testosteronwerte der brasilianischen Anhänger steigen, während die der italienischen Fans nach dem Spiel signifikant gesunken sind, und das, obwohl die Probanden nicht selbst am Spiel teilnahmen, sondern es lediglich am Bildschirm verfolgten.

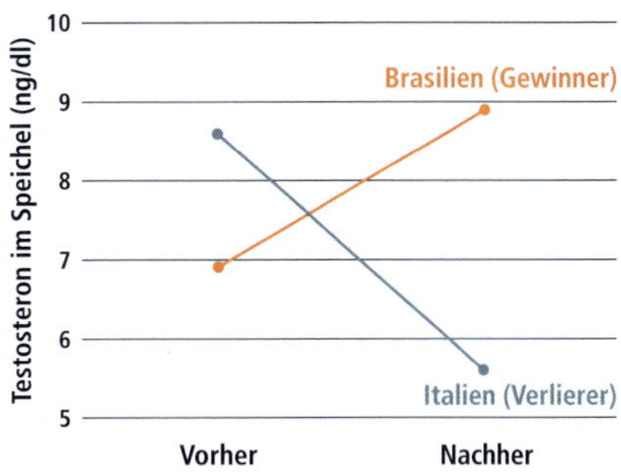

Abb. 3.6: Testosteron-Level von Fußballfans bevor und nachdem ihre Mannschaft gewonnen bzw. verloren hat (nach Bernhardt et al. 1998).

KASTRATION GEGEN AGGRESSIVITÄT?

Da bei männlichen Tieren das Testosteron zu großen Teilen in den Hoden gebildet wird, könnte man mutmaßen, dass Kastration ein geeignetes Mittel gegen erhöhte Aggressivität wäre. Tatsächlich zeigen unterschiedliche Studien, dass zum Beispiel männliche Mäuse seltener aggressives Verhalten zeigen als unkastrierte Artgenossen. Auch ist allgemein bekannt, dass kastrierte Pferde und Bullen umgänglicher und auch händelbarer sind. Bei Hunden scheint der Zusammenhang zwischen Kastration und Aggressivität allerdings nicht so eindeutig zu sein.
Welche Persönlichkeitsveränderungen eine Kastration mit sich bringen kann, wird im Kapitel „Persönlichkeitsentwicklung" beschrieben.

EINFLUSS VON TESTOSTERON BEI WEIBLICHEN TIEREN

Obwohl Testosteron in erster Linie mit männlicher Aggression in Verbindung gebracht wird, kann es auch einen Einfluss auf die weibliche Aggressivität haben.
So zeigen Studien mit Mäusen und Meerschweinchen, dass Weibchen, die im Mutterleib zwischen männlichen Embryonen lagen, später gehäuft Dominanzaggression sowie auch Markierverhalten zeigten, das typisch für männliche Tiere ist (Lindsay 2013). Ähnliche Ergebnisse fand Coppola (1986) in einer Studie mit Hunden. Man fand heraus, dass Hündinnen, die nach einer Kastration vermehrt Dominanzaggression zeigten, aus sehr rüdenlastigen Würfen stammten (Lindsay 2013), denn vor allem die Anflutung des Sexualhormons kurz vor und nach der Geburt hat einen nachhaltigen Einfluss auf das spätere Aggressionsverhalten des Individuums. In einer weiteren frühen Studie von Beach und Kollegen (1982 in Lindsay) verhielten sich Hündinnen, die kurz vor und nach der Geburt erhöhten Testosteronwerten ausgesetzt wurden, in einer Konkurrenzsituation deutlich aggressiver als „nicht-vermännlichte" Hündinnen. Aus diesen Ergebnissen kann man erneut schließen, dass der Zusammenhang zwischen Aggression und Testosteron in erster Linie im Kontext von Rivalität und Konkurrenz auftritt.
Neuere Erkenntnisse zeigen, dass nicht allein der Testosteronspiegel für eine erhöhte Aggressionsbereitschaft sorgt, vielmehr scheint es ein Zusammenspiel zwischen Cortisol und Testosteron zu sein. Dabei zeigt sich eine erhöhte Aggressivität vor allem dann, wenn ein hoher Testosteron- und ein niedriger Cortisolspiegel zusammentreffen (Montoya et al. 2012).

Auch bei Hündinnen spielt Testosteron eine Rolle beim Aggressionsverhalten.

OXYTOCIN UND VASOPRESSIN – MEHR ALS KUSCHELHORMONE

Testosteron und Serotonin spielen wichtige Rollen bei der Regulation von Aggression. Wie Studien mit anderen Säugetieren zeigen, scheinen aber auch Oxytocin und Vasopressin einen Einfluss auf die Aggressionsregulierung zu haben. Oxytocin und Vasopressin ähneln sich strukturell stark. Sie bestehen aus neun Aminosäuren, und beide können sowohl als Hormone an bestimmten Organen wie auch als Neuropeptide, also zur Informationsübertragung zwischen Hirnzellen, wirken.
In vielen Fällen haben beide auch ähnliche Wirkungen, so sind sie sowohl an der Entstehung von Paarbindungen als auch am Brutpflegeverhalten beteiligt, wobei es geschlechtsspezifische Unterschiede in der Auswirkung gibt. Zum Beispiel liefern Untersuchungen mit monogam lebenden Präriewühlmäusen Hinweise darauf, das Vasopressin vor allem das männliche Paarbindungs- und Brutpflegeverhalten beeinflusst, während es bei den weiblichen Tieren eher Oxytocin ist (Bear et al. 2018).
Allerdings wirken die beiden Neurohormone in bestimmten Kontexten auch gegensätzlich. Während Oxytocin eher das sympathische

Infobox 3.7

VASOPRESSIN

Was ist Vasopressin?
Vasopressin, auch adiuretisches Hormon oder Adiuretin genannt, ist als Hormon vor allem an der Regulierung des Wasserhaushaltes eines Organismus beteiligt.

Vasopressin und das Paarbindungsverhalten
Als Neuropeptid spielt es eine wichtige Rolle bei der Erkennung eines Sozialpartners, der sozialen Bindung und vor allem deren Schutz nach außen. Diese Funktion erfüllt es vor allem bei monogam lebenden Tierarten. Hervorzuheben sind hierbei die Studien zu Wühlmäusen (Bear et al. 2018). Hier konnte gezeigt werden, dass das Paarbindungsverhalten zwei bestimmter Wühlmausarten in erster Linie von der Variante eines Gens abhängt, das die Anzahl der Vasopressin-Rezeptoren in einem bestimmten Hirnareal bestimmt. Während die monogam lebenden Präriewühlmäuse eine große Anzahl dieser Rezeptoren besitzen, sind es bei den Gebirgswühlmäusen nur wenige. Letztere gehen keine Paarbindungen ein und leben polygam. Die Männchen der monogam lebenden Art zeigen nach der Paarung zudem starke Aggression gegenüber gleichgeschlechtlichen Artgenossen, auch dieses Verhalten wird durch einen Anstieg des Vasopressins ausgelöst. Wenn man die jeweilige Wühlmausart nun genetisch so verändert, dass sie die Variante des Vasopressin-Rezeptor-Gens der anderen Art ausprägt, verändert sich auch deren Verhalten entsprechend (Lim et al. 2004). Also wird aus der sonst monogamen Präriewühlmaus ein polygames Individuum, während die Gebirgswühlmaus plötzlich eine Paarbindung eingeht. Auch bei Menschen – vor allem bei Männern – konnte ein Zusammenhang zwischen einer Variante des Vasopressin-Rezeptor-Gens und der Ausprägung des Paarbindungsverhaltens gezeigt werden (Walum et al. 2008).

Vasopressin und das Aggressionsverhalten
Aber auch im Hinblick auf aggressives Verhalten spielt Vasopressin eine Rolle. Beispielsweise führt eine Injektion von Vasopressin in den Hypothalamus von Goldhamstern dazu, dass sie sich gegenüber einem unbekannten Artgenossen deutlich aggressiver verhalten (Ferris et al. 1997). Auch beim Menschen gibt es eine Korrelation zwischen dem Basislevel an Vasopressin und der Aggressivität während des Lebenslaufes (Coccaro et al. 1998). Außerdem führt mittels Nasenspray appliziertes Vasopressin bei Männern dazu, dass sie unbekannte Gesichter als weniger freundlich bewerten (Thompson et al. 2006).

Nervensystem samt Nebennieren hemmt, Angst reduziert und affiliatives Verhalten fördert, steigert Vasopressin die Aktivität der Sympathikus-Nebennieren-Achse, fördert Angst und in bestimmten Fällen auch Aggressionen (wobei auch hier geschlechtsspezifische Unterschiede zu finden sind).

Fazit: Oxytocin hat allgemein eine größere Bedeutung für zugewandte soziale Beziehungen sowie der Hemmung von Angst und Aggressionen, während Vasopressin – auch wenn es entscheidend für die Bildung einer Bindung ist – eine Rolle bei der Angst- und Aggressionsentstehung spielt.

Hunde, die im Alltag Aggressionsverhalten an der Leine zeigen, haben laut einer Studie höhere Vasopressinlevel.

BEDEUTUNG BEIM HUND

Um zu untersuchen, inwieweit diese Beobachtungen auch auf Hunde zutreffen, haben Evan MacLean und Kollegen (2017) das Verhalten von Hunden, die im Alltag Leinenaggression zeigen, und nicht-leinenaggressiven Hunden in verschiedenen Situationen analysiert. Dazu wurden zunächst die Reaktionen der Probanden auf einen realitätsnahen Stoffhund sowie auf Videoprojektionen eines Artgenossen ausgewertet und mit den Vasopressin- und Oxytocinwerten verglichen. Diejenigen Hunde, die im Alltag Leinenaggressionen aufwiesen, zeigten auch im Versuch deutlich stärkere Aggressionen gegenüber dem vermeintlichen Artgenossen als die artgenossenverträgliche Vergleichsgruppe. Zudem war das Plasma-Vasopressin bei den aggressiven Tieren erhöht. Die Oxytocinwerte unterschieden sich hingegen nicht zwischen den beiden Gruppen. Die Wissenschaftler gehen hier davon aus, dass Vasopressin die Stressachse aktiviert, woraus sich das Aggressionsverhalten ergibt. In einer zweiten Studie verglichen Evan MacLean und Kollegen die „normalen“ Hunde aus Experiment 1 mit angehenden Assistenzhunden. Diese Assistenzhunde stammten aus einem Zuchtprogramm, in dem die Hunde auf ein ruhiges, ausgeglichenes Temperament selektiert wurden. Die Hunde wurden zum einen erneut mit dem realitätsnahen Stoffhund konfrontiert, und zusätzlich gab es eine Begegnung mit einem sich bedrohlich annähernden Menschen. Generell wiesen die angehenden Assistenzhunde höhere Oxytocinwerte auf, als die „normalen“ Familienhunde. Die Vasopressinlevel unterschieden sich nicht generell zwischen den beiden Gruppen. Allerdings wiesen diejenigen Hunde, die auf die fremde Person mit aggressiven Signalen reagierten, einen höheren Vasopressinwert auf als die Vierbeiner, die diese Situation ruhig meisterten. Der Zusammenhang zwischen aggressivem Verhalten und Vasopressin konnte also auch im zweiten Experiment bestätigt werden.

NORADRENALIN: DAS „KAMPFHORMON“

Noradrenalin wird vor allem mit stressbedingter Aggression in Verbindung gebracht. Bei einer Stressreaktion kommt es durch die Aktivierung des Sympathikus zu einer Ausschüttung von Noradrenalin und Adrenalin. Daraus folgt die sogenannte Fight-or-Flight-Reaktion. Hierbei wird der Körper in erhöhte Alarmbereitschaft versetzt, was unter anderem einen Anstieg der Herzfrequenz und des Blutdrucks mit sich bringt. In dieser Situation kann es bei Unterschreitung der individuellen Fluchtdistanz zum Angriff kommen. Dabei weisen Individuen, deren Temperament sich eher auf der proaktiven Seite befindet, eine geringere Angriffslatenz auf. Sie reagieren in einer Stresssituation also eher impulsiv aggressiv, als Tiere mit einem zurückhaltenden Wesen.

WEITERE HORMONE UND NEUROTRANSMITTER

Auch Dopamin kann die Aggressivität beeinflussen – vor allem dann, wenn es sich um lustbetonte Aggression handelt, bei der das Individuum eine aggressive Auseinandersetzung als Belohnung empfindet. Außerdem spielt auch die Gammaaminbuttersäure (GABA) eine Rolle beim Aggressionsverhalten. GABA gilt als inhibitorischer Neurotransmitter und hemmt Aggressionsneigungen.

AGGRESSION UND EMOTION

Hinter gezeigten Aggressionen können sich verschiedene Emotionen verbergen. Möglicherweise zeigt sich ein Hund in bestimmten Situationen aggressiv, weil er Angst hat (FEAR nach Panksepp). Es ist auch denkbar, dass ein Hund frustriert ist, weil er ein bestimmtes Ziel nicht erreichen kann (RAGE nach Panksepp). Frust führt häufig zu Aggressionen. Beispielsweise beißen Ratten öfter, wenn man eine elektrische Stimulation, die ein Belohnungsgefühl auslöst, beendet. Auch Kinder reagieren aggressiver, wenn ihnen nicht erlaubt wurde, eine geschätzte Aktivität auszuführen (Panksepp 2004), oder der Hund zeigt proaktives Aggressionsverhalten, indem er einen Konkurrenten von einer Ressource verjagt (SEEKING nach Panksepp). Dabei müssen diese Emotionen nicht immer allein ursächlich sein – es besteht auch die Möglichkeit, dass sich bestimmte Emotionen überlagern und so

Auch Dopamin kann die Aggressivität beeinflussen.

eine Mischmotivation entsteht. So können das FEAR- und RAGE-System gleichzeitig aktiv sein, der Hund spürt also Angst und Frustration, wenn ihm beispielsweise ein Fluchtweg versperrt wird.

ZUGRUNDELIEGENDE EMOTION AM BEISPIEL LEINENAGGRESSION

Um zum Beispiel das Problem einer Leinenaggression anzugehen, muss man zunächst die dahinterliegende Emotion, die dieses Verhalten auslöst, betrachten. Zum einen ist es möglich, dass sich hinter dem Gebaren an der Leine eine Mischemotion im Bereich FEAR/RAGE verbirgt. Hierbei verfolgt der Hund das Ziel der eigenen Sicherheit. Er macht also Rabatz an der Leine, um seinen vermeintlichen Gegner zu vertreiben. Da die Artgenossen im Regelfall vorbeigehen und damit der unangenehme Reiz verschwindet, hat der Hund aus seiner Sicht Erfolg mit seinem Verhalten und wird es zukünftig verstärkt zeigen (negative Verstärkung). In so einem Fall könnte man mit dem Hund beispielsweise eine Gegenkonditionierung in Kombination mit einer Desensibilisierung trainieren. Hierbei soll der Hund schrittweise lernen, dass der ursprünglich Angst auslösende Reiz (also der Artgenosse) keine Gefahr darstellt.
Aber es könnte auch beispielsweise eine Emotion dahinterstecken, die sich eher im Bereich SEEKING/RAGE befindet. Hierbei möchte der Hund zum Artgenossen, um Sozialkontakt zu haben, und ist frustriert, weil er durch die Leine davon abgehalten wird. In diesem Fall würde man einen anderen Trainingsansatz wählen und sollte in erster Linie an der Frustrationstoleranz trainieren.
Aggressives Verhalten kann aber auch erlernt sein. Wenn ein Hund regelmäßig die Erfahrung macht, dass er mit Aggressionen an das gewünschte Ziel kommt, wird sich das Aggressionsverhalten ritualisieren. Dann gibt es keine eigentliche emotionale Ursache mehr, auch wenn das Verhalten so aussieht (Mills et al. 2014).

Infobox 3.8

BASISEMOTIONEN NACH PANKSEPP

Der aus Estland stammende Jaak Panksepp ist Professor der Psychologie und hat an der Bowling Green State University gelehrt. In seinem Buch „Affective Neuroscience" postuliert er sieben Basisemotionen, die bei allen Säugetieren vorkommen. Sie entstehen vor allem im limbischen System, einem phylogenetisch sehr alten Teil des Gehirns. Diese Basisemotionen sind angeboren und werden automatisch und schnell aktiviert. Sie lösen Verhaltensweisen aus, die für das Überleben und die Fortpflanzung notwendig sind.
Die Emotionen entstehen aus teils überlappenden und teils spezifischen Hirnstrukturen und neurochemischen Systemen.

Positiv/angenehm	**Negativ/unangenehm**
SEEKING – generelle Motivation/Erwartung	FEAR – Furcht
PLAY – Spiel, Freude	RAGE – Wut
LUST – sexuelle Lust	PANIC – Trennungsschmerz durch Isolation
CARE – Fürsorge, Pflege	
Aufsuchen/Arbeiten, um Ziel zu erreichen	**Meiden/Entfliehen**

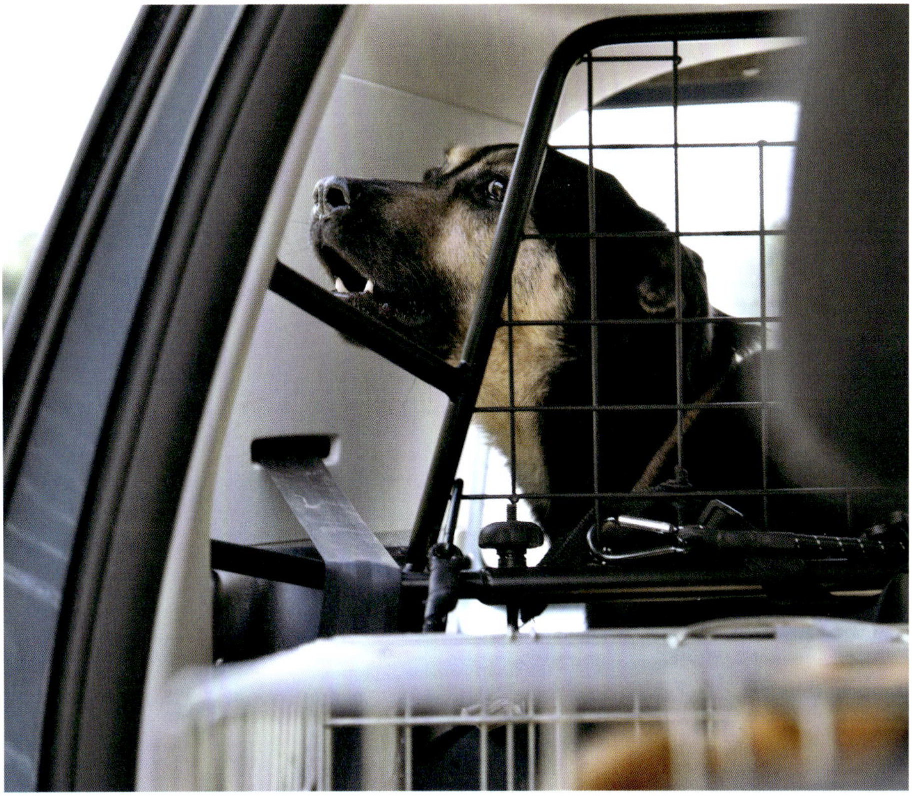

Aggressionsverhalten kann ritualisiert werden.

AGGRESSION UND LERNEN

ZUNAHME DER AGGRESSIVITÄT DURCH NEGATIVE VERSTÄRKUNG

Negative Verstärkung ist ein Lernmechanismus, der oft bei der Verstärkung von Aggressionen eine Rolle spielt. Wenn ein leinenpöbelnder Hund beispielsweise die Lernerfahrung macht, dass das Gegenüber weggeht, wenn er an der Leine keift, wird er zukünftig dieses Verhalten öfter zeigen, da es aus seiner Sicht erfolgreich ist und der Konkurrent verschwindet.
Auf diese Weise – also mittels negativer Verstärkung – kann sich auch eine Problematik im Bereich der Ressourcenaggression schnell steigern. Auch hier macht der Hund die Erfahrung, dass sein Aggressionsverhalten zur Verteidigung einer Ressource, wie zum Beispiel Futter, Spielzeug oder Sozialpartner, gegenüber einem Konkurrenten oder dem Besitzer zum Erfolg führt. Damit wird der Hund dieses Verhalten zukünftig häufiger und intensiver zeigen.
In diesen Fällen sollte man unbedingt Situationen vermeiden, in denen der Hund dieses Verhalten erfolgreich zeigen kann, da sich das Verhalten sonst mit jedem Erfolg weiter verstärkt.

VERSTÄRKUNG DER AGGRESSIVITÄT DURCH GEWINNERFAHRUNG

Versuche mit Mäusen und Ratten haben gezeigt, dass wiederholte Gewinnerfahrung dazu führen kann, dass das Aggressionsverhalten einiger Individuen eskaliert. Aufgrund „angenehmer“ siegreicher sozialer Erfahrungen zeigen einige künstlich selektierte aggressive Mäuse und Ratten einen völligen Zusammenbruch aggressiver Inhibitionsmechanismen und wandeln ihr ursprünglich funktional adaptives aggressives Verhalten in stark gewalttätiges und pathologisches Verhalten um. Während die meisten Tiere angemessen aggressiv reagieren, zeigen 10 – 15 % der „Gewinner" folgend unangemessenes Aggressionsverhalten. Dieser sogenannte „Gewinnereffekt" führt sogar dazu, dass die Individuen aktiv nach Gegnern suchen und sogar Hindernisse überwinden, um stark aggressives Verhalten ausführen zu können. Ausgelöst wird dieses Verhalten durch den selbstbelohnenden Effekt der Gewinn-Erfahrung, die in diesem Kontext als positive Verstärkung für die Aggression wirkt. Ebenso wie andere positive Verstärker, wie zum Beispiel Futter oder Sex, löst die Aussicht auf einen Kampf bei diesen Tieren eine Aktivierung des Dopaminsystems aus (de Boer 2016). Daraus ergibt sich eine freudige Erwartung, die dafür sorgt, dass das Individuum zukünftig aktiv Kampfsituationen aufsuchen wird.

Infobox 3.9

„DIE KLÄREN DAS UNTER SICH!"

„Winner or Loser"
Wenn man sich zum Beispiel vorstellt, dass man einen Hund, der anderen Artgenossen körperlich überlegen ist, regelmäßig Gewinnerfahrungen machen lässt, kann es unter Umständen dazu führen, dass er zukünftig aktiv die aggressive Auseinandersetzung mit Artgenossen sucht. In diesem Fall ist das SEEKING-System beteiligt, das dazu führt, dass die Aggression selbstbelohnend ist. Aber auch für den Verlierer kann eine regelmäßige Erfahrung der Unterlegenheit Auswirkungen haben. Möglicherweise wird der Verlierer zukünftig „vorsorglich" aggressiv auf Artgenossen reagieren, um diese wegzuscheuchen. Da er damit voraussichtlich erfolgreich ist, wird das Aggressionsverhalten negativ verstärkt und nimmt dadurch zukünftig zu.

Erfahrungen im Welpenalter
Dieses Wissen ist vor allem relevant für die Zusammenstellung von Welpengruppen, denn auch schon im Welpenalter sollte unbedingt darauf geachtet werden, dass die Welpen ausgewogene Erfahrungen mit anderen Hunden machen. Wenn ein Welpe bereits im jungen Alter regelmäßig als „Gewinner" aus Konflikten hervorgeht, weil das Gegenüber ihm nicht gewachsen ist, kann es passieren, dass er später zum lustbetonten Raufer wird. Im Gegenzug dazu wird ein Welpe, der in seinen ersten Erfahrungen regelmäßig von anderen Hunden gemobbt wird, eine eher ängstliche Haltung fremden Hunden gegenüber einnehmen.

„Raufergruppen"
Ähnliches gilt auch für sogenannte „Raufergruppen". Diese Sozialgruppen sollen es unverträglichen Hunden ermöglichen, mit Maulkorb abgesichert, innerartliche Kommunikation zu erlernen. Allerdings müssen die Gruppen gut gemanagt werden, und es ist wichtig, dass sich die aufeinandertreffenden Artgenossen körperlich gewachsen sind. Ansonsten kommt es auch hier zu einem Lernen durch weitere Gewinnerfahrungen, die am Ende die Artgenossenunverträglichkeit nur verstärken, anstatt sie zu verbessern.

Veränderung des Hormonhaushalts

Inwieweit die Erwartung aufgrund der siegreichen Lernerfahrungen den Hormonhaushalt ändern kann, zeigt sich in einer Studie mit Ratten. Hier durften Ratten zehn Tage hintereinander täglich zur gleichen Zeit mit unterlegenen Artgenossen kämpfen, die ihnen in den Käfig gesetzt wurden. Sie hatten also an zehn aufeinanderfolgenden Tagen Gewinnerfahrungen gemacht. Am elften Tag wurden wiederum zur gleichen Zeit die Dopamin-und Serotoninlevel der Gewinner gemessen, ohne dass ein Kontrahent anwesend war. Es zeigte sich, dass in Erwartung des Kampfes die Dopaminlevel erhöht und die Serotoninlevel niedriger waren als vor dieser Lernerfahrung (Ferrari et al. 2003). Es fand hier also eine klassische Konditionierung statt. Die Ratten wurden konditioniert, zu einer bestimmten Uhrzeit zu kämpfen, und die neurochemischen Vorgänge haben sich dementsprechend angepasst, um auf den bevorstehenden Kampf vorbereitet zu sein.

Aggressionsverhalten wie besispielsweise Leinenaggression hat auch einen hohen erlernten Anteil.

WIE WIRD AGGRESSIVITÄT BEIM HUND GEMESSEN?

In der Literatur wird häufig zwischen der Aggressivität gegenüber dem Besitzer, fremden Menschen oder Artgenossen unterschieden. Diese Einteilung ergibt sich also aus dem „Zielobjekt“, das bedeutet, dass ein Hund, der eine hohe innerartliche Aggression aufweist, nicht auch unbedingt gehäuft aggressives Verhalten gegenüber Menschen zeigen muss.
Diese Herangehensweise orientiert sich also am Zielobjekt der Aggression. Dabei werden die zugrunde liegenden Emotionen nicht erfasst.

Infobox 3.10

DIE DREI FAKTOREN IM BEREICH AGGRESSIVITÄT NACH DEM C-BARQ

Aggressivität gegenüber fremden Menschen
Hund reagiert aggressiv, wenn
- sich ein fremder Erwachsener direkt auf ihn zubewegt, während er an der Leine spazieren geht.
- sich ein fremdes Kind direkt auf ihn zubewegt, während er an der Leine spazieren geht.
- sich eine Person nähert, während er im Auto wartet.
- sich eine unbekannte Person zu Hause einem Familienmitglied nähert.
- sich eine unbekannte Person außerhalb der Wohnung einem Familienmitglied nähert.
- sich der Postbote bzw. Paketdienst dem Zuhause nähert.
- eine fremde Person am Grundstück vorbeiläuft, während der Hund im Garten ist.
- Jogger, Radfahrer oder Skater am Grundstück vorbeifahren, während der Hund im Garten ist.
- eine unbekannte Person zu Besuch kommt.

Aggressivität gegenüber Besitzer
Hund reagiert aggressiv, wenn
- er verbal oder körperlich von einem Familienmitglied korrigiert wird.
- Spielzeuge, Knochen oder andere Objekte durch ein Familienmitglied weggenommen werden.
- er von einem Familienmitglied gebadet oder gebürstet wird.
- sich ihm ein Familienmitglied annähert, während er frisst.
- ihm Futter durch ein Familienmitglied weggenommen wird.
- ein Familienmitglied ihn direkt anstarrt.
- ein Familienmitglied über ihn drübersteigt.
- ein Familienmitglied Essen oder Objekte zurückholt, die der Hund zuvor geklaut hat.

Aggressivität gegenüber Artgenossen
Hund reagiert aggressiv, wenn
- sich ein fremder Rüde direkt auf ihn zubewegt, während er an der Leine spazieren geht.
- sich eine fremde Hündin direkt auf ihn zubewegt, während er an der Leine spazieren geht.
- ein fremder Hund zu Besuch kommt.
- ein fremder Hund ihn anbellt oder anknurrt.

FRAGEBOGEN: DER C-BARQ

Der C-BARQ misst drei verschiedene Faktoren im Bereich der Aggressivität: Aggressivität gegenüber fremden Menschen, Aggressivität gegenüber dem Besitzer und Aggressivität gegenüber Artgenossen. Infobox 3.10 stellt eine Übersicht der Fragen dar, die der Berechnung des jeweiligen Faktors zugrunde liegen. Jede dieser Fragen kann auf einer Fünf-Punkte-Skala beantwortet werden, deren Abstufungen wie folgt aussehen:

0 = Keine Aggression (keine sichtbaren Anzeichen von Aggression)
1 – 3 = Milde bis Moderate Aggression (knurren/bellen, Zähne zeigen)
4 = Erhebliche Aggression (schnappt, beißt oder versucht zu beißen)

Die Ergebnisse des C-BARQ wurden mit Beobachtungsdaten von verhaltensauffälligen Hunden abgeglichen, die in einer Tierklinik vorgestellt wurden. Hier konnte eine gute Übereinstimmung der Daten, die aus der Befragung der Besitzer mittels C-BARQ erfolgten, sowie den Beobachtungen der Verhaltensberater erreicht werden. Der C-BARQ gibt also hinsichtlich der Aggressivität eine realistische Einschätzung ab (Hsu & Serpell 2003). Allerdings können durch die Besitzerbefragung nur Verhaltenstendenzen ermittelt werden, während die dem Aggressionsverhalten zugrunde liegenden Motivationen und Emotionen nicht abgebildet werden können.

DIE MESSUNG DER AGGRESSIVITÄT MITTELS VERHALTENSTESTS

Im Dog Mentality Assessment Test, der ursprünglich zur Einschätzung von Hunden für das schwedische Militär entwickelt wurde, wird die Aggressivität in zwei der zehn Subtests bewertet. Zum einen wird der Hund zunächst aus der Distanz von einem Menschen bedroht, der einen Umhang mit Kapuze trägt und sich mehrere Male geduckt Richtung Hund bewegt. Direkt im Anschluss zieht die Person den Umhang aus und fordert den Hund mittels eines Spielseils zum Spielen auf. Hier wird gemessen, inwieweit sich der Hund der Person nähert und ob er Aggressionsverhalten zeigt.
Ein weiterer Test ist sehr ähnlich. Hierbei nähern sich zwei mit Bettlaken verkleidete Personen dem Hund sehr langsam und schrittweise auf eine bedrohliche Weise an. Wenige Meter vor dem Hund nehmen sie die Bettlaken ab. Es wird dabei unter anderem gemessen, wie aggressiv der Hund in dieser Situation reagiert.

NUR WENIG ÜBEREINSTIMMUNG

Allerdings scheinen sich die Beobachtungen, die im Dog Mentality Assessment Test zur Aggressivität gemacht werden, nicht unbedingt im Alltag widerzuspiegeln. Bei einer Überprüfung derselben Hunde im DMA und im C-BARQ konnten bezüglich der Ergebnisse zur Aggressivität nur wenige Übereinstimmungen gefunden werden (Svartberg 2005). Eine mögliche Erklärung besteht darin, dass im DMA nur eine ganz bestimmte Art der Aggression gemessen wird, die vor allem mit einer ersten Konfrontation mit dem Stimulus ausgelöst wird (weil sich der Hund beispielsweise sehr erschreckt), aber bei einer mehrmaligen Präsentation abnimmt.
Bestätigt wird diese Vermutung durch die Tatsache, dass der Aggressivitätswert der Hunde bei einer zweiten Durchführung des DMA sinkt (Svartberg 2005). Damit ist dieser Test also kein geeignetes Mittel, um die Aggressivität eines Hundes zuverlässig festzustellen.
Auch in einem ähnlichen Test des schwedischen Militärs – dem sogenannten SAF-Test – kommt es zu Unklarheiten. Eigentlich sollten diese Eignungstests verlässlich Hunde auswählen, die ein stabiles Temperament haben, also wenig stressanfällig sind

und keine Ängstlichkeit aufweisen. Tatsächlich ergibt sich aber aus einer systematischen Untersuchung und Videoauswertung der Testsituationen, dass die Hunde, die den Test erfolgreich bestanden haben, mehr ängstliches Verhalten zeigen und sowohl vor als auch nach den Tests einen höheren Cortisolwert aufweisen, als diejenigen Artgenossen, die als ungeeignet ausgemustert wurden (Foyer et al 2016).
Auch in einer Untersuchung mit belgischen Militärhunden zeigt sich, dass ungefähr 70 % der aktiven Militärhunde deutliche Anzeichen von angstmotivierter Aggression zeigen, obwohl Ängstlichkeit als unerwünschtes Verhaltensmerkmal bei Militärdiensthunden gilt.
Diese Studien legen also nahe, dass diese Art der Auswahltests beim Militär nur bedingt tatsächlich geeignete Diensthunde hervorbringen. Vielmehr gibt es eine hohe Gefahr einer systematischen Fehlinterpretation des Verhaltens der Hunde, sodass gehäuft Vierbeiner mit einer starken Tendenz zur angstmotivierten Aggressivität ausgewählt werden.

GEFÄHRLICHE RASSEN?

In verschiedenen Studien wurde untersucht, welche Faktoren die Aggressivität eines Hundes beeinflussen können. Allen voran und sehr naheliegend ist dabei die Rasse. In Tabelle 3.3 sind die Hunderassen abgebildet, die nach Auswertung der C-BARQ-Daten die höchsten Punktzahlen in der jeweiligen Aggressionskategorie erhalten. Während einige Rassen sowohl in der Aggression gegenüber Menschen als auch gegenüber Artgenossen hohe Werte erreichen (z. B. Chihuahuas und Dackel), schneiden andere Rassen nur in bestimmten Gebieten überdurchschnittlich ab (z. B. innerartliche Aggression bei Akitas und Pit Bull Terriern). Rassen mit dem höchsten prozentualen Anteil an Hunden, die schwere Aggressionen sowohl gegenüber Fremden als auch gegenüber den Besitzern zeigen, sind Dackel, Chihuahuas und Jack Russell Terrier. Australian Cattle Dogs zeigen besonders häufig ernst zu nehmende Aggression gegenüber unbekannten Menschen, während ein hoher Prozentsatz der American Cocker Spaniels

☞ 3.3: RASSEN MIT DEN HÖCHSTEN UND NIEDRIGSTEN WERTEN DER JEWEILIGEN AGGRESSIONSFORMEN C-BARQ

(nach Serpell & Duffy 2014)

	AGGRESSION GEGEN FREMDE	AGGRESSION GEGEN HUNDE	AGGRESSION GEGEN BESITZER
Hoch	Chihuahua, (Zwerg-)Dackel	Chihuahua, Dackel, Zwergschnauzer	Beagle, Franz. Bulldogge, Malteser, Shi Tzu
Niedrig	Cavalier King Charles, Golden Retriever, Sibirian Husky	Cavalier King Charles, Golden Retriever, Sheltie	Dobermann, Deutsche Dogge, Mastiff

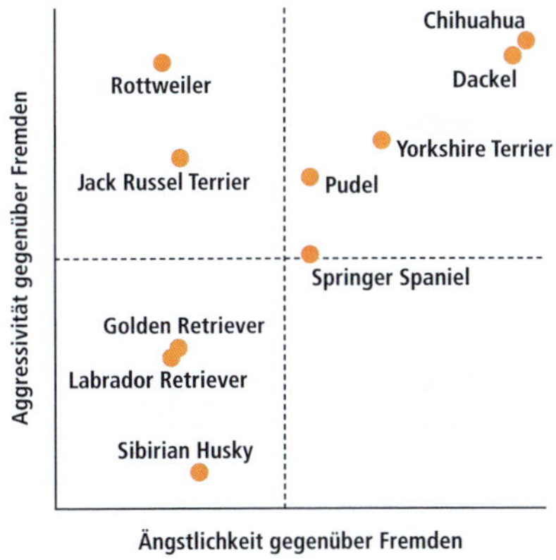

Abb. 3.7: Zusammenhang zwischen Aggressivität und Ängstlichkeit gegenüber fremden Menschen bei unterschiedlichen Rassen.

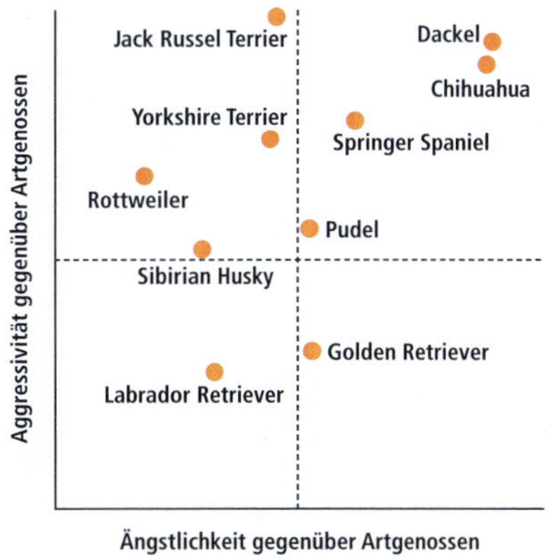

Abb. 3.8: Zusammenhang zwischen Aggressivität und Ängstlichkeit gegenüber Artgenossen bei unterschiedlichen Rassen.

und Beagle ihre Zähne gegenüber dem Besitzer einsetzen. Mehr als 20 % der Akitas, Jack Russell Terrier und Pit Bull Terrier in der untersuchten Population weisen eine ernsthafte Aggression gegenüber Artgenossen auf. Zu Rassen, die laut der C-BARQ-Daten hingegen sehr selten aggressiv gegenüber unbekannten Menschen und Hunden auftreten, zählen Golden Retriever, Labrador Retriever, Berner Sennenhunde, Espagneul Breton, Greyhounds und Whippets (Duffy et al 2008).

GRÜNDE WURDEN NICHT GENANNT

Mit Blick auf Abbildung 3.7 und Abbildung 3.8 zeigt sich, dass beispielsweise Rottweiler in der Aggressivität gegenüber fremden Personen einen ähnlich hohen

Chihuahuas zeigen häufig eine hohe Aggressivität und Ängstlichkeit gegenüber Artgenossen.

Die Aggressivität hängt nicht allein von der Rasse ab, sondern vielmehr von der Zuchtlinie. Eine Studie zeigt, dass beispielsweise Rottweiler weniger Angst- und Aggressionsverhalten zeigen, wenn ängstliche und aggressive Tiere von der Zucht ausgeschlossen werden.

Wert erreichen wie Dackel und Chihuahua. Allerdings werden bei dieser Erhebung weder die Ursache noch die zugrunde liegenden Emotionen erfasst. Da allerdings sowohl Dackel als auch Chihuahuas ebenso hohe Werte bezüglich der Ängstlichkeit gegenüber fremden Menschen und Artgenossen aufweisen, könnte man annehmen, dass die Aggression bei diesen beiden Rassen eher angstmotiviert bedingt ist. **Generell kann man also sagen, dass Hunde vor allem dann als aggressiv gegenüber Fremden eingeschätzt werden, wenn sie sich auch ängstlich gegenüber Fremden verhalten.** Es ist also möglich, dass diese Hunde in diesen Situationen angstmotivierte Aggressionen zeigen. Bei der Interpretation der Daten muss allerdings beachtet werden, dass sie auf der Einschätzung der Besitzer beruhen. Es besteht also auch die Möglichkeit, dass einige Besitzer ihre Hunde auch als ängstlich in dieser Situation einschätzen, obwohl der Hund gar keine objektiven Anzeichen von Angst zeigt (Flint et al. 2017).

Im Gegensatz dazu scheint Angst beim Rottweiler vermutlich nicht die Hauptursache für eine überdurchschnittliche Aggression gegenüber fremden Personen zu sein, sondern könnte auf Selektion als Wach- und Gebrauchshund zurückzuführen sein.

ZUCHTZIELE

Aufgrund verschiedener Zuchtziele wurde bei unterschiedlichen Rassen unterschiedliches Augenmerk auf die innerartliche Verträglichkeit oder auf die Freundlichkeit gegenüber fremden Personen gelegt. So sollte ein Beagle als Meutehund kein Problem mit Artgenossen haben, während bei anderen Rassen die innerartliche Verträglichkeit eher eine untergeordnete Rolle spielte und nicht zwingend durch die Zuchtauswahl gefördert wurde. Auch die Freundlichkeit gegenüber unbekannten Personen wird durch verschiedene Zuchtziele beeinflusst. Zum Beispiel sind Rottweiler in verschiedenen Studien durch Aggressionsraten oberhalb des Durchschnitts aufgefallen (Duffy et al. 2008, Bollen & Horowitz 2008).

GEFAHR VON PAUSCHALISIERUNGEN

Allerdings gibt es selbstverständlich große individuelle Unterschiede innerhalb der Rasse. Man könnte also sagen: Es ist wahrscheinlicher, dass ein Rottweiler aggressives Verhalten gegenüber einer fremden Person zeigt, als es ein Golden Retriever tut. Nichtsdestotrotz heißt das natürlich weder, dass jeder Rottweiler fremde Menschen nicht mag, noch, dass jeder Golden Retriever unbekannte Personen gut findet.
Leider führen aber eben solche Pauschalisierungen sowohl in einigen deutschen Bundesländern als auch in anderen Ländern dazu, dass die Haltung, Zucht und Einfuhr bestimmter Rassen komplett untersagt wird. Ob diese Maßnahmen tatsächlich zielführend sind, ist stark umstritten. Kritiker befürchten, dass es dadurch eher zu einer Verlagerung des Zuchtgeschehens in die Illegalität kommt und damit nur noch weniger Kontrolle über die Vorgänge erreicht wird.

VERHALTENSTEST ZUR ZUCHTZULASSUNG?

Ein alternativer Ansatz wäre, die Hunde, die problematisches Verhalten im Bereich Angst/Aggression zeigen, von der Zucht auszuschließen. Eben dieser Ansatz wurde zwischen 2001 und 2009 in den Niederlanden praktiziert. Seit Juni 2001 mussten Vertreter bestimmter Rassen in den Niederlanden einen standardisierten Verhaltenstest bestehen, um die Zuchtanerkennung des niederländischen Zuchtverbandes zu bekommen. Der Test soll verschiedene Formen von Angst und Aggression erkennen. Die Individuen, die diesen Test nicht bestanden, wurden offiziell nicht zur Zucht zugelassen. Zu den betroffenen Rassen zählte neben dem Fila Brasileiro, American Staffordshire Terrier, Carne Corso und dem Mastino Napoletano auch der Rottweiler.
Wie erfolgreich diese Strategie war, haben nun Wissenschaftler von der Universität Wageningen untersucht. Joanne van de Borg und ihre Kolleginnen befragten insgesamt 822 Rottweilerbesitzer bezüglich des Angst- und Aggressionsverhaltens ihrer Hunde. 395 der untersuchten Hunde besaßen eine Ahnentafel. Diese Hunde sind also Nachkommen von Elterntieren, die beide den

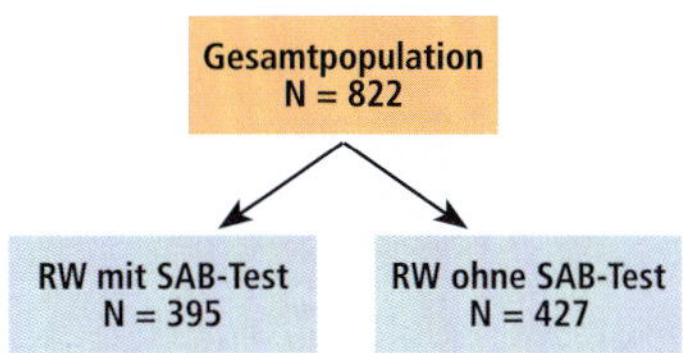

RW mit SAB-Test	RW ohne SAB-Test	
6,4 %	16,0 %	Aggression gegenüber Fremden
0,9 %	4,3 %	Angst gegenüber Fremden
2,2 %	7,8 %	Nicht-soziale Ängste
17,8 %	**33,3 %**	**Gesamt**

Abb. 3.9: Prozentsatz der Rottweiler (RW) mit und ohne Verhaltenstest.

besagten Verhaltenstest bestanden haben. Als Vergleichsgruppe dienten 427 Rottweiler, die nicht mit FCI-Papieren ausgestattet waren. In dieser Gruppe fand keine standardisierte Zuchtauswahl bezüglich der Aggressivität bzw. der Ängstlichkeit statt. Die Nachkommen der Rottweiler, die diesen Test bestanden hatten, zeigten im Vergleich zur Vergleichsgruppe deutlich seltener Furchtverhalten gegenüber fremden Menschen (0,9 % vs. 4,3 %) sowie in anderen, nicht-sozialen Situation (2,2 % vs. 7,8 %). Zudem zeigten die Nachkommen derjenigen Hunde ohne Zuchtauswahl tendenziell mehr Aggression gegenüber fremden Personen (16,0 % vs. 6,4 %).
Insgesamt wurden bei 17,8 % der Hunde mit Ahnentafel Verhaltensprobleme im Bereich Aggressivität/Ängstlichkeit festgestellt. Bei der Vergleichsgruppe waren es mit 33,3 % fast doppelt so viele (siehe Abbildung 3.9). Das Geschlecht, der Kastrationsstatus, Abstammung aus Arbeitslinie oder die Vorerfahrung des Besitzers hatten in dieser Studie übrigens keinen Einfluss auf die Resultate. **Die Ergebnisse legen also nahe, dass der Prozentsatz problematischen Verhaltens innerhalb einer Rasse durch eine geeignete Zuchtauswahl deutlich verringert werden kann.** Statt bestimmte Rassen einfach pauschal zu verbieten, könnte es also Sinn machen, die Aggressivität und Ängstlichkeit in standardisierten Verhaltenstests zu erfassen und die Hunde, die Problemverhalten zeigen, von der Zucht auszuschließen.

Ein Tierheimaufenthalt kann viel Stress für einen Hund bedeuten.

PERSÖNLICHKEITS-TESTS IN TIERHEIMEN

Es gibt viele äußere Faktoren, die die Aggressivität und andere Persönlichkeitsmerkmale eines Hundes beeinflussen können, also zu längerfristigen und relativ stabilen Verhaltensmustern führen. Allerdings spielt natürlich auch die aktuelle Situation und die Verfassung des Hundes eine Rolle, die bei der Persönlichkeitseinschätzung berücksichtigt werden sollte. Das gilt vor allem dann, wenn der Hund dauerhaftem Stress ausgesetzt ist. Einer dieser Situationen könnte zum Beispiel ein Tierheimaufenthalt sein. Für viele Vierbeiner stellt dieses Umfeld einen enormen Stressfaktor dar.
Um einschätzen zu können, ob der Hund bedenkenlos vermittelt werden kann, werden in manchen Tierheimen unterschiedliche Verhaltenstests durchgeführt. In vielen dieser Untersuchungen werden die Hunde auf verschiedene Arten bedrängt oder bedroht. Zeigt der Vierbeiner als Reaktion Aggressionsverhalten, geht man davon aus, dass er dieses Verhalten auch bei seinen neuen Besitzern zeigen würde.
Ein Beispiel für einen solchen Test wäre, dass der Hund während des Fressens von einer Plastikhand berührt oder gar vom Futter weggeschoben wird. So soll untersucht werden, ob der Hund zu Ressourcenaggression neigt.

☞ 3.4 MÖGLICHE ERGEBNISSE AUS DEM VERHALTENSTEST

BEURTEILUNG DES HUNDES IN DER TIERHEIMSITUATION	VERHALTEN DES HUNDES NACH DER ADOPTION	
	Hund zeigt Problemverhalten	**Hund zeigt kein Problemverhalten**
Hund wird als problematisch eingestuft	Hunde, die im Test als **problematisch** eingestuft wurden und tatsächlich im neuen Zuhause **Problemverhalten** zeigen (wahr positiv)	Hunde, die im Test als **problematisch** eingestuft wurden und tatsächlich im neuen Zuhause **kein Problemverhalten** zeigen (falsch positiv)
Hund wird als unproblematisch eingestuft	Hunde, die im Test als **unproblematisch** eingestuft wurden und tatsächlich im neuen Zuhause **Problemverhalten** zeigen (falsch negativ)	Hunde, die im Test als **unproblematisch** eingestuft wurden und tatsächlich im neuen Zuhause **kein Problemverhalten** zeigen (wahr negativ)

Die Frage ist nun, ob man mit dieser Art Untersuchung tatsächlich sicher bestimmen kann, ob der Tierheimbewohner im späteren Zuhause ein Problemverhalten entwickeln wird. Eine Sicherheit wäre gegeben, wenn einerseits die Hunde bestimmt werden können, die zuverlässig unproblematisch sind, die also den Test problemlos bestehen und zukünftig tatsächlich kein Problemverhalten entwickeln. In diesem Fall würde man das Ergebnis als wahr negativ bezeichnen. Andererseits sollte man sich auch darauf verlassen können, dass das gezeigte Problem nicht nur während des arrangierten Tests auftritt, sondern auch tatsächlich in einer realen Situation auftreten könnte. In diesem Fall würde man von einem wahr positiven Ergebnis sprechen. Bei beiden Varianten hätte der Test also zuverlässig das zukünftige Verhalten vorausgesagt und man könnte neuen Besitzern eine Einschätzung geben.

Allerdings gibt es auch noch Ergebniskombinationen, die die Effektivität einer solchen Untersuchung infrage stellen könnten.
Zum einen würde das diejenigen Vierbeiner betreffen, die sich in der Tierheimsituation eher gehemmt verhalten und damit zwar den Test bestehen würden, aber später trotzdem eine Futteraggression entwickeln – diese Ergebnisse bezeichnet man als falsch negativ. Zudem ist auch vorstellbar, dass Hunde durch die belastende Tierheimumgebung einen so hohen Stresslevel haben, dass sie in der beschriebenen Situation zwar Aggressionen zeigen würden, dieses Verhalten aber in einem familiären, weniger stressigen Kontext nicht auftritt. Diese Fälle nennt man falsch positiv.
Die vier beschriebenen Möglichkeiten, die aus den Testergebnissen resultieren können, sind zur Übersicht in Tabelle 3.4 festgehalten.

VERHALTEN IM NEUEN ZUHAUSE – EINSTUFUNG

Patronek und Bradley (2016) haben aus verschiedenen Publikationen errechnet, inwieweit man mit verschiedenen Verhaltenstests tatsächlich das zukünftige Verhalten der Hunde voraussagen kann. Das errechnete Modell ergab, dass aufgrund der Testergebnisse im Durchschnitt gerade einmal 31 von 100 untersuchten Hunden als unproblematisch eingestuft werden. Von diesen Hunden wären dann laut der Rechnung 30 wahr negativ, sie zeigen also im neuen Zuhause tatsächlich kein auffälliges Verhalten. Lediglich ein Hund würde als falsch negativ eingestuft werden und trotz unauffälligem Testergebnis problematisches Verhalten im neuen Zuhause zeigen.

69 von 100 getesteten Hunden werden laut Berechnung als problematisch eingestuft. Diese Hunde werden dementsprechend nicht zur Adoption freigegeben. Allerdings würden im Durchschnitt 54 dieser 69 „Problemhunde" im neuen Zuhause gar keine Auffälligkeiten zeigen – ihre Bewertung ist also falsch positiv. Anders ausgedrückt würden acht von zehn vermeintlichen „Problemhunden" nach der Adoption kein problematisches Verhalten entwickeln. **Dieses Ergebnis liegt wohl vor allem im hohen Belastungslevel der Tierheimbewohner begründet. Viele dieser Tests stellen für die Hunde eine enorme zusätzliche Stresssituation dar. Infolgedessen scheinen viele Vierbeiner in den Testsituationen Problemverhalten an den Tag zu legen, das sie in einem entspannten Umfeld nicht zeigen würden. Man muss also feststellen, dass die Aussagekraft dieser Tests in der Tierheimsituation bezüglich des Verhaltens des Hundes in seinem neuen Zuhause äußerst gering ist. Tatsächlich sind die Testergebnisse sogar weniger aussagekräftig, als wenn man die Einschätzung des späteren Verhaltens des Hundes durch einen Münzwurf festlegen würde.**

Eine Vorhersage durch Tests, wie sich ein Tier-

GEFAHRENPOTENZIAL EINSCHÄTZEN

In einer weiteren Studie wurde untersucht, ob das Risiko für Beißvorfälle zunimmt, wenn kein standardisierter Futteraggressionstest durchgeführt wird. Hierbei wurde zunächst die Ausgangslage in neun Tierheimen erfasst. Die Tierheime hatten drei Möglichkeiten, die Hunde bezüglich ihrer Futteraggression einzuschätzen. Entweder führten sie den standardisierten Plastikhand-Test durch, befragten den Vorbesitzer oder sie beurteilten das Aggressionspotenzial des Hundes aufgrund der Beobachtung durch Pfleger und Gassigänger während des Tierheimalltags. In dieser Phase durchliefen 7 112 Hunde die neun teilnehmenden Tierheime, wobei 51 % von vornherein als harmlos eingestuft wurden und bei den übrigen 49 % eine der zur Verfügung stehenden Einschätzungsmethoden angewendet wurde. Bei 17 % der getesteten Hunde wurde dabei eine Futteraggression festgestellt – wobei die Beurteilung bei 80 % dieser Hunde über den Plastikhand-Test erfolgte, während bei

heimhund in seinem zukünftigen Zuhause verhalten wird, war meist nicht belastbar.

den übrigen 20 % die Informationen des Vorbesitzers als Grundlage für die jeweilige Einschätzung dienten.
In einem nächsten Beobachtungszeitraum waren die Tierheime angewiesen, den Plastikhand-Test nicht mehr durchzuführen, sondern sich auf die anderen beiden Beurteilungsmethoden zu verlegen. In diesem Zeitraum wurden von den 7 068 betrachteten Hunden 3 % (n = 207) als futteraggressiv eingestuft, wobei 71 % dieser Einschätzungen auf der Information des Vorbesitzers beruhten und bei den übrigen 29 % das Verhalten während des Tierheimalltags als Grundlage genommen wurde. Es konnte festgestellt werden, dass es in dieser zweiten Testphase, in der kein Plastikhand-Test mehr stattfand, keinen Anstieg der Beißvorfälle gab. Weder kam es vermehrt zu Verletzungen des Tierheimpersonals noch wurden die späteren Adoptanten häufiger gebissen. Der standardisierte Test führt also nicht zu mehr Sicherheit. Auch mussten die Tierheime keinen Anstieg der Rückgaberaten verzeichnen (Mohan-Gibbons et al. 2019).

BESTEHENDE TESTS HALFEN NICHT

Standardisierte Verhaltenstests, die zum Beispiel die Neigung zur Futteraggression abbilden sollen, scheinen demnach keine geeigneten Methoden zur Einschätzung des zukünftigen Verhaltens zu sein. Zum einen stellen sie während der belastenden Tierheimsituation einen zusätzlichen Stressfaktor für die Tiere dar und zum anderen sagen sie das künftige Verhalten des Hundes nur äußerst ungenau voraus. Stattdessen sollte das Pflegepersonal eines Tierheimes dahingehend geschult werden, dass sie ein mögliches Gefahrenpotenzial eines Hundes auf Basis des Verhaltens im Tierheimalltag einschätzen können. Zusätzlich kann die Stressbelastung während des Tierheimaufenthaltes gesenkt werden, indem regelmäßige Spaziergänge oder andere Interaktionen mit dem Menschen sowie ausreichender Sozialkontakt mit Artgenossen angeboten werden, denn bei entspannten Hunden kann man auch die verschiedenen Persönlichkeitsausprägungen inklusive der Aggressivität besser beurteilen.

DIE ÄNGSTLICHKEIT

Angst und Furcht sind überlebensnotwenige Emotionen – sie warnen vor Gefahren und ermöglichen somit eine schnelle Reaktion darauf. In diesem Sinne dienen Angst und Furcht der besseren Anpassung an die Umwelt und dem Überleben. Es ist also leicht verständlich, warum sie im Evolutionsverlauf begünstigt wurden: Individuen, die sich in einer potenziell gefährlichen Umwelt ängstlich und furchtsam verhalten, haben im Vergleich zu Artgenossen, bei denen diese Emotionen nicht ausgeprägt sind, bessere Überlebenschancen. In der Literatur wird häufig zwischen Angst und Furcht unterschieden. **Furcht beschreibt dabei das Gefühl der konkreten Bedrohung (beispielsweise vor einem Konkurrenten oder einem Raubtier), während Angst als diffuses Unbehagen in einer bedrohlich empfundenen Situation definiert ist (beispielsweise, wenn man sich allein im dunklen Wald befindet).** Da diese Zustände aber nicht immer klar voneinander abgrenzbar sind, werden aus Gründen der besseren Verständlichkeit in diesem Buch Angst und Ängstlichkeit als Überbegriff verwendet, die auch Furcht beziehungsweise Furchtsamkeit einbeziehen.

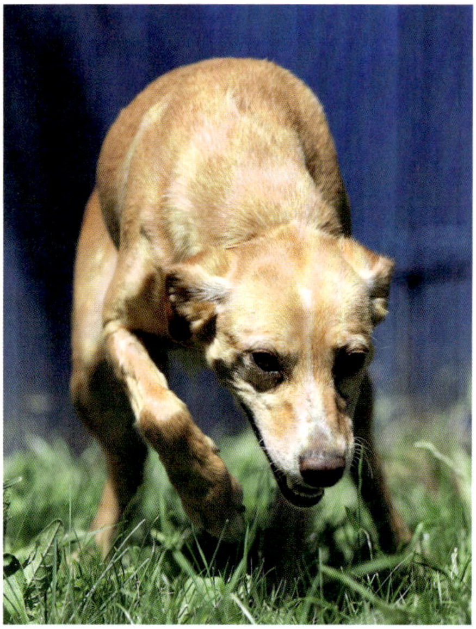

Ängstliche Hunde nehmen unterschiedliche Reize und Situationen als bedrohlich wahr.

ANGST UND ÄNGSTLICHKEIT

Bei Angst geht es immer um einen aktuellen Zustand in einer konkreten Situation („state“), zum Beispiel wenn eine Person während eines unruhigen Fluges Angst erlebt. Die Ängstlichkeit bezeichnet die individuell unterschiedliche Tendenz, Situationen als bedrohlich wahrzunehmen und hierauf mit erhöhtem Angstzustand zu reagieren. Während die Ängstlichkeit zwischen Individuen variiert, ist sie innerhalb eines Individuums relativ stabil. Sie ist also ein Persönlichkeitsmerkmal („trait“), das die innere Bereitschaft, Angst zu empfinden, beschreibt. Das Spektrum kann von niedriger bis zu hoher Ängstlichkeit reichen. **Die individuelle Ausprägung der Ängstlichkeit entwickelt sich im Laufe der Lebensgeschichte, wobei sowohl genetische als auch umweltbedingte Faktoren eine Rolle spielen.** Beispielsweise kann ein Hund aufgrund mangelnder Sozialisierung oder aber auch aufgrund unangenehmer Erfahrungen Angst vor fremden Menschen entwickeln. Aber auch genetische Merkmale, wie zum Beispiel die Rasse, können einen Einfluss auf die Ausprägung der Ängstlichkeit haben. Bei Hunden gilt Ängstlichkeit als eines der fünf Persönlichkeitsmerkmale.

93 Prozent der Hunde, die sich bei Gewitter fürchten, haben auch Angst vor Feuerwerk.

AUFTRETEN MEHRERER ÄNGSTE (KOMORBIDITÄT)

Ein Hund mit einer hohen Ängstlichkeit neigt also eher dazu, verschiedene Situationen und Reize als bedrohlich wahrzunehmen und dementsprechend zu reagieren. Ängstliche Hunde, die auf bestimmte Reize ängstlich reagieren, tendieren dazu, sich auch vor anderen Reizen und Situationen zu gruseln. Das gemeinsame Auftreten mehrerer Ängste wird Komorbidität genannt. So zeigen sich in einer finnischen Studie 57,4 % der Hunde, die Angst vor unbekannten Menschen haben, auch ängstlich gegenüber fremden Artgenossen. Zudem fürchten sich 57,1 % dieser Hunde auch in neuen Situationen (Tiira et al. 2016).
Hunde, die generell eine hohe Ängstlichkeit aufweisen, neigen auch zu Geräuschangst. Bei den untersuchten finnischen Vierbeinern zeigte sich, dass nur etwa ein Viertel der nicht-ängstlichen Hunde sensibel auf laute Geräusche reagieren, während bei den Hunden, die auch in anderen Situationen ängstlich reagieren, die Hälfte eine Angst vor lauten Geräuschen ausbildet.

ANGSTGENERALISIERUNG

Ein großes Problem bei ängstlichen Hunden ist, dass der angstauslösende Reiz oft auch auf ähnliche Reize erweitert wird. Es findet also eine Angstgeneralisierung statt. Hierbei ist die Geräuschangst besonders tückisch. Hat ein Hund beispielsweise ursprünglich keine Angst vor Gewitter, erschrickt sich aber eines Tages vor einem Feuerwerk oder einem anderen lauten Knall, ist es relativ wahrscheinlich, dass diese Erfahrung auch auf das Gewitter übertragen wird. Tatsächlich zeigen in der finnischen Untersuchung 93 % der Hunde, die sich bei Gewitter fürchten, auch Angst vor Feuerwerk (Tiira et al. 2016). Eine ähnlich hohe Komorbidität verschiedener Geräuschängste ergibt auch eine internationale Analyse, bei der die Wissenschaftler die verschiedenen Verhaltensprobleme von 4 114 Hunden erhoben haben (Dinwoodie et al. 2019). Insgesamt gaben 44 % (n = 1 814) der befragten Besitzer an, dass ihr Hund ein Problem im Bereich der Ängstlichkeit hat. 573 dieser Hunde wiesen dabei eine Gewitterangst auf. Über ⅔ der Hunde mit Gewitterangst zeigten gleichzeitig Angst gegenüber verschiedenen anderen lauten Geräuschen. 309 weitere Hunde fürchteten sich zwar nicht vor Gewitter, aber vor verschiedenen anderen Geräuschen (siehe Abbildung 3.12). Interessanterweise ist die Lärmphobie kein notwendiger Bestandteil der Gewitterphobie, und bei Hunden ohne Lärmphobie kann eine Gewitterphobie auftreten. Gewitterangst scheint sich also von anderen Geräuschängsten zu unterscheiden. Vermutlich liegt der Unterschied darin, dass bei einer Gewitterangst auch verschiedene andere Reize eine Rolle spielen, wie zum Beispiel Lichtblitze oder starker Wind.

WAS TUN BEI FEUERWERKANGST?

Nicht nur Gewitter, auch Feuerwerk macht vielen Hunden zu schaffen. Kurz vor Silvester häufen sich dann die Ratschläge, wie man seinem vierbeinigen Begleiter die Zeit erträglicher gestalten kann. Es gibt unzählige Tipps, allerdings wenige Studien darüber, wie effektiv die verschiedenen Methoden beziehungsweise Mittel sein können. Dieser Frage ist Stefanie Riemer (2020) nachgegangen. Die Wissenschaftlerin erhob mittels Fragebogen Daten über die Wirksamkeit verschiedener Methoden und Hilfsmittel bei Feuerwerksangst. Insgesamt wurden 1 225 Antworten ausgewertet. Davon zeigten mehr als die Hälfte der Hunde eine ernst zu nehmende Angst vor Feuerwerk. Die Auswertung ergab, dass sich vor allem eine Gegenkonditionierung, also das Verknüpfen von Feuerwerk mit angenehmen Reizen wie zum Beispiel Futter oder Spiel, als sehr effektiv herausstellte. Mehr als ⅔ der befragten Halter konnten hierdurch eine Besserung feststellen.

Ebenso hoch war auch die berichtete Erfolgsrate beim Entspannungstraining. Hierbei soll der Hund zunächst in einer ruhigen Situation entspannen. Dies kann auch unterstützend durch Streicheln und leichte Massagen erreicht werden. Wenn der Hund völlig entspannt ist, wird die Situation mit einem Signal, zum Beispiel einem Wort oder einem Ton, verknüpft. Nach erfolgreicher Konditionierung kann dieses Signal dazu beitragen, dass der Hund auch in stressigen Situationen leichter entspannen kann. Selbstverständlich muss das Training sehr kleinschrittig erfolgen (Riemer 2020).

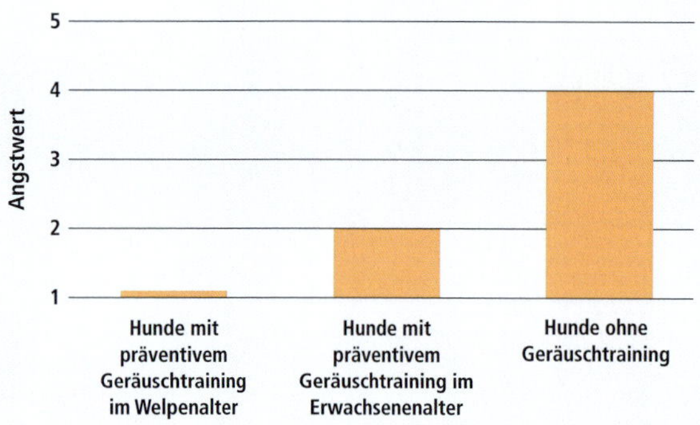

Abb. 3.10: Hunde, die bereits als Welpe oder auch im Erwachsenenalter ein präventives Training gegen Geräuschangst durchlaufen haben, zeigen weniger stark ausgeprägte Feuerwerksangst, als Hunde, mit denen nicht trainiert wurde.

VORBEUGENDES TRAINING

Wichtig dabei ist, dass sich auch vorbeugendes Training lohnt! In einer zweiten Studie konnte Stefanie Riemer zeigen, dass Hunde, mit denen bereits im Welpenalter gegen Geräuschängste trainiert wurde, kaum Angst vor Feuerwerken ausbilden. Aber auch im Erwachsenenalter führte präventives Training – also bevor die Feuerwerksangst tatsächlich eintritt – zu deutlich reduzierten Angstreaktionen. Hunde ohne vorheriges Training litten hingegen häufig unter starker Feuerwerksangst (Riemer 2019).

Im Idealfall trainiert man mit seinem Hund rechtzeitig und präventiv gegen Geräuschangst. Dann ist die Wahrscheinlichkeit, dass sich eine Angst vor Feuerwerk ausprägt, recht gering (siehe Abbildung 3.10). Mit dem Training sollte man mehrere Wochen, besser noch Monate vor Silvester beginnen. Aber auch wenn ein Hund bereits Angst vor Feuerwerk zeigt, stellen Gegenkonditionierung und konditionierte Entspannung die geeignetsten Trainingsmethoden dar, um eine Verbesserung zu erreichen.

MEDIKAMENTE

Auch verschreibungspflichtige Medikamente sorgten laut der Mehrheit der befragten Besitzer für eine wahrnehmbare Verbesserung (siehe Abbildung 3.11). Dabei hing die Wirkquote vor allem von den verwendeten Wirkstoffen ab. Am häufigsten wurde Alprazolam verschrieben, wonach in 90 % der Fälle auch eine Besserung der Feuer-

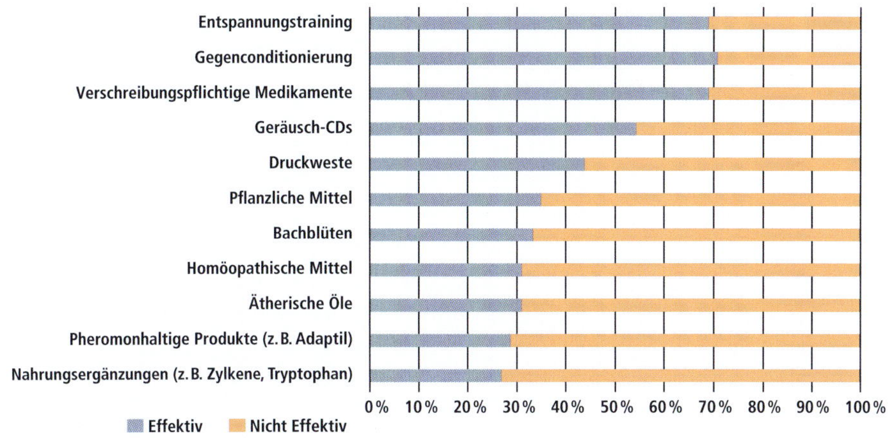

Abb. 3.11: Durch Besitzer berichtete Wirkung verschiedener Mittel und Methoden gegen Silvesterangst.

werksangst beobachtet werden konnte. Bei Dexmedetomidin, Diazepam und Trazodon wurde hingegen nur eine Wirkrate zwischen 50 und 75 % erzielt. Die anderen Medikamente wurden unter den befragten Besitzern zu selten verschrieben, um eine klare Aussage über die Effektivität treffen zu können. **An dieser Stelle sei auch nochmal darauf hingewiesen, dass Acepromazin nicht als Mittel gegen Silvesterangst taugt, da es zwar den Hund augenscheinlich ruhig stellt, aber weder die Geräuschempfindlichkeit senkt noch angstlösend wirkt.**

THUNDERSHIRT UND CO.

Nur 44 % der Besitzer, deren Hunde ein Thundershirt oder ähnliche Druckwesten trugen, konnten positive Auswirkungen in den Reaktionen auf Feuerwerk beobachten. Dabei ist unklar, inwieweit sich diese Effektivitätsrate durch einen möglichen Placebo-Effekt erklären lässt (siehe auch weiter unten) oder ob es darüber hinaus tatsächlich eine Wirkung gibt. Auch die beschriebene Effektivität von CDs mit Feuerwerksgeräuschen ist mit 55 % relativ gering.

Viele Hunde reagieren mit starkem Stress auf Feuerwerk. Medikamente können helfen, allerdings ist die Wirkrate je nach Wirkstoff sehr unterschiedlich.

Gegenkonditionierung und Entspannungstraining zeigen die vielversprechendsten Effekte beim Kampf gegen Feuerwerkangst. Verschiedene „alternative Methoden“ scheinen nicht über den Placebo-Effekt hinaus zu wirken.

ALTERNATIVE METHODEN

Sämtliche „alternative Methoden“ zeigten gerade einmal eine Effektivitätsrate von 27–35 %. Das ist auch der ungefähre Wert, den man aufgrund des Placebo-Effekts erwarten würde. Homöopathische Mittel, Nahrungsergänzungen (z. B. Zylkene, Tryptophan), ätherische Öle, pflanzliche Mittel, pheromonhaltige Mittel (z. B. Adaptil) und Bachblüten konnten also keine Wirkung erzielen, die über den Placebo-Effekt hinausgeht. Vermutlich spielt hier der sogenannte „Caregiver Effekt“ (auch Placebo by proxy genannt) eine wichtige Rolle.

UMGANG MIT FEUERWERKANGST

Im Idealfall trainiert man mit seinem Hund rechtzeitig und präventiv gegen Silvesterangst. Dann ist die Wahrscheinlichkeit, dass sich eine Angst vor Feuerwerk ausprägt, recht gering. Mit dem Training sollte man mehrere Wochen, besser noch Monate, vor Silvester beginnen.

Wenn ein Hund bereits Angst vor Feuerwerk zeigt, stellen Gegenkonditionierung und konditionierte Entspannung die geeignetsten Trainingsmethoden dar, um eine Verbesserung zu erreichen. Auch die Gabe von psychopharmakologisch wirkenden Medikamenten kann eine wirksame Therapie für den ängstlichen Hund sein. Hierüber sollte man sich von seinem Tierarzt des Vertrauens beraten lassen.

Die Anwendung einer Druckweste (z. B. Thundershirt) sowie der Einsatz von CDs mit Feuerwerksgeräuschen zeigen durchwachsene Ergebnisse. Sie sollte man nicht einzeln, sondern in Kombination mit den genannten Trainingsmethoden einsetzen. Sämtliches „alternativen“ Methoden zeigen keine Wirkung, die über einen erwarteten Placeboeffekt hinausgeht. Weder Bachblüten, Homöopathika, Pheromone, ätherische Öle noch Futterzusätze, wie zum Beispiel Zylkene, konnten als effektive Maßnahmen gegen Silvesterangst bestätigt werden.

GERÄUSCHANGST UND TRENNUNGSSTRESS

Auch dem Trennungsstress kann die Emotion Angst zugrunde liegen. Er tritt bei generell ängstlichen Hunden gehäuft auf. Hunde, die schlecht allein bleiben können, zeigen häufig auch in anderen Situationen ängstliches Verhalten (Tiira et al. 2016). Der Prozentsatz der Hunde, die unter Trennungsstress leiden, schwankt je nach untersuchter Population zwischen 13 und 34 % (Tiira et al.; Blackwell et al. 2013). Knapp die Hälfte dieser Hunde fürchtet sich auch vor Gewitter und/oder anderen Geräuschen (Dinwoodie, siehe Abbildung 3.12).

PESSIMISTISCHE EINSTELLUNG

Interessanterweise scheinen Hunde mit Trennungsstress generell eine pessimistischere Einstellung zu haben. In einer Studie dazu wurde den Testhunden zunächst beigebracht, dass es in einer Schüssel immer Futter gibt, wenn sie auf einer Seite des Raumes steht. Steht sie aber auf der anderen Seite des Raumes, gibt es nie Futter. Nachdem die Hunde mehrmals diese Lernerfahrung gemacht haben, wird die Schüssel auf eine mittlere Position gestellt. Die Wissenschaftler verglichen dann, wie schnell sich die Hunde mit und ohne Trennungsangst an die Mittelposition annäherten. Je stärkere Probleme die Hunde mit dem Alleinbleiben hatten, umso langsamer näherten sie sich der neuen Mittelposition an. Bei den Hunden mit Trennungsangst zeigte sich also ein pessimistischeres Verhalten als bei Hunden ohne Trennungsangst, was die zugrundeliegenden Persönlichkeitsunterschiede bestätigt (Mendl et al. 2010).

Auch beim Menschen tritt häufig eine Komorbidität zwischen verschiedenen Angststörungen auf. Darüber hinaus erhöhen hohe Werte in der Persönlichkeitsdimension „Neurotizismus“ das Risiko für die Diagnose von Angststörungen (Hettema et al., 2006).

Infobox 3.11

PESSIMIST ODER OPTIMIST?

Was umgangssprachlich als eine „optimistische" beziehungsweise „pessimistische" Einstellung genannt wird, nennt sich im wissenschaftlichen Kontext „kognitiver Bias". Dieser beschreibt in gewisser Weise die generelle Einstellung und Sichtweise eines Individuums. Individuen, die einen „positiven kognitiven Bias" haben, könnte man als Optimisten bezeichnen. Sie besitzen eine zuversichtliche Grundhaltung. Das Gegenteil ist der „negative kognitive Bias", also der Pessimismus. Pessimistische Individuen zeichnen sich durch eine negative Erwartungshaltung aus. Diese Grundhaltung hat weitreichende Folgen. Menschen mit einer optimistischen Grundhaltung erinnern sich beispielsweise eher an angenehme Dinge in ihrer Vergangenheit, während pessimistische Menschen vor allem an negative Erfahrungen zurückdenken. Auch neutrale Situationen werden von Optimisten deutlich positiver eingeschätzt als von Menschen mit pessimistischer Einstellung.

ANGST UND AGGRESSION

Wie schon im Kapitel zur Aggressivität ausgeführt, gibt es häufig einen Zusammenhang zwischen Angst und Aggression. Die Emotion Angst gilt dabei als eine der motivationalen Ursachen für Aggressionsverhalten. Sowohl Hunde, die generell eine höhere Ängstlichkeit aufweisen, als auch Hunde, die unter Trennungsstress oder Geräuschangst leiden, zeigen eine höhere Aggressivität gegen fremde Personen, Artgenossen und auch dem Besitzer als Hunde, die keine erhöhte Ängstlichkeit aufweisen (Tiira et al. 2016). Auch Dinwoodie und Kollegen (2019) finden starke Überschneidungen zwischen einer allgemeinen Ängstlichkeit und Aggressivität. Mehr als die Hälfte der befragten Besitzer aggressiver Hunde gab

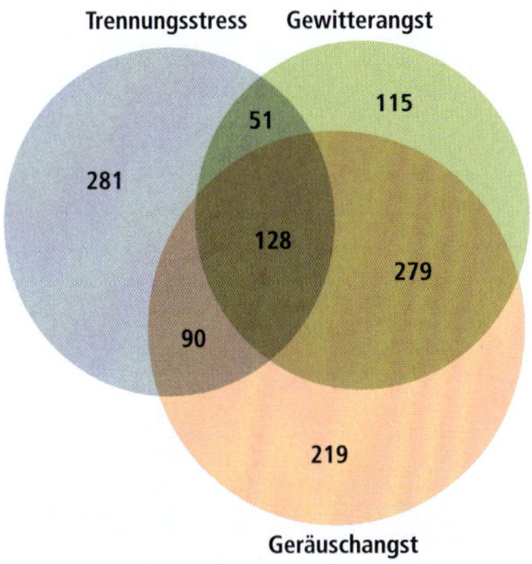

Abb. 3.12: Komorbidität zwischen Geräuschangst, Gewitterangst und Trennungsstress (Dienwoodie et al. 2019).

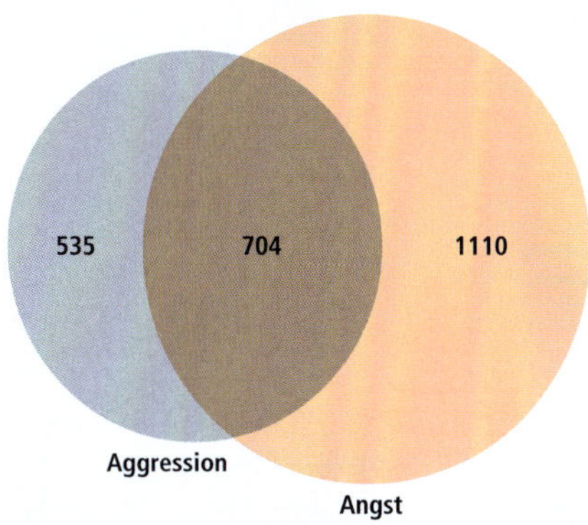

Abb.3.13: Mehr als die Hälfte der Hunde, die eine hohe Aggressivität aufweisen, zeigen auch eine erhöhte Ängstlichkeit.

Mit einer Gegenkonditionierung kann man die Angst vor Staubsaugern verringern.

an, dass ihr Vierbeiner auch häufig Angstsignale zeigt (siehe Abbildung 3.13). Das legt die Vermutung nahe, dass diese erhöhte Aggressivität aus Selbstschutzgründen entsteht. Weil diese Strategie im Regelfall zum Erfolg führt, also der Angst auslösende Reiz auf Abstand geht, kann sich dieses Verhalten dann schnell verfestigen (siehe Ängstlichkeit und Lernen).

ÄNGSTLICHKEIT UND LERNEN

Angst auslösende Reize werden durch klassische Konditionierung erlernt. Dieser Umstand wird zum einen genutzt, um im Labor gezielt Ängste herzustellen und deren Mechanismen zu untersuchen (siehe Infobox 3.12). Zum anderen ist das Wissen darum auch relevant, um geeignete Gegenmaßnahmen zu ergreifen.

GEGENKONDITIONIERUNG

Gegenkonditionierung ist dabei ein nützliches Vorgehen, um der vorher gemachten Verknüpfung entgegenzuwirken. Das bedeutet, dass bei jedem Auftreten des Angst auslösenden Reizes eine angenehme Situation folgt. Also beispielsweise wird der Furcht einflößende Staubsauger immer mit der Gabe von Leckerli verknüpft. Damit lernt der Hund mit der Zeit, dass Staubsauger gleich Leckerli bedeutet. Dadurch ist eine neue Bewertung der vorher Angst auslösenden Situation möglich.

Dass Gegenkonditionierung bei Ängsten sehr erfolgreich sein kann, wird durch die oben beschriebenen Untersuchungen von Stefanie Riemer (2020) zur Feuerwerksangst gestützt.

VERMEIDUNGSVERHALTEN

Aber auch auf der Ebene der operanten Konditionierung findet Lernen statt, das eine Angst verstärken kann. Einer der wichtigsten Grundlagen dabei ist die Tatsache, dass Vermeidungsverhalten stark selbstbelohnend ist. Dieser Mechanismus funktioniert über negative Verstärkung. Durch die Vermeidung der vermeintlich gefährlichen Situation nimmt die Angst ab, das Individuum ist erleichtert und kann sich wieder beruhigen. Diese Erleichterung

Infobox 3.12

FURCHTKONDITIONIERUNG UND FURCHTEXTINKTION

Das „Little-Albert-Experiment"

Dass Furcht und Angst durch Konditionierung erlernbar sind, hat Watson bereits in 1920 in seinen Experimenten mit dem Waisenjungen Albert gezeigt. Zunächst hat Watson dabei dem neun Monate alten Jungen verschiedene Tiere und Gegenstände präsentiert, unter anderem eine weiße Ratte und ein Kaninchen. Das Kind zeigte hier keinerlei Angstreaktion, sondern interessiertes Verhalten. Daraufhin wurde dem Jungen die Ratte erneut präsentiert, aber diesmal wurde gleichzeitig direkt hinter dem Kopf des Kindes mit einem Hammer auf eine Eisenstange geschlagen, sodass Albert aufgrund des lauten Geräusches erschrak. Bereits nach zweimaliger Wiederholung des gemeinsamen Auftretens weigerte sich Albert, die Ratte zu berühren. Nach der siebten Wiederholung zeigte er beim Anblick der Ratte eine massive Angstreaktion. Der Junge verknüpfte also die Ratte mit dem sehr lauten, unangenehmen Geräusch. Allerdings zeigte er nicht nur Angstreaktion beim Anblick der Ratte, sondern auch bei anderen, ähnlichen Reizen, wie zum Beispiel einem Kaninchen, einem Hund oder einem Baumwollbüschel. Mit der als „Little-Albert-Experiment" in die Psychologiegeschichte eingegangenen Untersuchung konnte Watson die Erlernbarkeit und Generalisierbarkeit von Angstreaktionen belegen.
Heutzutage sind solche Experimente aus ethischen Gründen natürlich nicht mehr durchführbar.

Laborversuche – Furcht

Heutzutage werden Furchtkonditionierungen mit Labortieren durchgeführt, um die komplexen körperlichen und psychischen Vorgänge von Angst und Furcht besser zu verstehen. Hierbei werden die Tiere, meist Mäuse oder Ratten, in einen Versuchskäfig mit einem Gitterboden gesetzt, der unter eine leichte, aber unangenehme Stromspannung gesetzt werden kann. Dann wird den Tieren beispielsweise ein Ton vorgespielt, auf den unmittelbar danach ein unangenehmer Stromreiz folgt. Nach mehrmaliger zeitlicher Paarung zwischen dem zuvor neutralen Ton und dem darauffolgenden Stromreiz werden die Versuchstiere schon beim Erklingen des Tons eine angstähnliche Reaktion zeigen, die sich in erster Linie durch ein Einfrieren äußert.

Furchtextinktion

Folgt keine Konsequenz mehr auf den aversiv konditionierten Stimulus, nimmt die Angstreaktion auf diesen Reiz immer mehr ab, bis die Situation schließlich wieder als ungefährlich bewertet wird und keinerlei Angstsignale mehr sichtbar sind. Diesen Vorgang nennt man Furchtextinktion, im deutschen Sprachgebrauch wird er auch Löschung genannt. Wichtig dabei ist, dass es sich dabei nicht um eine tatsächliche Löschung der Furcht handelt, sondern ein Lernvorgang zugrunde liegt, der eine Neubewertung der Situation ermöglicht. Das Individuum lernt also, dass der zuvor gefährliche Reiz nun harmlos ist.

fühlt sich für das Individuum angenehm an, wodurch das Vermeidungsverhalten zunimmt. Das Problem hierbei ist, dass durch das ständige Meiden einer als gefährlich wahrgenommenen Situation keinerlei Erfahrung gemacht werden kann, dass die Situation durchaus gemeistert werden könnte. Deswegen ist das – auch beim Menschen – eine häufige Ursache für Angstverhalten, das sich bis zur Angststörung steigern kann.

Um die Angst besiegen zu können, muss sich das Individuum also ein Stück weit aus seiner Komfortzone bewegen. Nur so kann die Lernerfahrung gemacht werden, dass die entsprechende Situation gar nicht so schlimm ist, wie wahrgenommen.

ANGSTMOTIVIERTE AGGRESSION

Aber auch angstmotivierte Aggression kann sich verstärken, wenn sie „Erfolg" hat. Wenn beispielsweise ein Hund sich an der Leine aggressiv verhält, weil er seinen Gegenüber vertreiben möchte, wird er in vielen Fällen aus eigener Wahrnehmung Erfolg haben, da das Gegenüber im Regelfall weitergeht. Der unangenehme Reiz verschwindet also vermeintlich aufgrund des Gebarens an der Leine. Mit dieser Lernerfahrung kann es passieren, dass der Vierbeiner zukünftig immer häufiger dieses vermeintlich wirkungsvolle Verhalten zeigt. Auch diesem Ablauf liegt eine negative Verstärkung zugrunde und wird ohne Training vermehrt auftreten.

Infobox 3.13

ZWEI-FAKTOREN-THEORIE VON MOWRER

Das Zwei-Faktoren-Modell von Mowrer ist ein lerntheoretisches Modell zur Angstentstehung und Aufrechterhaltung von Vermeidungsverhalten. Es vereint die Prinzipien der klassischen und operanten Konditionierung.

Klassische Konditionierung

Die Entstehung der Angst erfolgt durch klassische Konditionierung. Dabei wird ein aversiver, unkonditionierter Reiz, der eine natürliche, unkonditionierte Reaktion hervorruft, mit einem eigentlich neutralen Reiz verknüpft. Daraufhin wird die Angstreaktion schon gezeigt, wenn der vormals neutrale, jetzt konditionierte Reiz auftritt. Durch ein Angst auslösendes Ereignis entsteht also eine Vermeidungsreaktion.

Operante Konditionierung

Durch die Vermeidung des klassisch konditionierten Angstreizes kommt es zum Abfall der Anspannung, weil die vermeintlich gefährliche Situation umgangen werden kann.
Ein Gefühl der Erleichterung stellt sich ein, und es kommt zur negativen Verstärkung des Meideverhaltens. Die Flucht- und Vermeidungsreaktionen reduzieren zwar die Angst in der aktuellen Situation, tragen aber damit zu einer Aufrechterhaltung der Angst bei.
Beispielsweise könnte man sich vorstellen, dass ein Hund eigentlich keine Probleme mit Tunneln hat. Wenn es aber plötzlich einen lauten Knall gibt, während er sich im Tunnel befindet, zeigt er vermutlich eine Schreckreaktion. Je nachdem, wie beeindruckt der Hund von diesem Knall ist, ist es möglich, dass der Hund das laute Geräusch mit dem Tunnel verknüpft. Demzufolge würde der Vierbeiner nun schon bei der Annäherung an den Tunnel Angst zeigen und versuchen, ihn zu meiden (Klassische Konditionierung).
Durch die eintretende Erleichterung bei erfolgreicher Meidung kommt es zur Aufrechterhaltung des Vermeidungsverhaltens und Erwartungsangst. Zudem bleibt dabei die Erfahrung aus, dass der Tunnel an sich gar nicht so gefährlich ist. Es kann also nicht zur Furchtextinktion kommen. Ohne Training bleibt die Angst vor diesem Tunnel bestehen und es besteht die Gefahr, dass sie sich über Generalisierungsprozesse auch auf andere Tunnel ausweitet.

NEUROBIOLOGISCHE GRUNDLAGEN

BETEILIGTE HIRNSTRUKTUREN – AMYGDALA UND HIPPOCAMPUS

Um die Angstschaltkreise im Hirn zu untersuchen, werden häufig Experimente mittels Furchtkonditionierung durchgeführt. Dabei lernt das Versuchstier beispielsweise, dass auf einen bestimmten, eigentlich harmlosen Ton eine unangenehme Konsequenz folgt. Das Tier wird daraufhin schon beim Abspielen des Tons Angstsignale wie zum Beispiel Einfrieren zeigen.
Joseph LeDoux hat ausführlich zu Furchtkonditionierung geforscht. In seinen Studien konnte er zeigen, dass die Amygdala eine zentrale Rolle bei der Angst spielt. Die Informationen aus anderen Hirnarealen werden auf zwei unterschiedlichen Wegen hierhin geleitet. Zum einen kommt ein schnelles, aber grobes und fehleranfälliges Signal direkt vom Thalamus, der die wichtige Schaltstelle für die Informationen aus den Sinnesorganen ist. Erhält der Thalamus einen potenziell emotionalen Reiz (zum Beispiel ein lautes Geräusch), leitet er eine Skizze des Sinneseindrucks direkt weiter an die Amygdala. Dank dieser Verknüpfung können Lebewesen blitzschnell auf vermeintliche Gefahren reagieren. Da die direkt gesendete Information aber ungenau ist, kann es auch zu Fehlalarmen kommen, zum Beispiel, wenn man sich vor seinem eigenen Schatten erschrickt. Deswegen gibt es zusätzlich auch noch einen „bewussteren" Weg, der eine genauere kognitive Verarbeitung beinhaltet. Hierbei wird der Sinneseindruck vom Thalamus zunächst an den Cortex und den Hippocampus geleitet. Dort werden die Reize genauer analysiert, bevor sie die Amygdala erreichen. Die sensorischen Abschnitte im Cortex sorgen für eine differenziertere Wahrnehmung des Angstreizes, und der Hippocampus gleicht diese mit vorherigen Erfahrungen ab. Sowohl die Teile des Cortex als auch der Hippocampus sind mit der Amygdala verbunden und in der Lage, die Angstsituation genauer auszuwerten und den Reiz gegebenenfalls als ungefährlich einzuordnen.

HIPPOCAMPUS ALS SCHALTZENTRALE

Der Hippocampus dient also zum einen als Schaltstelle im limbischen System, der Informationen zu verschiedenen anderen Hirnregionen sendet, wo sie weiterverarbeitet

---

Infobox 3.14

AMYGDALA

Die Amygdala, aufgrund ihrer Form auch Mandelkern genannt, ist ein Teil des limbischen Systems. Eine ihrer wichtigsten Aufgaben besteht darin, emotionale Stimuli zu bewerten. Darunter fällt auch die Bewertung von Gesichtsausdrücken. Menschen, deren Amygdala nicht funktionstüchtig ist, haben Schwierigkeiten, ängstliche Mimik einer anderen Person zu erkennen. Einen wichtigen Beitrag zur Angst-Forschung leistete die Patientin S. M., die 1994 erstmals beschrieben wurde. Durch das sogenannte Urbach-Wiethe-Syndrom liegt bei ihr eine beidseitige Zerstörung der Amygdala vor. Dadurch ist es der Patientin nicht möglich, Furcht zu fühlen. Sie hat weder Scheu, gefährliche Spinnen oder Schlangen anzufassen, noch zeigt sie die üblichen Stressreaktionen bei Furcht einflößenden Filmen. Durch das fehlende Gefahrenbewusstsein erlitt sie mehrere gewalttätige und normalerweise traumatisierende Vorfälle, die bei ihr allerdings keinerlei sonst übliche Folgeschäden auslösten.

---

werden. In potenziell bedrohlichen Situationen leitet er die Informationen dabei nicht wie üblich zur Amygdala weiter, sondern an den präfrontalen Cortex, wo Entscheidungen getroffen werden (Ciocchi et al. 2015). Zudem ist er für Speicherung situativer Informationen und die Generierung von Erinnerungen zuständig. So verknüpft ein Tier im Konditionierungsexperiment nicht nur das harmlose Geräusch mit der Gefahr, sondern auch die Begleitumstände, vor allem die räumliche Situation. Furchtkonditionierte Ratten zeigen sich beispielsweise schon verschreckt, wenn man sie erneut in den Versuchskäfig setzt, in dem die Konditionierung stattfand. Tiere, bei denen der Hippocampus lädiert wurde, zeigen diese Angstreaktion auf den Käfig nicht mehr. Allerdings reagieren sie noch auf den gelernten Ton. Zerstört man hingegen die Amygdala, sprachen die Tiere weder auf den Ton noch auf den Versuchskäfig an. Der Hippocampus ist also für die Verarbeitung komplexer Situationen, wie zum Beispiel die räumliche Umgebung, wichtig und sorgt dafür, dass bestimmte Situationen mit vorher gemachten Erfahrungen abgeglichen werden. Dadurch können auch die kontextuellen Informationen eine emotionale Bedeutung erlangen.

In Gefahrensituationen werden immer auch die Begleitumstände mitgelernt.

PRÄFRONTALER CORTEX

Der präfrontale Cortex, also die Region im Hirn, der vor allem für die Risikoabschätzung, Impulskontrolle und Handlungsplanung zuständig ist, scheint vor allem bei der Furchtextinktion eine Rolle zu spielen. Er ist dafür zuständig, eine nicht länger gefährliche Situation als ungefährlich einzustufen und abzuspeichern. Diese Information wird an die Amygdala weitergegeben, deren Aktivität damit vermindert wird, sodass sich die Angstreaktion reduziert. Es handelt sich dabei um einen eigenständigen Lernprozess.

Tiere, bei denen die entsprechenden Regionen im präfrontalen Cortex lädiert wurden, haben Schwierigkeiten, eine zuvor gefährliche Situation als ungefährlich wahrzunehmen. Es braucht deutlich länger, bis bei diesen Individuen die Angstreaktion auf einen zuvor konditionierten aversiven Stimulus abnimmt (Canteras et al. 2010). Chronischer Stress kann zu einer reduzierten Aktivität des präfrontalen Cortex führen und damit die Fähigkeit mindern, eine vormals gefährliche Situation als nun ungefährlich zu bewerten. Da die Angstreaktion durch die Neubewertung nicht gelöscht, sondern lediglich gehemmt wird, ist es möglich, dass vermeintlich „gelöschte" Ängste vor allem in stressigen Situationen erneut auftreten können.

HORMONE UND NEUROTRANSMITTER

Angst auslösende Reize aktivieren das sympathische Nervensystem mit steigender Abgabe von Adrenalin und Noradrenalin und erhöhen dadurch Blutdruck und Herzschlag. Außerdem wird die Hypothalamus-Hypophysen-Nebennierenrinden-Achse aktiviert, die für höhere Cortisollevel sorgt. Cortisol ist als Stresshormon bekannt. Es wird im Regelfall einige Zeit nach stressigen Ereignissen ausgeschüttet und dient dazu, körpereigene Reserven zu mobilisieren, um auf eine wahrgenommene Gefahr reagieren zu können. In verschiedenen Studien konnte gezeigt werden, dass der Cortisolspiegel auch bei Hunden als Folge von stressigen Ereignissen ansteigt. Beispielsweise erhöht sich die Ausschüttung des Hormons nach einem plötzlichen lauten Geräusch, sozialer Isolation oder unwillentlicher räumlicher Einengung (zum Beispiel in einer Transportbox) (Beerda et al. 1998, 1999). In diesen Situationen kann der aktuelle Anstieg durch das Cortisollevel im Blut, Speichel, Urin oder Kot nachgewiesen werden. Wenn man aber einen Durchschnittswert des Cortisolspiegels über einen längeren Zeitraum messen möchte, könnten Fellproben hilfreich sein. Marcello Siniscalchi und Kollegen (2013) haben untersucht, inwieweit das Cortisol, das in Haaren gemessen werden kann, im Zusammenhang mit der allgemeinen Reaktivität des Hundes stehen. Dazu spielten die Wissenschaftler Hunden Gewittergeräusche vor und bewerteten, wie sehr gestresst sich die Tiere zeigten. Desweiteren wurde erhoben, wie lange die Hunde brauchten, um nach dem lauten Geräusch wieder Futter aufzunehmen. Zwei Wochen später nahmen die Wissenschaftler Fellproben, um den Cortisolwert zu bestimmen. Es zeigte sich, dass die Hunde, die sich in der Testsituation ängstlicher verhalten haben, in den Fellproben einen höheren Cortisolwert aufwiesen. Das deutet darauf hin, dass ängstliche Hunde generell einen höheren Basiscortisolwert haben. Ähnliche Zusammenhänge finden sich auch in Untersuchungen beim Menschen. Zu beachten ist bei der Interpretation des Cortisolwertes allerdings, dass es bei einer Dauerbelastung zu einem Zusammenbruch des Stresssystems kommen kann und die Stresshormonwerte trotz starkem Stress nicht steigen. In diesem Fall spricht man von „Hypocortisolismus". Dieser Mechanismus tritt unter anderem auch bei Menschen auf, die unter Depressionen oder Angststörungen leiden.

SEROTONIN UND NEGATIVE AFFEKTE

Eine Senkung des Serotoninspiegels im Hirn löst generell eine höhere Impulsivität aus. Tiere mit niedrigem Serotoninlevel reagieren also in vielen Bereichen emotionaler. Dazu gehört neben der Aggressivität auch die Ängstlichkeit. Auch wenn Serotonin die Intensität der Ängstlichkeit beeinflusst, tut es das im selben Ausmaß auch mit anderen negativen Emotionen (Panksepp & Biven 2012). Auch in Bezug auf die Ängstlichkeit scheint es einen umgekehrten Zusammenhang zu geben: Je niedriger die Serotoninlevel sind, umso größer ist die Wahrscheinlichkeit für ängstliches Verhalten. Dieser Zusammenhang konnte in Laborversuchen an verschiedenen Tierarten nachgewiesen werden. Daniela Alberghina und Kolleginnen (2017) haben das Verhalten von Tierheimhunden gegenüber einer fremden Person untersucht. Dabei näherte sich die Person zunächst dem Zwinger an, betrat im zweiten Schritt den Zwinger und führte den angeleinten Hund spazieren. Dabei wurde unter anderem der Serum-Serotonin-Gehalt analysiert und beobachtet, wie oft die Hunde Kontakt zur fremden Person aufnahmen. Die Daten ergeben, dass Hunde mit höheren Serotoninlevel häufiger den Kontakt zum fremden Menschen suchen. Sie reagieren also weniger scheu als die Artgenossen mit niedrigeren Serotoninspiegeln.

Serotoninrezeptor-Typen

Allerdings ist der Serotoninwert an sich nicht unbedingt aussagekräftig, vielmehr spielt auch die Verteilung der verschiedenen Serotoninrezeptor-Typen eine entscheidende Rolle. So scheint zumindest bei Mäusen und Ratten der Rezeptor Typ HT1B die inhibitorischen Effekte über die Aggression zu vermitteln, während der Rezeptor Typ HT1A eher die Angst hemmt. Das Fehlen dieses Rezeptors führt bei den betroffenen Tieren zu verstärktem Ängstlichkeitsverhalten (Lindsay 2013).

Es besteht ein Zusammenhang zwischen dem Serotoninspiegel und der Kontaktaufnahme bei Tierheimhunden.

Serotonintransporter-Gene

Verschiedene Kandidatengene werden mit der genetischen Grundlage von Angstverhalten in Verbindung gebracht. Wie auch bei der Aggressivität scheinen dabei unter anderem auch verschiedene Varianten des Serotonintransporter(SERT)-Gens eine Rolle zu spielen. Bei Menschen weisen die Träger bestimmter Varianten dieser Gene ein höheres Risiko auf, Angsterkrankungen zu entwickeln. Hierbei kommt es zu einem komplexen Zusammenspiel von genetischer Veranlagung sowie Umwelteinflüssen in bestimmten Phasen der Entwicklung, welches die Ausbildung der Ängstlichkeit mitbestimmt. Besonders gut erforscht ist das für verschiedene Varianten eines SERT-Gens. Dieses Gen kann entweder in einer langen oder in einer kurzen Form vorliegen. Da jedes Individuum zwei Allele, also zwei Ausgaben des Gens, besitzt, können sie entweder als zwei lange, zwei kurze oder eine lange und eine kurze Variante vorliegen. Dabei weisen Träger mit zwei langen Versionen eine niedrigere Ängstlichkeit auf als Individuen, die zwei kurze oder ein langes und ein kurzes Allel tragen. Dieser Unterschied konnte sowohl bei Menschen als auch bei Rhesusaffen festgestellt werden (Sachser & Lesch 2013).
In einem Versuch mit Mäusen hat man die Tiere genetisch so modifiziert, dass sie eine intakte und eine defekte oder zwei defekte Varianten des SERT-Gens besitzen. Um das Zusammenspiel zwischen der genetischen Grundlage und den Umwelteinflüssen näher zu untersuchen, wurden die Mäuseweibchen mit unterschiedlich ausgeprägten SERT-Genen während der Trächtigkeit und Säugephase in einer sicheren oder gefährlichen Umwelt gehalten. Eine gefährliche Umgebung wurde hergestellt, indem regelmäßig die Einstreu fremder Mäusemännchen in das Gehege eingebracht wurde. Unbekannte Männchen stellen eine wesentliche Gefahr für neugeborene Mäuse dar, weil es zu Kindstötungen kommen kann. Die „sichere“ Umgebung wurde hingegen mit neutraler Einstreu simuliert. Nicht überraschend zeigten die Nachkommen, die in der „gefährlichen“ Umgebung aufgewachsen sind, später eine größere Ängstlichkeit, als die Mäuse aus der „sicheren“ Umgebung. Dieser Effekt wurde aber zusätzlich stark von der SERT-Variante beeinflusst.
Die Tiere, bei denen beide Allele des SERT-Gens inaktiv waren, zeigten eine deutlich größere Ängstlichkeit als die Artgenossen mit intakten Allelen. Bei den Nachkommen, die in der sicheren Umwelt aufgewachsen sind, gab es keine wesentlichen Verhaltensunterschiede in Abhängigkeit der unterschiedlichen SERT-Varianten. Mehr über den Einfluss der Umwelt während der Trächtigkeit und des mütterlichen Verhaltens auf die Persönlichkeit des Nachwuchses im Kapitel „Persönlichkeitsentwicklung“.

Defekte SERT-Allele

Wie eingangs erwähnt, spielen die frühesten Erfahrungen eine entscheidende Rolle in der Entwicklung des Ängstlichkeitstypus. Aber auch noch im Erwachsenenalter können soziale Erfahrungen die Ängstlichkeit in Abhängigkeit vom SERT-Genotyp verändern. Wenn erwachsene Mäusemännchen bei einem kurzfristigen Zusammentreffen mit einem Rivalen eine Verlierer-Erfahrung machen, unterscheidet sich das danach gezeigte Angstniveau bei den unterschiedlichen SERT-Genotypen. Die Mäuse, die zwei defekte SERT-Allele trugen, zeigten sich als Konsequenz deutlich ängstlicher als die Individuen, die mindestens ein aktives SERT-Allel hatten (Jansen et al. 2010). Außerdem lernen Individuen mit zwei defekten SERT-Allelen wesentlich schlechter, dass ein zuvor gefährlicher Ort (an dem sie die Verlierer-Erfahrung gemacht haben) nun wieder sicher ist. Sie haben also eine schlechtere Furchtextinktion als die Artgenossen mit mindestens einem intakten Serotonintransporter-Allel.

Zusammenhang auch beim Menschen

Einen ähnlichen Zusammenhang zwischen dem SERT-Genotyp und der Auswirkung unangenehmer Erfahrungen während des Lebenslaufes konnte auch beim Menschen beobachtet werden (Caspi et al. 2003). Während der SERT-Typus an sich keinen Einfluss auf die Wahrscheinlichkeit hat, an Depression zu erkranken, zeigt sich mit wachsender Zahl an stressigen Lebensereignissen (wie zum Beispiel Scheidung, Tod eines Angehörigen oder ein Wechsel des Lebensumfeldes) ein zunehmender Effekt. Menschen mit zwei kurzen Varianten des Gens haben mit steigender Zahl an stressigen Lebensereignissen eine zunehmend höhere Wahrscheinlichkeit einer Depressionserkrankung als Träger zwei langer Versionen. Bei Personen mit einem langen und einem kurzen Allel bewegt sich das Risiko dazwischen.

Auch bei Hunden gibt es Polymorphismen im Serotonintransporter-Gen, jedoch ist der Zusammenhang mit ängstlichem Verhalten noch nicht hinreichend untersucht worden (Maejima et al. 2007). Allerdings wurde bei Hunden ein Zusammenhang zwischen einem der 14 bekannten Serotoninrezeptoren (5-HT2A) und dem Auftreten von Angststörungen gefunden. Simon Vermeire und Kollegen (2009) verglichen angstgestörte Hunde mit Artgenossen ohne Angststörungen und fanden in verschiedenen Hirnregionen eine niedrigere Rezeptorbindung an 5-HT2A bei den Vierbeinern mit angstbezogenen Störungen.

Oxytocin gilt als Gegenspieler des Cortisols.

DOPAMIN

Dem Dopamin kommt hinsichtlich der Ängstlichkeit eine Doppelrolle zu. Zum einen scheint es die Aktivität der Amygdala und damit die Intensität der Ängstlichkeit zu erhöhen. Patienten, bei denen höhere Werte des Neurotransmitters in der Amygdala gemessen wurden, reagierten stärker auf Bilder, die negative Emotionen auslösen (Kienast et al. 2008). Andererseits spielt Dopamin bei der Furchtextinktion eine wichtige Rolle. Für die Untersuchung wurden menschlichen Probanden zwei verschiedene geometrische Figuren gezeigt. Tauchte dabei ein bestimmtes geometrisches Symbol auf dem Bildschirm auf, erhielten die Probanden im Schnitt jedes zweite Mal einen unangenehmen Stromreiz. Bei der anderen Figur passierte nichts. Durch diese Furchtkonditionierung zeigten die Versuchsteilnehmer nach kurzer Zeit eine Angstreaktion bei dem entsprechenden Signal. Am folgenden Tag zeigten die Wissenschaftler den Probanden erneut die Symbole, jedoch diesmal ohne Stromreiz. Die Versuchspersonen sollten also die Erfahrung machen, dass beide Figuren nun harmlos sind. Ein Teil der Probanden schluckte direkt nach dieser harmlosen Erfahrung eine Dopamin-Vorstufe, während der andere Teil ein Placebo zu sich nahm. Daraufhin fiel die Angstreaktion derjenigen, die das Dopamin schluckten, schwächer aus. Dopamin scheint also die Neubewertung des zuvor Angst auslösenden Reizes zu erleichtern und führt damit zu einer schnelleren Furchtextinktion (Gerlicher et al. 2018).

Oxytocin wird bei der Interaktion zwischen Sozialpartnern ausgeschüttet.

OXYTOCIN UND DIE MACHT DER SOZIALEN UNTERSTÜTZUNG

Die Interaktion mit Menschen während stressigen Situationen kann einen beruhigenden Effekt haben und somit die Ängstlichkeit reduzieren. Bei Tierheimhunden wurde am zweiten oder dritten Tag nach der Ankunft im Tierheim Blut entnommen. Ein Teil der Hunde wurde in den folgenden 20 Minuten gestreichelt, der andere Teil nicht. Nach 20 Minuten wurde eine zweite Blutprobe entnommen. Die Messung der Cortisolwerte ergab, dass es nur bei den nicht gestreichelten Hunden zu einem Anstieg des Stresshormons kam. Bei den gestreichelten Hunden stieg der Stresswert hingegen nicht an (Hennessy et al. 1998). Ursächlich hierfür ist das Hormon Oxytocin. Oxytocin wird bei der Interaktion von Sozialpartnern ausgeschüttet. Es gilt als Gegenspieler des Cortisols und verringert durch Einwirkungen auf die Stressachse das Stressempfinden.

Eine wichtige Rolle kommt dem Oxytocin auch beim Extinktionslernen zu (Eckstein et al. 2015). Menschen, die einer Furchtkonditionierung unterzogen wurden, zeigten in der Extinktionsphase schneller eine verminderte Angstreaktion, wenn sie Oxytocin bekommen haben.Oxytocin verringert vermutlich die Aktivität der Amygdala und verstärkt die des Präfrontalen Cortex. Somit konnte der zuvor Angst auslösende Reiz schneller neu bewertet werden, und es kommt zu einer Reduktion der Angstreaktion.

GABA

Ein weiterer Botenstoff, der eine hemmende Wirkung hinsichtlich der Ängstlichkeit hat, ist die Gamma-Aminobuttersäure, auch GABA genannt. Dieser gilt als wichtigster hemmender Neurotransmitter im zentralen Nervensystem. Bei einem Mangel an GABA kommt es zu einer Überreizung und Generalisierung der Erregung, die in generalisierten Ängsten münden kann. Neben Oxytocin und Dopamin spielt auch dieser Neurotransmitter eine wichtige Rolle bei der Furchtextinktion.

WIE MISST MAN ÄNGSTLICHKEIT?

Die „Dog Mentality Assessment"-Testbatterie umfasst verschiedene Testsituationen, die die Ängstlichkeit messen sollen. Dazu gehört ein Schuss, eine über ein Wellblech gezogene scheppernde Metallkette und ein direkt vor dem Hund plötzlich erscheinender menschenähnlicher Dummy, meist in Form eines Overalls, der direkt vor dem Hund ruckartig aufgespannt wird. Die Hunde sind hier also sehr intensiven Reizen ausgesetzt, die starke Schreckreaktionen auslösen können. Genau genommen wird eher die Schreckhaftigkeit als eine allgemeine Ängstlichkeit gemessen. Aufgrund der hohen Reizintensität bestehen hier zwei Gefahren: Da die einzelnen Testsituationen direkt hintereinander durchgeführt werden, ist es zum einen möglich, dass es zu einer Sensibilisierung kommt. Wenn der Hund beispielsweise in einer der ersten Testsituationen stark erschreckt, reagiert er möglicherweise aufgrund des erhöhten Stresslevels auch in den folgenden Tests mit stärkerem Angstverhalten. Dadurch wird der Hund gegebenenfalls ängstlicher eingeschätzt als er sich im Alltag verhalten würde. Andersherum könnte auch eine Habituation, also Gewöhnung, eintreten. Vor allem, wenn der Hund wiederholt die gleiche Testbatterie durchläuft, beispielsweise weil die Entwicklung der Ängstlichkeit im Verlauf des Lebens gemessen werden soll, könnte es passieren, dass er sich an die spezifischen Reize gewöhnt und deswegen eine weniger stark ausgeprägte Angstreaktion zeigt. Auch dadurch kann die Einschätzung verzerrt werden. Das trifft auch auf andere Verhaltenstests zur Messung der Ängstlichkeit zu. Aus diesen Gründen kann es schwierig sein, die Ergebnisse aus diesen Tests auf den normalen Alltag zu übertragen.

Es ist also nicht so einfach, eine generelle Ängstlichkeit in standardisierten Tests zu messen. Vor allem bei Testbatterien besteht die Gefahr einer Verzerrung durch Sensibilisierung und Habituation. Dementsprechend ist die Übertragbarkeit in den Alltag fraglich.

Ein ängstlicher Welpe kann gezielt trainiert werden und so später weniger ängstlich reagieren.

WELPENTESTS

Die Aussagekraft von Welpentests über das Verhalten im Erwachsenenalter ist hinsichtlich der Ängstlichkeit – wie bei anderen Persönlichkeitsmerkmalen auch – eher gering. In einem Übersichtsartikel, in dem 31 „Persönlichkeitstests" für Welpen ausgewertet wurden, zeigte sich, dass die Ängstlichkeit die am wenigsten beständige Persönlichkeitsdimension war (Fratkin et al. 2013). Beispielsweise gab es in einem Test für Waffen- und Sprengstoffsuchhunde eine umgedrehte Korrelation zwischen der Angst vor rutschigen Oberflächen mit 8 Wochen und bei einer wiederholten Testung mit 11 Monaten. Die Welpen, die sich also mit 8 Wochen besonders ängstlich in dieser Situation verhielten, hatten mit 11 Monaten eher die wenigsten Probleme mit der gleichen Situation (Rooney et al. 2003). Möglicherweise

Infobox 3.15

FRAGEN ZUR ÄNGSTLICHKEIT IM C-BARQ

Der Hund reagiert ängstlich, wenn:
- eine unbekannte erwachsene Person außerhalb der Wohnung direkt auf ihn zukommt.
- ein unbekanntes Kind außerhalb der Wohnung direkt auf ihn zukommt.
- plötzliche oder laute Geräusche auftreten (z. B. Staubsauger, herunterfallende Gegenstände, Presslufthammer etc.).
- eine unbekannte Person zu Besuch kommt.
- eine unbekannte Person versucht, den Hund anzufassen oder zu streicheln.
- starker Verkehr herrscht.
- ein seltsamer oder unbekannter Gegenstand auf oder neben dem Gehweg steht (z. B. Mülltüten, Laubhaufen, wehende Fahnen etc.).
- er vom Tierarzt untersucht wird.
- Gewitter, Feuerwerk oder ähnliche Ereignisse auftreten.
- ein unbekannter gleichgroßer oder größerer Hund direkt auf ihn zukommt.
- ein unbekannter kleinerer Hund direkt auf ihn zukommt.
- er mit unbekannten Situationen konfrontiert wird (z. B. erste Autofahrt, erste Fahrt mit dem Aufzug, erster Tierarztbesuch usw.).
- Wind weht oder Objekte vom Wind bewegt werden.
- seine Krallen von einer vertrauten Person gestutzt werden.
- er von einer vertrauten Person gebürstet oder gebadet wird.
- seine Pfoten von einer vertrauten Person abgetrocknet werden.
- ein unbekannter Hund zu Besuch kommt.
- er von einem unbekannten Hund angebellt oder angeknurrt wird.

ergibt sich diese Diskrepanz aus der Tatsache, dass die „Schwächen" des Welpen durch die Testung aufgedeckt wurden und diese problematischen Situationen gezielt trainiert werden können. Um also möglichem Problemverhalten im Erwachsenenalter vorzubeugen, ergibt die Einschätzung des Welpenverhaltens durchaus Sinn.

ERFASSUNG DURCH FRAGEBÖGEN

Die Erhebung der Ängstlichkeit durch die Befragung der Besitzer hat den Vorteil, dass diese den Hund über einen längeren Zeitraum und in verschiedenen Alltagssituationen beobachten können. Dadurch ergibt sich ein realistischeres Bild für das alltägliche Zusammenleben. Der C-BARQ unterscheidet dabei, ähnlich wie bei der Aggressivität, zwischen drei möglichen Auslösern: Ängstlichkeit gegenüber Menschen, Ängstlichkeit gegenüber Hunden sowie Ängstlichkeit in Bezug auf unsoziale Reize. Jede dieser Fragen kann auf einer Fünf-Punkte-Skala beantwortet werden, deren Abstufungen wie folgt aussehen:

0 = Keine Angst (keine sichtbaren Anzeichen von Angst)
1–3 = Milde bis moderate Angst
4 = Extreme Angst (weicht zurück, duckt sich, versteckt sich)

Aber auch bei dieser Methode gibt es einige Fallstricke zu beachten. Auch hier kann es zu einer Fehleinschätzung des Verhaltens kommen. Vor allem unerfahrene Hundebesitzer beschreiben ihren Vierbeiner häufiger als ängstlich gegenüber anderen Hunden, vor Verkehr und lauten Geräuschen (Jagoe & Serpell 1996). Zum einen wäre es möglich,

Vor allem im letzten Trächtigkeitsdrittel können erhöhte Stresslevel der Mutterhündin Störungen in der Hirnentwicklung der Welpen begünstigen.

dass Ersthundebesitzer das Verhalten ihres Hundes falsch einschätzen, weil sie beispielsweise weniger Grundkenntnisse im Ausdrucksverhalten haben. Andererseits besteht aber auch die Möglichkeit, dass diesen Besitzern das nötige Wissen fehlt, um dem ängstlichen Verhalten angemessen und hilfreich zu begegnen.

FAKTOREN, DIE ÄNGSTLICHKEIT BEEINFLUSSEN

Wie bei anderen Persönlichkeitsmerkmalen auch, sind sowohl genetische Faktoren als auch Umwelteinflüsse an der Ausprägung der Ängstlichkeit beteiligt. Vor allem in den sehr frühen Lebensphasen, also schon vor der Geburt sowie im Zeitraum kurz nach der Geburt, ist der Organismus für äußere Einflüsse empfänglich, weil sich die neuronalen Schaltkreise des Gehirns noch weitgehend verändern. Wenn Mütter während der Trächtigkeit starken Belastungen ausgesetzt waren, zeigte sich bei den Nachkommen häufiger eine erhöhte Ängstlichkeit. Dieser Effekt tritt auf, da Umweltstressoren zu veränderter Hormonausschüttung beim Muttertier führen. Diese Hormone, vor allem die Glukokortikoide (z. B. Cortisol), Katecholamine (z. B. Adrenalin) und Sexualsteroide (z. B. Testosteron), können teilweise die Plazenta passieren und in den Blutkreislauf des Fötus gelangen, wo sie das sich entwickelnde zentrale Nervensystem beeinflussen. Auch wenn dieser Effekt auf den ersten Blick nachteilig erscheint, so gibt es doch evolutionäre Vorteile. Die hormonelle Beeinflussung durch das Muttertier bewirkt eine Veränderung des Verhaltensprofils der Nachkommen dahingehend, dass sie ängstlicher reagieren und sich somit in der vermeintlich gefährlichen Umgebung vorsichtiger verhalten. Dadurch haben sie bessere Überlebenschancen (Sachser et al. 2011). Allerdings führen zu hohe Level an Stresshormonen in ungünstigen Entwicklungsphasen zu einem erhöhten Risiko von Störungen bei der Gehirnentwicklung und daraus resultierende psychische Folgen wie zum Beispiel Angststörungen. Dieses Risiko ist vor allem im letzten Trächtigkeitsdrittel besonders hoch.

STUDIE BEI SCHAFEN

Eine Studie bei Schafen zeigt, dass in den letzten Trächtigkeitswochen auch nicht-traumatisierende Stressreize ausreichen, um die Ängstlichkeit des Nachwuchses zu beeinflussen. Dabei haben einige der trächtigen Schafe in den letzten 6 Wochen der Trächtigkeit ausschließlich angenehme Interaktionen mit den Tierpflegern erlebt. Eine andere Gruppe trächtiger Schafe wurden in diesem Zeitraum mit milden Stressoren während der Interaktionen mit den Pflegern ausgesetzt. Das bedeutet, sie wurden zu unregelmäßigen Zeiten gefüttert und getränkt, die Pfleger machten unberechenbare, schnelle Bewegungen und verhielten sich allgemein laut. Die Lämmer der gestressten Schafe zeigten eine erhöhte Ängstlichkeit. Zudem wiesen sie Veränderungen im Präfrontalen Cortex sowie im Hippocampus auf – also in Hirnregionen, die für die Entstehung und Regulierung von Emotionen zuständig sind (Coulon et al. 2013). Auch wenn es keine direkten Untersuchungen mit Hunden zu diesem Thema gibt, heben viele Studien mit unterschiedlichen Tieren die Bedeutung dieser frühen Lebensphase auf die Persönlichkeitsentwicklung – vor allem in Bezug auf die Ängstlichkeit – hervor. Aber nicht nur die vorgeburtliche Phase, sondern auch negative Erfahrungen in der frühen Kindheit wie fehlende Zuwendung oder Misshandlungen stehen im Zusammenhang mit erhöhter Ängstlichkeit. Trotz der hohen Bedeutung dieser frühen Lebensphasen sind die Angstschaltkreise im zentralen Nervensystem auch bis ins Erwachsenenalter veränderlich.

Nachkommen von gestressten Schafmüttern zeigen eine höhere Ängstlichkeit.

FURCHTENTWICKLUNG

Die Fähigkeit, Angst zu empfinden und Meideverhalten zu zeigen, bildet sich beim Hund erst im Verlauf der ersten Lebenswochen heraus. Zwar zeigen Welpen schon früher Schreckreaktionen, diese sind aber eher reflexhaft und von sehr kurzer Dauer und unterscheiden sich von einer aktiven angstinduzierten Meidereaktion (Lord et al. 2012).

Eine Voraussetzung dafür ist die Reifung neurophysiologischer Strukturen, die es dem Welpen ermöglichen, Angst in dem Maß zu spüren, um eine aktive Reaktion auszulösen. Außerdem muss die neuromuskuläre Koordination ausgereift sein, um diese Reaktion ausführen zu können. Der Zeitraum, der benötigt wird, um die erste Angstreaktion zu zeigen, hat auch Einfluss auf die Länge der Sozialisierungsphase. Je später nämlich die erste Angstreaktion gezeigt wird, umso länger kann das Individuum seine Umgebung angstfrei kennenlernen und sich an diverse Umwelt- und soziale Reize gewöhnen. So ist ein Merkmal von domestizierten Tieren, dass sie einen längeren Sozialisationszeitraum haben als ihre wilden Verwandten. Bei Wölfen zeigt sich beispielsweise die erste anhaltende Angstreaktion mit ungefähr 19 Tagen, bei Hunden wurde diese Reaktion erst ungefähr mit 49 Tagen beobachtet (Coppinger & Coppinger 2001). Damit verlieren Wölfe viel früher ihre „Offenheit" für neuartige Umweltreize, weswegen es einer sehr intensiven Sozialisierung bedarf, wenn man sie mit Menschen vergesellschaften möchte. Zudem findet bei ihnen keine Generalisierung auf neue Menschen statt (Lord 2012). Die Wölfe akzeptieren dann also den Umgang mit ihren Aufzuchtpersonen, bleiben aber fremden Menschen gegenüber weiterhin misstrauisch. Bei Hunden hingegen reichen im Regelfall angenehme Erfahrungen mit wenigen verschiedenen Menschen, um auch auf unbekannte Personen zuzugehen.

UNTERSCHIEDE ZWISCHEN RASSEN

Aber nicht nur zwischen Wolf und Hund, sondern auch zwischen den Rassen gibt es enorme Unterschiede bezüglich des Alters, in dem das erste Mal eine angstbedingte Meidereaktion auftritt. Der unterschiedliche Zeitpunkt der Entwicklung der Angstreaktion kann damit einen Einfluss auf rassebedingte Unterschiede hinsichtlich der Ängstlichkeit haben. Mary Morrow und Kolleginnen (2015) verglichen den Beginn der Angstphase bei insgesamt 98 Welpen drei verschiedener Rassen. Die Welpen wurden ab einem Alter von 4 – 5 Wochen wöchentlich vier verschiedenen Tests unterzogen bis sie 10 Wochen alt waren. Diese Tests beinhalteten die Konfrontation mit einem sich bewegenden Spielzeug und einem lauten Geräusch. Außerdem wurde der Welpe auf eine kleine Erhöhung sowie auf ein Schaukelbrett gesetzt. Die Wissenschaftlerinnen protokollierten dabei, inwieweit eine angstbedingte Meidereaktion auftrat und ob die Welpen sich abduckten. Untersucht wurden zu je einem Drittel Deutsche Schäferhunde aus deutschen und tschechischen Arbeitslinien, Yorkshire Terrier und Cavalier King Charles Spaniels. Das durchschnittliche Alter beim erstmaligen Auftreten einer Angstreaktion unterschied sich enorm zwischen diesen drei Rassen.

Während die Deutschen Schäferhunde im Schnitt bereits im Alter von 39,4 Tagen die erste Angstreaktion zeigten, waren es bei den Yorkshire Terriern 42,2. Mit Abstand am spätesten setzte die Angstreaktion bei den Cavalier King Charles Spaniels ein. Bei ihnen trat sie durchschnittlich erst mit 55,1 Tagen auf – also mehr als zwei Wochen später als bei den Deutschen Schäferhunden. Nicht nur bezüglich der Angstreaktion sondern auch generell scheinen Cavalier King Charles Spaniels im Vergleich zu anderen Rassen eine langsamere Entwicklung zu haben. Sie öffnen die Augen später, nehmen

Wann sich die Furchtreaktion bei Welpen entwickelt, ist auch von der Rasse abhängig.

später feste Nahrung zu sich und auch ihr Erkundungsverhalten tritt verzögert ein, und sie sind generell weniger mobil. Durch den späteren Zeitpunkt der Angstausprägung haben Cavalier King Charles Spaniels eine längere Periode, in der sie die Welt angstfrei kennenlernen können. Das trägt vermutlich auch dazu bei, dass diese Rasse meist weniger stark ausgeprägte Ängstlichkeit aufweist (Morrow et al. 2015).

EINSCHNEIDENDE FURCHTREAKTIONEN BEI WELPEN

Bei Hunden tritt also im Alter von sechs bis acht Wochen die erste Furchtreaktion auf, während vorher die Neugier überwiegt. Die negativen Erfahrungen, die daraufhin gemacht werden, können die Ausprägung der Ängstlichkeit stark beeinflussen. Vor allem in der achten und neunten Woche scheinen unangenehme Erlebnisse besonders

Im Alter von 8 – 9 Wochen prägen sich negative Erfahrungen besonders tief ein. Daher ist ein stabiles Umfeld wichtig.

einschneidend zu sein, wie eine Untersuchung aus den 60er-Jahren zeigt. Die Wissenschaftler haben untersucht, wie während der Sozialisierungsphase ein aversiver Reiz (in diesem Fall ein Stromreiz) das Annäherungsverhalten an einen Menschen beeinflusst (Fox & Stelzner 1966). Um eine Meidereaktion zu konditionieren, wurde den Welpen unterschiedlichen Alters fünf Tage hintereinander ein Stromreiz verabreicht, sobald sie sich einer Testperson annäherten. Die Welpen der Kontrollgruppe machten jeweils angenehme soziale Erfahrungen, wenn sie der Testperson näherkamen. Eine Woche später erfolgten erneut mehrere Annäherungsdurchgänge, aber diesmal gab es keinen Stromreiz mehr für die Welpen. Die Wissenschaftler haben gemessen, wie schnell sich die Welpen von der vorher gemachten, stark unangenehmen Erfahrung erholen und sich trotzdem der Versuchsperson annähern.

Die Ergebnisse zeigen, dass sich diejenigen Welpen, die während der Schockphase fünf bis sechs Wochen alt waren, die Testperson zwar während der Schockphase stark meiden, aber sich nach einer Woche Erholungszeit wieder problemlos annähern. Bei den Welpen im Alter von acht bis neun Wochen hatte die Schockerfahrung allerdings nachhaltigere Wirkung. Sie mieden die Testperson in der Testphase und näherten sich ihr auch nach der Woche Erholungszeit nicht mehr an, auch wenn diese eine Futterbelohnung anbot. Waren die getesteten Welpen während der Schockphase schon 12 bis 13 Wochen alt, beeindruckte sie der aversive Reiz deutlich weniger. Sie zeigten kaum Meideverhalten und näherten sich auch nach der Erholungszeit der Versuchsperson an.

Es scheint also, dass traumatische Erfahrungen in den ersten Lebenswochen vor allem dann einen nachhaltigen Einfluss auf das ängstliche Verhalten haben, wenn sie im Alter von acht bis neun Wochen auftreten. Diese Information ist vor allem relevant, da Welpen häufig in diesem Alter in ihr neues Zuhause ziehen. Die neuen Besitzer sollten also insbesondere in dieser Anfangszeit darauf achten, dass der Welpe möglichst wenig negative Erfahrungen macht.

Aber auch nach der ersten Sozialisierungsphase sollten Hunde ausreichenden Kontakt mit Umwelt- und Sozialreizen haben, um einer späteren Ängstlichkeit entgegenzuwirken. Eine weitere frühe Untersuchung zeigt, dass Welpen, die in den ersten Wochen eine gute Sozialisierung erfahren haben, sich scheu und ängstlich gegenüber fremden Menschen und neuen Situationen verhalten, wenn sie im Alter von drei bis sechs Monaten in Zwingerhaltung mit nur wenig Kontakt zu Menschen gehalten wurden (Pfaffenberger & Scott, 1959).

RASSEDISPOSITION

Die Auswertung des C-BARQ hinsichtlich der Ängstlichkeit bei verschiedenen Rassen ergibt deutliche Unterschiede (Serpell & Duffy 2014, siehe Tabelle 3.5). Auffällig ist dabei, dass die gleichen Gruppen von Hunderassen in den unterschiedlichen Kontexten ähnlich abschneiden. Fast ohne Ausnahme gehören die Hundetypen mit der höchsten Ängstlichkeitsausprägung zu kleinen Rassen, darunter oft die Zwerg- beziehungsweise Miniaturversionen (zum Beispiel Zwergdackel und Zwergpudel). Sechs dieser Rassen schneiden in allen Kontexten mit überdurchschnittlich hohen Werten ab (Chihuahua, Dackel, Zwergdackel, Malteser, Zwergpudel und Yorkshire Terrier). Im Gegensatz dazu schneiden viele kurzköpfige Rassen, wie zum Beispiel Boston Terrier, Englische Bulldoggen, Französische Bulldoggen und Möpse, mit unterdurchschnittlichen Werten ab, ebenso wie Labrador und Golden Retriever, Rottweiler sowie Sibirian Husky. Sie reagieren also in den unterschiedlichen Kontexten selten ängstlich.

☞ 3.5 RASSEN MIT DEN HÖCHSTEN UND NIEDRIGSTEN WERTEN BEI DEN VERSCHIEDENEN AUSPRÄGUNGEN DER ÄNGSTLICHKEIT

nach Serpell & Duffy 2014

	ANGST GEGENÜBER FREMDEN	ANGST GEGENÜBER HUNDEN	UNSOZIALE ÄNGSTE
Hoch	Chihuahua, (Zwerg-)Dackel	Chihuahua, Zwergdackel, Malteser	Chihuahua, Zwergdackel, Yorkshire Terrier
Niedrig	Golden Retriever, Rottweiler, Sibirian Husky	Dobermann, Labrador, Rottweiler, Sibirian Husky	Dobermann, Rottweiler, Sibirian Husky

GENETISCHER ZUSAMMENHANG ZWISCHEN GRÖSSE UND PERSÖNLICHKEITSAUSPRÄGUNG

Sicherlich spielt die genetische Grundlage bei der Varianz der Ausprägungen eine Rolle. Molekularbiologen konnten ein Gen identifizieren, das IGF1-Gen, das in allen Kleinrassen vorhanden ist, aber bei Wölfen und anderen Wildcaniden fehlt und bei großen Hunden selten auftritt. IGF1, Insulin-ähnlicher Wachstumsfaktor 1 (oder englisch: Insulin-like growth factor 1), ist ein überwiegend in der Leber, aber auch im Fettgewebe hergestelltes Hormon. Schon in frühen Untersuchungen wurde gefunden, dass beispielsweise bei Zwergpudeln niedrigere Level an IGF1 vorliegen als bei Pudeln in Standardgröße (Eigenmann et al. 1984). Studien an Deutsch Kurzhaar ergaben zudem einen umgekehrten Zusammenhang zwischen dem Serumlevel an IGF1 und der Ausprägung der Ängstlichkeit (Uhde et al. 1992). Dieses Ergebnis legt die Vermutung nahe, dass IGF1 nicht nur einen Einfluss auf die Größe eines Hundes hat, sondern auch dessen Verhalten beeinflusst. Das ist möglicherweise die Ursache für die höhere Reaktivität und Erregbarkeit sowie Ängstlichkeit und Aggressivität bei kleinen Hunden. Ein genetischer Zusammenhang zwischen Größe und Persönlichkeitsausprägungen ergibt auch aus einer evolutionären Sicht Sinn, da kleine Individuen angreifbarer sind als größere. Selbstverständlich ist es aber auch möglich, dass die beobachtete Wechselbeziehung aufgrund von Umweltfaktoren und damit einhergehende Lernerfahrungen zustande kommt. Kleine Hunde könnten dabei schneller lernen, Risiken zu vermeiden und vermeintlichen Gefahren vorsorglich mit Angriff beziehungsweise Flucht zu begegnen. Als weiterer Faktor kommt hier natürlich noch der Besitzer sowie der Züchter zum Tragen. Diese sind zum einen aufgrund der Größe des Hundes vielleicht toleranter gegenüber Fehlverhalten. Außerdem haben sie möglicherweise selbst mehr Angst um ihren Vierbeiner, sodass sie ihm weniger eigene Erfahrungen sowie Sozialkontakte ermöglichen und ihre eigene Anspannung auf den vierbeinigen Begleiter übertragen.

Verschiedene Kleinrassen gelten als besonders ängstlich.

ÄNGSTLICHKEIT UND IHRE FOLGEN

Dass anhaltender Stress keinen positiven Einfluss auf die Lebenserwartung hat, konnte bereits bei verschiedenen Tierarten nachgewiesen werden. Da mit einer erhöhten Ängstlichkeit auch ein erhöhtes Stresslevel einhergeht, liegt die Vermutung nahe, dass auch dadurch die Lebenserwartung beeinflusst wird. Tatsächlich scheint dieser Zusammenhang auch bei Hunden zu bestehen. Vor allem Hunde, die starke Angst vor unbekannten Menschen haben, scheinen im Vergleich zu Hunden ohne Fremdenangst eine um bis zu 6 Monate verkürzte Lebenserwartung zu haben. Vermutlich führt dieser anhaltende Stress dazu, dass auf molekularer Ebene ein beschleunigter Alterungsprozess in Gang gesetzt wird, der anfälliger für verschiedene Erkrankungen macht und damit zum früheren Tod führen kann (Dreschel 2010).

Gestresste Hunde haben ein höheres Risiko, bereits in jungen Jahren zu ergrauen. Das heißt im Umkehrschluss nicht, dass graue Hunde immer auch mehr Stress haben.

Dass durch Ängstlichkeit ausgelöster, anhaltender Stress zu schnelleren Alterungsprozessen führt, wird durch die Tatsache gestützt, dass ängstliche Hunde eine höhere Wahrscheinlichkeit haben, frühzeitig zu ergrauen. Camille King und Kolleginnen (2016) werteten dazu Fotos von Hundeschnauzen aus und bewerteten sie auf einer Skala von „Kein Grau" bis „Voll Grau" (siehe Abbildung 3.14). Außerdem gaben die Besitzer per Fragebogen Auskunft darüber, in welchen Situationen ihr Hund ängstlich reagiert. Die Auswertung dieser Daten ergibt einen Zusammenhang zwischen der Ängstlichkeit in verschiedenen Situationen und vorzeitigem Ergrauen. Hunde, die Angst vor fremden Menschen, Artgenossen oder Geräuschen zeigen, haben ein höheres Risiko, bereits im Alter von zwei bis vier Jahren an der Schnauze zu ergrauen. Anhaltender Stress ist dabei natürlich nur ein Faktor, der eine frühe Grauwerdung beeinflusst. Daneben spielen zum Beispiel auch genetische Einflüsse eine Rolle. Es gilt also nicht im Umkehrschluss, dass alle Hunde, die früh ergrauen, auch anhaltenden Stress haben.

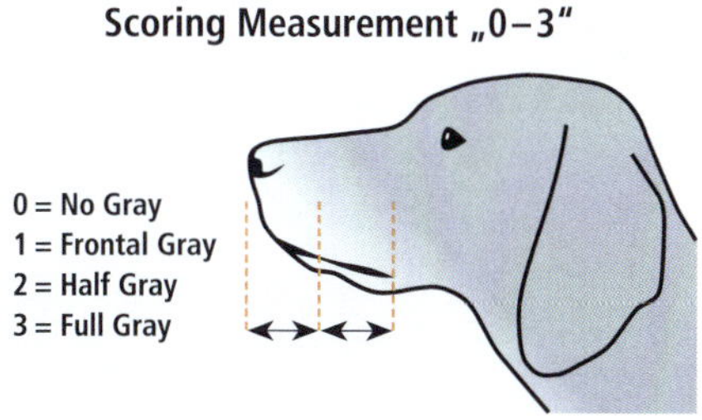

Abb. 3.14: Abstufungen zur Einschätzung des Ergrauens

GENETISCHE FAKTOREN

— *Ist Persönlichkeit erblich?*

EINFLUSS DER GENE AUF DAS VERHALTEN

Dass Gene nicht nur einen starken Einfluss auf äußere Merkmale, sondern auch auf das Verhalten eines Individuums haben, wird schon im Hinblick auf die Domestikation des Hundes klar. Als Domestikation bezeichnet man den Prozess, bei dem eine Wildtierart mittels Zuchtselektion durch den Menschen zu einem Haus- beziehungsweise Nutztier wird. Die bewussten oder unbewussten Auswahlkriterien des Menschen ersetzen also eine natürliche evolutionäre Entwicklung. Dieser Veränderungsprozess findet über Generationen hinweg statt und verändert den Genpool der Art. Wie bei den meisten domestizierten Tierarten wurde auch beim Hund in erster Linie auf Zahmheit selektiert. Das bedeutet, im Gegensatz zum Wolf entwickelt der Hund eine wesentlich weniger ausgeprägte Ängstlichkeit und hat damit eine deutlich geringere Fluchtdistanz. Das lässt sich vor allem damit erklären, dass die Ausreifung des Stresssystems beim Hund länger benötigt als beim Wolf. Die Entwicklung der Scheu beziehungsweise der Furchtreaktion findet bei einem Hund also einige Wochen später statt als bei einem Wolf (Lord 2012). Somit ergibt sich ein viel größeres Zeitfenster, in dem er sich an Menschen und die damit zusammenhängenden Umweltreize gewöhnen kann.

Der Domestikationsprozess hat einen großen Einfluss auf die Persönlichkeit des Hundes.

Das „Eye" beim Border Collie ist ein rassetypisches Merkmal.

MORPHOLOGISCHE ÄNDERUNGEN

Neben diesem bewusst selektierten Merkmal der Zahmheit stellen sich während des Domestikationsprozesses ganz typische morphologische Änderungen ein, wie zum Beispiel eine Verkleinerung der Zähne sowie Verkürzung der Schnauze, häufigere Weißzeichnung im Fell, hängende Ohren und gekringelte Ruten – obwohl auf diese Merkmale nicht bewusst selektiert wurde. Bereits Darwin fiel dieser Zusammenhang auf, den er sich nicht erklären konnte, und auch in den berühmten Silberfuchsexperimenten von Belayev (siehe Infobox 4.1) trat dieses Phänomen auf.

PROZESSE IM FRÜHEN STADIUM DER EMBRYONALENTWICKLUNG

Vermutlich entsteht der Zusammenhang zwischen Zahmheit und diesen typischen Domestikationsmerkmalen aufgrund einer Änderung der Aktivität der sogenannten Neuralleisten-Gene (Wilkins et al. 2014). Der grundlegende Prozess findet hier während der Neurulation, einem frühen Stadium der Embryonalentwicklung, statt. Beim Menschen passiert das ungefähr am 19. Tag der Schwangerschaft. Zu diesem Zeitpunkt hat der Embryo die Größe eines Mohnsamens. Während der Neurulation formieren sich die vorhandenen Zellen je nach ihrer Bestimmung um. Dabei bildet sich unter anderem das Neuralrohr, das sich später zum Rückenmark und Gehirn weiterentwickelt. Weiterhin entsteht die Epidermis, aus der später vor allem die Haut und die Sinnesorgane hervorgehen. Der für die Domestikation besonders relevante Teil ist die sogenannte Neuralleiste. Neben den Nebennieren und Bestandteilen des sympathischen Nervensystems gehen aus ihr auch Pigmentzellen und Zellen, die bestimmte Knorpel und Knochen bilden, hervor. Aus der veränderten Neuralleistenaktivität resultiert zunächst eine geringere Aktivität der Nebennieren, die weniger Adrenalin und Cortisol bilden. Damit ist das Stressempfinden und folglich die Furchtreaktion beim domestizierten Tier reduziert. Gleichzeitig bringen die veränderten Neuralleistenzellen auch eine Umgestaltung verschiedener Knochen- und Knorpelstrukturen mit sich.

WAS VERERBT WERDEN KANN

Dass die allermeisten äußerlichen Merkmale eines Hundes wie Fellfarbe, Kopfform oder Körpergröße eine genetische Grundlage haben und damit auch vererbt werden können, ist vermutlich jedem klar. Aber auch verschiedene Verhaltensweisen – vor allem rassetypische Verhaltensmerkmale, wie zum Beispiel das Vorstehen beim Pointer oder das „Eye" beim Border Collie – sind in einem hohen Maße erblich. Zudem gibt es auch einen gewissen erblichen Anteil bei den Persönlichkeitsmerkmalen. Das Maß für den

Infobox 4.1

BELAYEV-EXPERIMENTE

Bereits Ende der 50er-Jahre hat Dimitri Belayev begonnen, auf einer Pelztierfarm in Sibirien Silberfüchse nach bestimmten Kriterien zu selektieren und die Folgen dieser Selektion zu dokumentieren. Dieses Forschungsprojekt hält bis heute an. Seit 1959 werden in jeder Generation die zahmsten Füchse herausgesucht, die dann miteinander verpaart werden. Des Weiteren gibt es seit 1970 auch eine Zuchtlinie, die diejenigen Füchse verpaart, die eine besonders hohe Fluchtdistanz haben, also besonders ängstlich-aggressiv sind. Außerdem gibt es weiterhin Füchse, die ohne besondere Zuchtkriterien weiterverpaart werden.

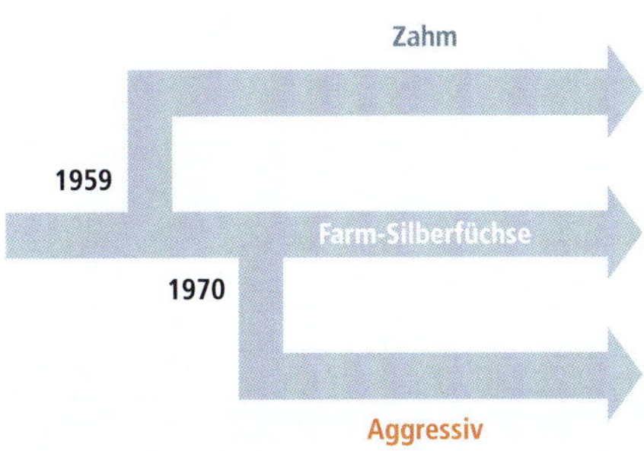

Die physiologischen Untersuchungen haben gezeigt, dass sich sowohl die Adrenalin- als auch die Cortisolwerte bei den zahmen Füchsen deutlich verringern. Es kommt durch die Selektion auf Zahmheit also zu einer Reduktion der Aktivität der Stressachse und folglich zu einer verminderten Ausschüttung der Stresshormone aus der Nebenniere. Interessanterweise hat sich nicht nur das Verhalten der zahmen Füchse gewandelt, sondern es gab auch morphologische Veränderungen. Einige Füchse bekamen weiße Flecken im Fell, andere entwickelten geringelte Schwänze oder kürzere Beine, und auch Schlappohren traten auf. Bei der aggressiven Zuchtlinie gab es diese Variationen nicht.
In Experimenten mit weiteren Tierarten, wie zum Beispiel Ratten oder Frettchen, aber auch bei verschiedenen Nutztierarten konnte gezeigt werden, dass diese äußeren Merkmale typische Begleiterscheinungen bei der Selektion auf Zahmheit sind.

Abgesehen von der gezielten Zuchtauswahl wurden alle Zuchtgruppen gleich behandelt. Somit können alle beobachteten Unterschiede mit großer Wahrscheinlichkeit auf die genetischen Veränderungen zurückgeführt werden.

Veränderungen in Verhalten, Physiologie und Morphologie

Bereits nach 10–20 Generationen veränderten die zahmen Füchse ihr Verhalten in Bezug auf die Annäherung der Pflegeperson stark: Anstatt Furchtverhalten zu zeigen, begrüßten sie den Pfleger schwanzwedelnd und mit Zuneigungslecken an der Käfigtür.

Silberfüchse aus der zahmen Zuchtlinie haben häufig weiße Abzeichen.

Grad der Erblichkeit nennt man Heritabilität (siehe Infobox 4.2). Viele Studien haben bereits die Erblichkeit verschiedener Persönlichkeitsmerkmale sowie die Faktoren, die zu deren unterschiedlichen Ausprägungen beitragen, untersucht.

Bei der Einschätzung des Heritabilitätswertes sollte unbedingt beachtet werden, dass dieser immer nur für die Population gilt, in der er erhoben wurde. Bei Hunden ist dabei vor allem relevant, ob die Daten innerhalb einer Rasse oder aber zwischen Rassen erhoben wurden. Aufgrund der verschiedenen Rassen kann dieser Wert für bestimmte Eigenschaften also erheblich variieren. Heritabilitätsstudien untersuchen oft ein bis zwei große Gruppen reinrassiger Hunde. Der Deutsche Schäferhund ist dabei am häufigsten vertreten. Aber auch andere Rassen wie zum Beispiel Border Collies, Boxer, Dackel, Cocker Spaniel, Malinois, Deutsch Kurz- und Drahthaar, Golden und Labrador Retriever, Rottweiler oder Shiba Inu wurden bereits in dieser Art Studien untersucht. Generell zeigt sich, dass der erbliche Anteil für die verschiedenen Persönlichkeitseigenschaften stark variiert. Weiterhin gibt es wie erwartet große Schwankungen zwischen den Rassen.

Infobox 4.2

HERITABILITÄT

Was bedeutet Heritabilität?

Heritabilität beschreibt den Anteil der genetischen Varianz an der phänotypischen Varianz eines Merkmals in einer Population. Vereinfacht ausgedrückt gibt die Heritabilität an, wie hoch der Anteil der Gene an der Ausprägung eines Merkmals ist. Es ist also ein Maß für die Erblichkeit einer Eigenschaft und stellt somit im praktischen Sinn den Grad für die mögliche züchterische Beeinflussung dieser Eigenschaft dar. Die Heritabilität wird als ein Wert zwischen 0,0 und 1,0 angegeben. 0 würde dabei bedeuten, dass es für das entsprechende Merkmal keinerlei genetische Unterschiede in der untersuchten Population vorliegen und die Ausprägung ausschließlich von der Umwelt abhängt. 1,0 würde bedeuten, dass das Merkmal ausschließlich durch die genetische Struktur bestimmt ist und die Umwelt keinerlei Einfluss hätte. Viele äußere Charakteristiken, wie zum Beispiel Fellfarbe, Größe oder Kopfform, haben eine hohe Erblichkeit – sie werden also nur in sehr geringem Maße von der Umwelt bestimmt. Auch viele rassetypische Verhaltensweisen sind zu einem relativ hohen Grad genetisch bedingt. Dazu zählen zum Beispiel das Hüteverhalten beim Border Collie oder das Vorstehen beim Pointer, und auch bestimmte Persönlichkeitsmerkmale haben eine genetische Basis und sind zumindest zu einem gewissen Anteil erblich. Zu welchem Grad sich diese Eigenschaften vererben, ist vor allem für die Zucht relevant. Nur dann kann man sowohl auf gewünschte Verhaltensmerkmale (zum Beispiel Trainierbarkeit) als auch auf unerwünschte (zum Beispiel Ängstlichkeit) züchterisch Einfluss nehmen.

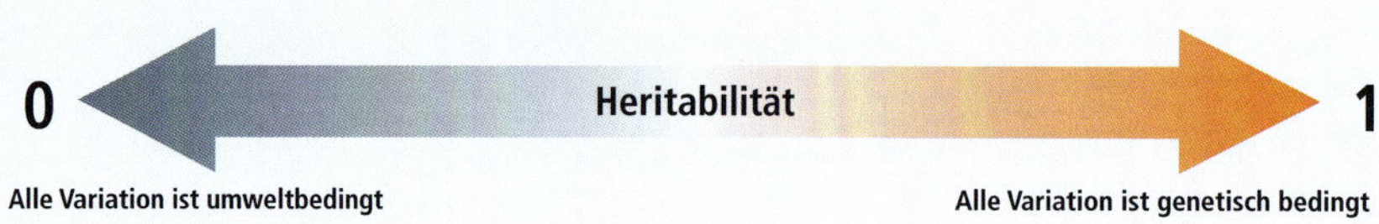

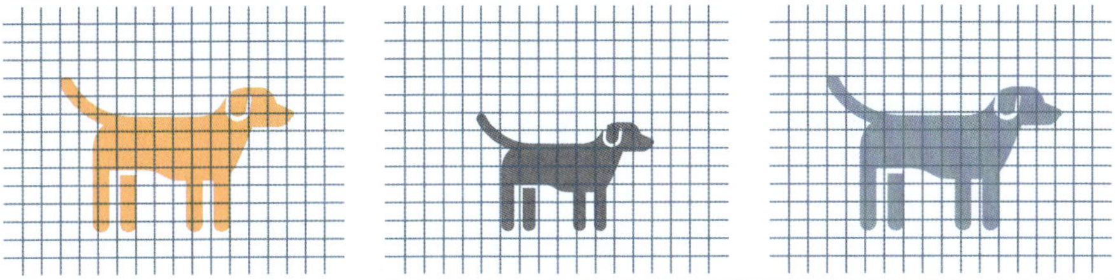

Wenn verschiedene Hunde unterschiedlich aufgezogen werden, kann man schlussfolgern, dass Unterschiede in den Wesensmerkmalen hauptsächlich genetisch bedingt sind. Die Heritabilität wäre damit nahe 1.

Heritabilitätswerte gelten immer nur für die Population, für die sie erhoben wurden. Sie ist immer abhängig davon, wie viel Variation in den Umweltbedingungen und der Genetik in der Population vorhanden ist. Denn die Heritabilität eines Merkmales kann in unterschiedlichen Populationen stark variieren. Gerade beim Hund spielt das im Hinblick auf die verschiedenen Rassen und möglichen Unterschiede in deren Genstruktur eine extrem wichtige Rolle. Wichtig ist auch anzumerken, dass sich der Heritabilitätswert immer nur auf eine Population und nie auf ein bestimmtes Individuum bezieht.

Ein Gedankenspiel zur Verdeutlichung
Drei unterschiedliche Hunde werden bis zum Erwachsenenalter in absoluter Isolation unter gleichen Bedingungen in einem Labor aufgezogen. Trotzdem werden verschiedene Persönlichkeitsmerkmale bei diesen Hunden unterschiedlich ausgeprägt sein. Da es keinerlei Einfluss von außen gab, die diese Unterschiede erklären könnten, wäre in diesem Beispiel die Heritabilität nahezu 1,0. Anders gesagt würden die Unterschiede in den Persönlichkeitsmerkmalen zu 100 % genetisch bedingt sein. Je homogener also die Umweltbedingungen sind, umso mehr lassen sich beobachtete Unterschiede auf den genetischen Anteil zurückführen.
Andersherum könnte man sich vorstellen, dass drei geklonte Hunde, die also genetisch absolut identisch sind, in verschiedenen Umgebungen aufgezogen werden. Die Unterschiede, die sich bei diesen Hunden in den Persönlichkeitsmerkmalen herausbilden, könnten damit nicht durch genetische Unterschiede erklärt werden, sondern würden ausschließlich auf Umwelteinflüssen beruhen. Die Heritabilität wäre in diesem Beispiel also nahe 0. Es lässt sich also sagen, dass der Einfluss der Umwelt auf die unterschiedliche Ausprägung bestimmter Merkmale umso größer ist, je ähnlicher die Genetik der beobachteten Individuen ist.

Wenn genetisch identische Hunde in verschiedenen Umgebungen leben, kann man schlussfolgern, dass Unterschiede in der Wesensausprägung auf Umwelteinflüsse zurückzuführen sind. Die Heritabilität ist damit nahe 0.

DER EINFLUSS DER RASSE

UNTERSCHIEDE ZWISCHEN RASSEN

Eines der augenscheinlichsten genetischen Merkmale, die einen Einfluss auf die Persönlichkeit eines Hundes haben könnten, ist vermutlich die Rasse. Weltweit gibt es über 400 Hunderassen, die teilweise seit Jahrhunderten für bestimmte Zwecke selektiert werden. Die Variationen zwischen den Rassen umfassen 27 % aller genetischen Variationen in Hunden. Im Vergleich dazu sind es nur 5 – 10 % zwischen menschlichen Populationen (Careau et al. 2010). Und auch wenn der Fokus in vielen Zuchtlinien mittlerweile eher auf dem äußeren Erscheinungsbild als auf dem Wesen liegt, ist es wahrscheinlich, dass es Persönlichkeitsunterschiede zwischen den Rassen gibt. So könnte man sich vorstellen, dass ein für Wachaufgaben gezüchteter Rottweiler oder Dobermann eine höhere Aggressivität gegenüber fremden Menschen zeigt, als zum Beispiel ein Pudel, der als Begleithund gilt. Eine groß angelegte Studie, die die C-BARQ-Fragebogendaten von 9 046 Hunden 92 verschiedener Rassen zugrunde legt, vergleicht die einzelnen Verhaltensmerkmale zwischen den Rassen (Ghirlanda et al. 2013). Aus den Daten wird deutlich, dass es tatsächlich einen extrem starken Einfluss der Rasse auf alle 14 gemessenen Skalen des C-BARQS gibt. Die Abbildung 4.1 verdeutlicht die Verhaltens- und Temperamentsunterschiede der 10 beliebtesten Rassen in den USA. Deutlich zu erkennen ist, wie die farbigen Muster zwischen den Rassen stark variieren. So zeigen beispielsweise Dackel hohe Werte in allen Skalen außer in der Trainierbarkeit und dem Energielevel. Im Vergleich dazu ist die Trainierbarkeit beim Golden Retriever die einzige Kategorie mit hohen Werten. Eine weitere aktuelle Studie hat umfassend den genetischen Einfluss auf die Rasseunterschiede in der Persönlichkeit untersucht. Die Grundlage bildeten hier die Daten aus dem C-BARQ-Fragebogen von 17 000 Hunden aus 101 verschiedenen Rassen. Zusätzlich konnten die Wissenschaftler genetische Daten von 5 697 Hunden sammeln. Mit diesem umfassenden Datensatz wurden nun Verhaltensunterschiede zwischen den Rassen analysiert und zusätzlich erfasst, wie die genetischen Unterschiede mit den beobachteten Verhaltensunterschieden zusammenhängen (MacLean et al. 2019). Auch hier zeigte sich, dass es einen genetischen Einfluss

Zwischen den Rassen gibt es deutliche Unterschiede hinsichtlich der verschiedenen Persönlichkeitsdimensionen.

auf die Persönlichkeitsunterschiede zwischen den Rassen gibt. Die Heritabilität dieser verschiedenen Verhaltensweisen lag im Durchschnitt bei 0.51. Die höchsten Erblichkeitswerte entfallen dabei auf die Eigenschaften Trainierbarkeit, Aggression gegenüber fremden Personen, Jagdverhalten und Bindungsverhalten. Der Faktor Trainierbarkeit setzt sich hierbei sowohl aus der Motivation des Hundes, dem Gehorsam und den kognitiven Fähigkeiten zusammen. Die Forscher vermuten, dass vor allem diese Eigenschaften bei den verschiedenen Rassen unterschiedlich selektiert wurden. Mit Hinblick auf die verschiedenen Einsatzgebiete und damit einhergehenden erwünschten Verhaltensweisen ist diese Annahme durchaus nachvollziehbar. So sollte ein Deutscher Jagdterrier zum Beispiel eine hohe Jagdmotivation und eine hohe Eigenständigkeit zeigen. Beide Eigenschaften wären bei einem auf Kooperation selektierten Hund wie zum Beispiel einer Zuchtlinie von Labrador Retrievern, die als Assistenzhunde ausgebildet werden, eher hinderlich. Diese Hunde sollten sich durch eine hohe Kooperationsbereitschaft mit dem Menschen und wenig Jagdtendenzen auszeichnen.

Die Wissenschaftler wollten weiter herausfinden, welche Gene für diese Verhaltensunterschiede verantwortlich sind. Sie konnten vor allem Gene identifizieren, die für verschiedene Hirnfunktionen und damit für die Kognition und Verhalten codieren. Dabei gibt es im Regelfall nicht ein Gen, dass eine Eigenschaft bestimmt, sondern eine Vielzahl von Genen, die einen Einfluss auf bestimmte Verhaltensweisen haben. Aus diesem Grund ist es auch deutlich schwieriger, auf bestimmte Verhaltensweisen zu selektieren, als auf verschiedene äußere Merkmale wie zum Beispiel Fellfarbe.

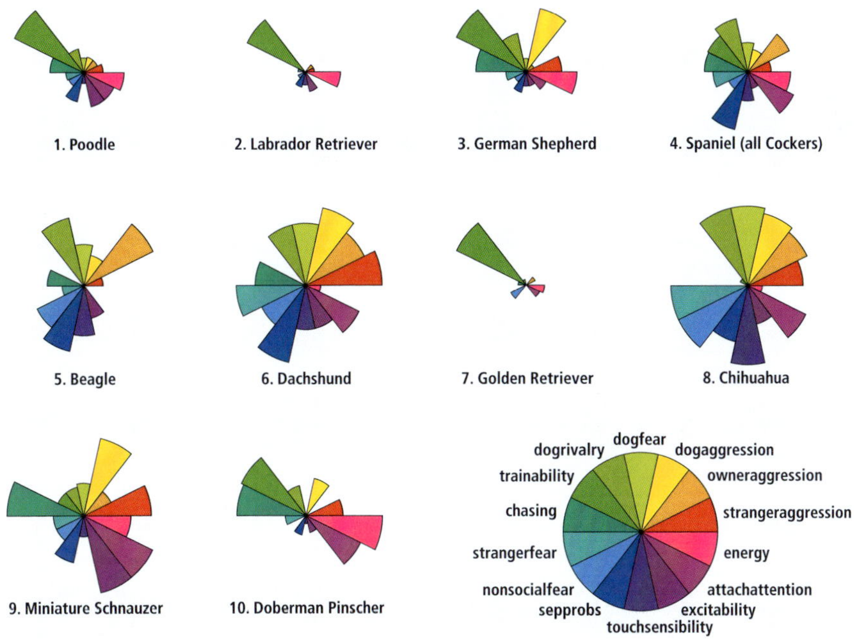

Abb. 4.1: Verhaltens- und Temperamentunterschiede der 10 beliebtesten Rassen in den USA Ghirlanda et al. 2013.

EINFLUSS DER GENE

Interessanterweise finden sich Gene, die sowohl beim Hund als auch beim Menschen bestimmte Verhaltensweisen beeinflussen. So gibt es Übereinstimmungen bei Genen, die mit Aggression zusammenhängen. Bestimmte Gene, die beim Hund das Aktivitätslevel bestimmen, kontrollieren beim Menschen die Herzrate, die Schlafdauer sowie das Ruheverhalten tagsüber. Außerdem konnten einzelne Erbanlagen identifiziert werden, die der Trainierbarkeit des Hundes zugrunde liegen und beim Menschen mit intellektuellen Leistungen sowie der kognitiven Verarbeitungsgeschwindigkeit zusammenhängen. Auch Gene, die bei Hunden mit der Ängstlichkeit in Verbindung gebracht werden, beeinflussen ebenfalls die Schreckreaktion beim Menschen. In Tabelle 4.1 sind einige dieser Gene zur Übersicht zusammengestellt.

Weiterhin konnten Gene gefunden werden, deren Ausprägung sich auch bei den zahmen und aggressiven Füchsen aus dem oben aufgeführten Silberfuchs-Experiment unterscheiden. Diese Gene stehen auch im Zusammenhang mit rassebedingten Unterschieden im Aggressionsverhalten.

☞ 4.1 ERMITTELTE GENE, DIE BEI MENSCH UND HUND ÄHNLICHE VERHALTENSWEISEN BEEINFLUSSEN

(aus MacLean et al. 2019)

VERHALTENSMERKMAL HUND	GEN(E)	EINFLUSS DIESES GENS BEIM MENSCHEN
Aggression	CPNE4, OPCML	Aggressionsverhalten
Aktivitätslevel	TMEM132D, AGMO	Herzrate
	SNX29	Ruheverhalten tagsüber
	CACNA2D3	Schlafdauer
Reaktivität/Erregbarkeit	PDE11A, ARHGAP10	Herzrate in Ruhe
	CSMD3	Temperament
Nicht-soziale Ängste	PTPRD	Temperament
	CACNA1C	Schreckreaktion
Ängstlichkeit gg. Fremden	CAMKMT	Angststörungen
Trainierbarkeit	ERG, SNX29, CSMD2	Intelligenz
	ATRNL1	Geschwindigkeit der Informationsverarbeitung

Auch innerhalb einer Rasse gibt es große individuelle Unterschiede, die die Persönlichkeit bestimmen.

GLEICHE RASSE – GLEICHER TYP?

Neben Vergleichsstudien, die verschiedene Rassen betrachten, gibt es auch Untersuchungen, die sich auf die Erblichkeit bestimmter Verhaltensmerkmale innerhalb einer Rassen fokussieren. Dabei gibt es je nach betrachteter Rasse und untersuchtem Merkmal erhebliche Unterschiede in den Heritabilitätswerten. Wilsson und Sundgren (1997) verglichen zum Beispiel die Heritabilität von „Beutetrieb" bei Labrador Retrievern und Deutschen Schäferhunden. Sie haben berechnet, dass der Heritabilitätswert dieser Eigenschaft beim Labrador gerade einmal 0,05 beträgt, während er sich beim Schäferhund mit 0,21 in einem durchaus züchterisch relevanten Bereich bewegt. Auch der Erblichkeitswert für das Persönlichkeitsmerkmal Verträglichkeit schwankt stark zwischen den beobachteten Populationen. Auch hier wurde eine Gruppe Labrador Retriever und eine Gruppe Deutsche Schäferhunde untersucht. Wie schon in der vorangegangenen Studie zeigte sich bei den Labradoren mit 0,03 für Umgänglichkeit eine deutlich niedrigere Heritabilität als bei den untersuchten Deutschen Schäferhunden, bei denen der Wert 0,38 aufwies (van der Waaij et al. 2008).

MERKMALE MIT HOHER ERBLICHKEIT

Ein Merkmal, das generell eine recht hohe Erblichkeit zu haben scheint, liegt im Spektrum der Ängstlichkeit. Hier liegen die geschätzten Werte bei Labrador Retrievern zwischen 0,13 für „Mut" und starken 0,56 für „Schussfestigkeit" (van der Waaij et al. 2008). Auch das Aktivitätslevel hat zumindest in der untersuchten Gruppe Deutscher Schäferhunde einen sehr hohen Wert von 0,53 (Wilsson and Sundgren 1998).
Noch höhere Werte lassen sich zum Beispiel für die Trainierbarkeit bei Bretonischen Vorstehhunden finden – hier liegt die Erblichkeit bei 0,9 (Brenøe et al. 2002). Aber auch die Aggressivität gegenüber Artgenossen bei Golden Retrievern zeigt mit 0,88 einen extrem großen erblichen Anteil (Liinamo et al. 2007).

META-STUDIEN

Da die Ergebnisse in den einzelnen Studien je nach Rasse und beobachtetem Merkmal so extrem schwanken, ist es sinnvoll, sich hier eine sogenannte Meta-Studie anzuschauen. Meta-Studien fassen die Daten vieler Studien zusammen und analysieren sie. Ein erheblicher Vorteil ist hierbei, dass die Wahrscheinlichkeit, dass signifikante Ergebnisse durch

☞ 4.2 ÜBERSICHTSANALYSE DER ERBLICHKEIT INNERHALB EINER RASSE

von Hradecká et al. 2015

EIGENSCHAFT	BESCHREIBUNG	HERITABILITÄT
Umweltsicherheit	Reaktionen auf Geräusche, visuelle Reize, unbekannte Objekt und Umgebungen	0,15
Hüteeigenschaften	z.B. Eye, outrun, lift, grip, style	0,10
Jagdverhalten		0,15
Spiel	Verspieltheit	0,09
Kognition und Gehorsam	Unabhängigkeit, „Intelligenz", Gehorsam	0,12

Zufall entstehen, deutlich geringer ist. Damit ist die Aussagekraft dieser Ergebnisse stark erhöht. Eine ebensolche Studie hat die Ergebnisse verschiedener Untersuchungen zur Erblichkeit einer ganze Reihe Verhaltensmerkmale bei unterschiedlichen Rassen ausgewertet. Dabei wurden insgesamt 48 Publikationen einbezogen (Hradecká et al. 2015). Die Analyse zeigt, dass die Heritabilität im Allgemeinen nur zwischen 9 % (für Verspieltheit) und 15 % (für Jagdverhalten und Umweltsicherheit) beträgt (siehe Tabelle 4.2).
Das heißt, dass mindestens 85 % der Variation des Verhaltens innerhalb einer Rasse umweltbedingt sind. Im Vergleich zu den Heritabilitätswerten, die in den Studien mit den Rassevergleichen erzielt wurden, sind diese Werte sehr gering. Es zeigt sich, dass die Heritabilität für bestimmte Verhaltensweisen zwischen den Rassen bis zu 5-mal höher ist als innerhalb der Rassen. Diese Ergebnisse lassen sich dadurch erklären, dass die Heritabilität stets von der genetischen Variabilität in der untersuchten Population abhängt. Natürlich gibt es zwischen Rassen einen höheren genetischen Unterschied, weswegen es auch zu einem hohen Einfluss der Erblichkeit kommt. Dagegen ist die genetische Vielfalt innerhalb einer Rasse deutlich eingeschränkt. Somit können die meisten beobachteten Unterschiede im Verhalten durch verschiedene Umweltfaktoren erklärt werden.
Der Umstand, dass die Erblichkeit von Verhalten zwischen den Rassen bis zu 5-mal höher ist als innerhalb einer Rasse, macht es so schwer, auf bestimmte Verhaltensweisen zu selektieren. Weil die Umwelt einen so großen Einfluss hat, ist es beispielsweise möglich, dass eine Zuchthündin zwar ein erwünschtes Verhalten zeigt, weil sie optimal aufgewachsen ist und gut sozialisiert wurde, ihre Erbanlagen aber eigentlich einen hohen Grad an Ängstlichkeit oder Aggressivität mitbringen.

Wenn man also die Heritabilität eines Merkmals für eine Population bestimmt hat, heißt das noch lange nicht, dass dieser Wert auch für eine andere untersuchte Gruppe Bestand hat. Studien zur Heritabilität verschiedener Merkmale können also nur als Anhaltspunkt dienen, um die hündische Persönlichkeit besser einschätzen zu können.

Ist es also sinnvoll, bestimmte Charaktereigenschaften züchterisch beeinflussen zu wollen? Die kurze Antwort lautet: JA, UNBEDINGT! (siehe Infobox 4.3).

SHOW- UND ARBEITSLINIEN

Dass die Selektion auf Verhaltens- und Persönlichkeitsmerkmale auch innerhalb einer Rasse deutliche Effekte haben kann, zeigt sich in den Unterschieden zwischen Arbeits- und Showlinien. Neben der Rasse an sich hat die Zuchtlinie enorme Auswirkungen auf bestimmte Persönlichkeitsmerkmale. Bei vielen Rassen unterscheidet man Show- und Arbeitslinien. Während bei den Arbeitslinien vor allem auf die Arbeitstauglichkeit Wert gelegt wird und das Aussehen zweitrangig ist, spielt bei den Showlinien das

Infobox 4.3

IST DIE ZUCHT ANHAND DER CHARAKTEREIGENSCHAFTEN DER ELTERN SINNVOLL?

Zuchtauswahl – Elterntiere

Mit dem Hintergrund, dass die Erblichkeit für bestimmte Charaktermerkmale innerhalb einer Rasse gerade einmal 9–15 % beträgt, ergibt sich die Frage, wie relevant es eigentlich für einen Züchter ist, das Wesen der Elterntiere bei der Zuchtauswahl zu berücksichtigen. Die klare Antwort ist hier: **Ja, die Persönlichkeitseigenschaften der Eltern sollten unbedingt beachtet werden!**

Zum einen ist es so möglich, die Zucht über mehrere Generationen immer weiter in die erwünschte Richtung zu lenken. Spätestens seit den beschriebenen Silberfuchs-Experimenten sollte klar sein, dass sich das Verhalten der Nachkommen je nach Zuchtauswahl im Laufe der Generationen deutlich ändert.

Prä- und postnatale Einflüsse auf die Persönlichkeit

Weiterhin beeinflusst das Wesen der Mutterhündin die Welpen nicht nur auf genetischer Ebene, sondern bereits während der Schwangerschaft und auch während der Aufzucht der Nachkommen. So ist es wahrscheinlich, dass beispielsweise eine eher ängstliche Hündin mehr Stress erlebt, der während der Trächtigkeit einen negativen Einfluss auf die Föten hat. Damit kann es bei den Nachkommen unter anderem zu einer gestörten Stressresistenz und einer höheren Reaktivität kommen.

Und auch in der frühen nachgeburtlichen Phase hat das Verhalten der Mutter einen enormen Einfluss auf die Persönlichkeitsentwicklung der Nachkommen. Zum einen spielt das Fürsorgeverhalten der Mutter eine entscheidende Rolle für die Ausprägung eines gefestigten Wesens, zum anderen sind die Welpen bereits in dieser frühen Lebensphase in der Lage, sich über soziales Lernen Verhaltensweisen der Mutter anzueignen. Es ist also ausgesprochen wichtig, dass die Mutterhündin stabile Charaktereigenschaften aufweist, um den Welpen einen möglichst optimalen Start ins Leben zu ermöglichen.

Im Kapitel „Persönlichkeitsentwicklung" werden diese Prozesse beleuchtet.

äußere Erscheinungsbild eine größere Rolle. Generell sind Hunde aus Showlinien eher ängstlich, aber weniger aggressiv und neugierig als ihre Rassegenossen aus Arbeitslinien (Svartberg 2006). Fadel und Kollegen (2016) verglichen Border Collies und Labradore aus jeweils Show- und Arbeitslinie. Sie fanden heraus, dass aus der Arbeitslinie eine höhere Reaktivität auf neue Dinge und eine niedrigere Aggressionsschwelle als Arbeits-Labradore zeigten. Zwischen den Showlinien der beiden Rassen gab es allerdings keine Unterschiede. Das lässt vermuten, dass es in der Zucht von Showlinien weniger Diversität in den ursprünglichen Verhaltensweisen einer Rasse gibt. Außerdem weisen Labrador Retriever aus der Arbeitslinie eine höhere Trainierbarkeit auf als ihre Artgenossen im Showring (Lofgren et al. 2019).
Aber natürlich spielt auch die Art der Arbeitsaufgabe eine Rolle. Zum Beispiel zeigen Deutsche Schäferhunde, die für Polizei- oder Militäraufgaben gezüchtet werden, weitaus höhere Aggressivität, als Deutsche Schäferhunde, die in Zuchtprogrammen als Blindenführhunde gezüchtet werden.

Generell kann man sagen, dass die Rasse durchaus einen Einfluss auf die Ausprägung der Persönlichkeit haben kann. Man sollte aber auch beachten, dass die Varianz innerhalb einer Rasse so hoch ist, dass Rasseunterschiede allein längst nicht alle Persönlichkeitsunterschiede erklären können. In Abbildung 4.2 sind die Ergebnisse der Dimension Ängstlichkeit nach dem Dog Mentality Assessment von Collies und Labrador Retrievern zu sehen. Collies schnitten dabei als ängstlichste Rasse ab, während Labradore die wenigsten Anzeichen von Angst zeigten. Wie aus der Grafik ersichtlich, gibt es aber dennoch an praktisch jedem Punkt Überschneidungen zwischen den Rassen. Es gibt also auch einzelne Labradore, die sich ängstlicher verhalten als die meisten Collies im Test. Wie man sieht, variieren die Werte für die Ausprägung verschiedener Persönlichkeitsmerkmale zwischen den Rassen stark. Die bewusste oder auch unbewusste Selektion auf verschiedene Zuchtziele hat also einen großen Einfluss auf die Persönlichkeit eines Hundes. Allerdings spielen auch weitere biologische Faktoren eine Rolle bei Persönlichkeitsunterschieden.

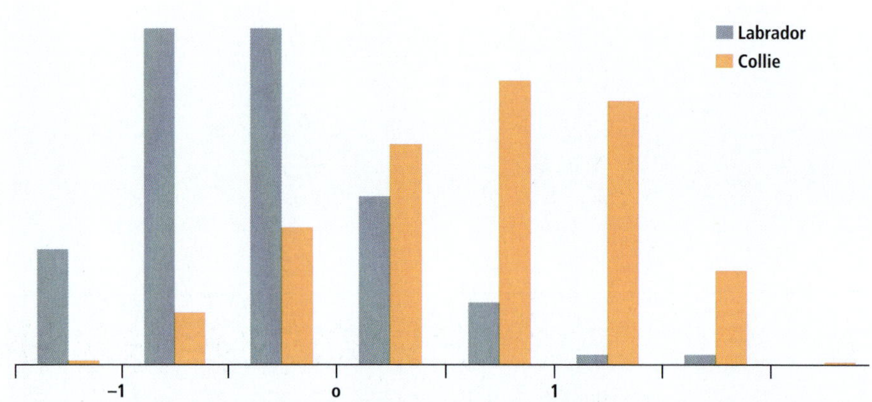

Abb. 4.2: Verteilung der Ängstlichkeit bei Collies und Labrador Retrievern nach dem Dog Mentality Assessment. Je weiter links die Werte liegen, umso weniger ängstlich ist das Individuum. Collies schnitten als ängstlichste Rasse ab, Labrador Retriever als am wenigsten ängstlich. Dennoch gibt es an praktisch jedem Punkt Überschneidungen (nach Svartberg 2006).

Nicht nur die Rasse, sondern auch die Zuchtlinie, hier Arbeitslinie …,

… hier Showlinie, hat Auswirkungen …

… auf bestimmte Persönlichkeitsdimensionen.

Auch innerhalb einer Rasse gibt es große individuelle Unterschiede.

Weibliche Beagle suchen eher den Kontakt zum Menschen als männliche Beagle.

WEITERE BIOLOGISCHE FAKTOREN

GESCHLECHT

Es gibt viele verschiedene Studien, die Geschlechterunterschiede in der hündischen Persönlichkeit finden. Für einige Persönlichkeitsdimensionen sind die Ergebnisse dabei ziemlich klar, während sie bei anderen Dimensionen weniger eindeutig sind. Die beiden Persönlichkeitskategorien, in denen relativ einheitliche Ergebnisse gefunden wurden, betreffen die Aggressivität und die Ängstlichkeit. Die entsprechenden Studien zeigen, dass Hündinnen höhere Werte im Bereich der Ängstlichkeit zeigen. Das umfasst sowohl die Furcht vor unbekannten Objekten, als auch eine generelle Schüchternheit. Demgegenüber erlangen Rüden höhere Werte im Bereich der Aggressivität. Möglicherweise sind hormonelle Unterschiede eine Erklärung für die verschiedenen Befunde. Rüden haben ein höheres Testosteronlevel, das mit einem erhöhten Aggressivitätslevel einhergehen könnte. Dementsprechend müsste Kastration und ein damit einhergehendes niedrigeres Testosteronlevel auch zu weniger Aggressivität führen. Dieser Zusammenhang ist allerdings nicht so eindeutig. Während einige Studien tatsächlich einen niedrigeren Aggressivitätswert bei kastrierten Hunden finden, zeigen die Daten anderer Studien gegenteilige Ergebnisse (Fadel et al. 2016, Podberscek & Serpell 1997).

Für die Dimensionen Aktivitätslevel und Trainierbarkeit gibt es uneinheitliche Ergebnisse zum Einfluss des Geschlechts. Zum Beispiel scheinen weibliche Labrador Retriever in einer Blindenführhundausbildung höhere Aktivitätslevel zu haben als ihre männlichen Rassegenossen (Takeuchi 2009). Demgegenüber scheinen männliche Flat Coated Retriever leichter erregbar zu sein als weibliche Flats (Lindberg et al. 2004). Auch auf die Geselligkeitsdimension scheint das Geschlecht einen Einfluss zu haben. So suchen weibliche Beagle eher den Kontakt zum Menschen als ihre männlichen Rassegenossen (Persson 2015). Der Frage, ob und wie weit Kastration das Wesen eines Hundes beeinflusst, beschreibe ich im Kapitel „Persönlichkeitsentwicklung".

BÖSER SCHWARZER HUND?

Menschen nehmen schwarze Hunde als bedrohlicher wahr. Aber besteht tatsächlich ein Zusammenhang zwischen der Fellfarbe und der Aggressivität eines Hundes?
Die Fellfarbe eines Hundes wird vor allem durch die Pigmente Eumelanin und Phäomelanin bestimmt, welche aus dem Pigmentstoff Melanin gebildet werden. Der Ausgangsstoff des Melanins ist die Aminosäure Tyrosin. Tyrosin wird in mehreren Schritten mithilfe des Enzyms Tyrosinase über die Stoffe Dopa und Dopaquinon zu Eumelanin und Phäomelanin umgewandelt (siehe Abbildung 4.3). Eumelanin färbt dabei die Haare schwarz, während Phäomelanin die Haare gelblich bis rötlich erscheinen lässt. Weiße Haare besitzen keines der beiden Pigmente. Die Intensität und Verteilung der Pigmente im Fell des Hundes wird von mehreren verschiedenen Genen gesteuert, die sich auch gegenseitig beeinflussen. Sowohl Tyrosin als auch das Enzym Tyrosinase sind ebenso an der Bildung der Hormone Adrenalin und Noradrenalin sowie des Neurotransmitters Dopamin beteiligt. Diese Gemeinsamkeiten im Syntheseweg des Farbstoffes und der genannten verhaltensbeeinflussenden Substanzen führt häufig zu der Annahme, dass es einen Zusammenhang zwischen dem Vorkommen von Melanin und dem Verhalten geben müsse. Allerdings gibt es dazu keine belastbaren Daten. Die Rechnung scheint auch zu einfach. Zum Beispiel zeigen Albinos, die aufgrund der fehlenden Tyrosinase keine Pigmente bilden, trotzdem normale Adrenalinwerte. Daraus lässt sich schlussfolgern, dass an der Adrenalinbildung in den Nebennieren eine andere Tyrosinase-Form beteiligt ist als an der Melanin-Bildung in den Pigmentzellen.

ZUSAMMENHÄNGE NOCH NICHT GEKLÄRT

Nichtsdestotrotz zeigt sich tatsächlich, dass die Fellfarbe bei verschiedenen Tierarten einen Einfluss auf verschiedene Verhaltensmerkmale haben kann. So zeigen zum Beispiel dunklere Löwenmännchen sowie dunklere Individuen bei verschiedenen Vogelarten ein erhöhtes Aggressionsverhalten (Ducrest et al. 2008). Dabei wird vermutet, dass das Pigment Eumelanin, das für die schwarze Färbung zuständig ist, eine entscheidende

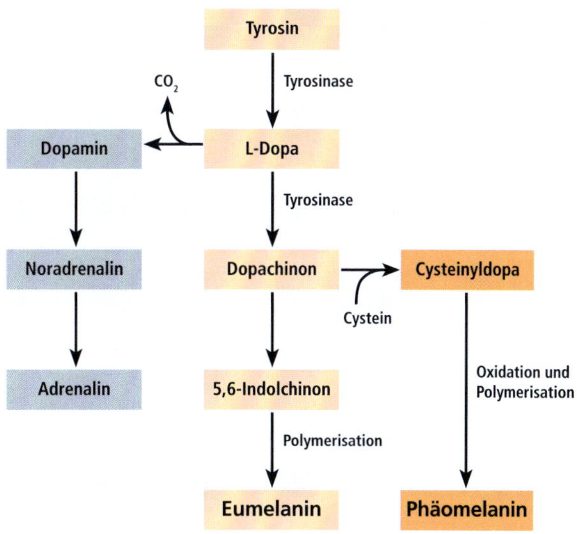

Abb. 4.3: Syntheseweg der Pigmente Eumelanin und Phäomelanin

Unterschiede in den Verhaltensweisen unterschiedlicher Farbschläge hängen nicht direkt mit der Farbe zusammen, sondern sind sehr wahrscheinlich auf spezielle Verhaltensweisen in der Ausgangspopulation zurückzuführen.

Rolle spielt. Allerdings sind die Zusammenhänge noch nicht hinreichend geklärt. Bei Hunden und Wölfen zeichnet sich ein anderes Bild: **Sowohl schwarze Hunde als auch schwarze Wölfe zeigen weniger Aggressionsverhalten.** Zudem sind ihre Cortisolwerte niedriger als bei nichtschwarzen Artgenossen (Cassidy et al. 2017, Bennett & Hayssen 2010). Die physiologischen Zusammenhänge sind noch nicht geklärt.

FELLFARBE BEI LABRADOREN

Auch innerhalb verschiedener Rassen kann man Verhaltensunterschiede bei verschiedenfarbigen Rassevertretern beobachten. Eine Studie über die Fellfarbe beim Korea Jindo Dog zeigt, dass beigefarbene Tiere weniger ängstliche Reaktivität zeigen als ihre weißen Rassegenossen (Kim et al. 2010). Braune Labradore zeigen eine höhere Erregbarkeit, eine niedrigere Trainierbarkeit sowie häufiger auffällige Verhaltensweisen als ihre schwarzen oder gelben Rassegenossen. Dafür scheinen sie aber seltener Furcht vor Geräuschen zu haben. Es bleibt allerdings offen, warum sich diese Unterschiede zeigen. Es wäre zum einen denkbar, dass die Mutation in dem Gen (TYRP1), die für die braune Farbe beim Labrador verantwortlich ist, auch einen Einfluss auf das Verhalten hat (Lofgren et al. 2014). Allerdings gibt es keinerlei Studien, die diesen Zusammenhang belegen. Ebenso möglich wäre es, dass die wenigen Hunde, auf die der braune Farbschlag zurückgeht, bestimmte Verhaltensweisen mitbrachten, die sich in der braunen, aber nicht in der schwarzen oder gelben Population verbreitet haben. Ähnlich könnte man sich den Zusammenhang bei anderen Modefarben vorstellen, die oft als „hibbeliger" eingeschätzt werden als die klassischen Standardfarben. **Es gibt also keine wissenschaftliche Grundlage, die einen klaren Zusammenhang zwischen Fellfarbe und Verhalten darstellt. Annahmen, dass „gelbe Hunde panischer" und „schwarze Hunde aggressiver" seien, sind demnach aus wissenschaftlicher Sicht nicht haltbar.**

KLEINER HUND GANZ GROSS

Hunde haben von allen Wirbeltierarten die größte Vielfalt in der Körpergröße. Verantwortlich für diese immense Variabilität ist vor allem das IGF1-Gen. Das IGF1 ist ein Wachstumsfaktor, der in seiner Struktur dem Insulin sehr ähnlich ist. Es kann in verschiedenen Genvarianten auftreten, die dann je nach Ausprägung die Körpergröße bestimmen. So besitzen kleinere Rassen vor allem den Typ B dieses Gens, während bei großen Rassen hauptsächlich der Typ I vorkommt (Sutter et al. 2007). Möglicherweise haben diese unterschiedlichen Genvarianten auch Einfluss auf das Verhalten eines Hundes. Dass kleine Hunde zum Beispiel gerne mal unter einem Napoleon-Komplex leiden und ihre Größe überschätzen, ist hinlänglich bekannt. Eine Studie lässt vermuten, dass es einen Zusammenhang zwischen Aggression gegenüber dem Besitzer sowie Rivalität gegenüber Artgenossen und einer Variante des IGF1-Gens gibt (Zapata et al. 2016). Tatsächlich haben verschiedene Besitzerbefragungen ergeben, dass sich kleine Hunde aggressiver verhalten als größere Artgenossen. Zudem sind sie neurotischer, ängstlicher, weniger verträglich, haben ein höheres Aktivitätslevel und einen schlechteren Gehorsam (Wahlgren & Lester 2003, Stone et al. 2016). Generell scheint es einen negativen Zusammenhang zwischen Größe und Verhaltensauffälligkeiten zu geben. Größere Hunde zeigen seltener unerwünschtes Verhalten als kleine Hunde (McGreevy et al. 2013).

ERZIEHUNGSSTIL ODER GENE?

Die Frage ist nur, ob diese Verhaltensunterschiede tatsächlich eine genetische Basis haben oder ob es von einem Unterschied in der Erziehung herrührt. Wie so oft liegt die Wahrheit dazwischen, denn nicht nur die Gene spielen hier eine Rolle, sondern auch der unterschiedliche Erziehungsstil hat einen Einfluss auf das Verhalten von kleinen Hunden. So erachten Besitzer kleinerer Hunde Regeln im Alltag mit dem Hund für weniger wichtig und setzen diese weniger konsequent durch. Außerdem spielen die Besitzer kleinerer Hunde im Allgemeinen seltener mit ihrem Vierbeiner und trainieren auch weniger (Arhant et al. 2013). Wenn dann noch die entsprechende genetische Grundlage dazukommt, ist es kein Wunder, wenn so mancher Kleinhund unter einem Napoleon-Komplex leidet. Im Übrigen verschwindet der Größeneffekt, wenn die Kleinhundebesitzer ihren Vierbeiner konsequent erziehen und regelmäßig mit ihm trainieren.

Kleine Hunde gelten als generell reaktiver und zeigen erhöhte Aggressions- und Ängstlichkeitslevel. Dabei spielen wahrscheinlich sowohl genetische Aspekte als auch Effekte durch (fehlende) Erziehung eine Rolle.

PERSÖNLICHKEITS-ENTWICKLUNG

— *Der Einfluss von Erfahrungen*

WIE ERFAHRUNGEN DIE PERSÖNLICHKEIT PRÄGEN

Wie im vorangegangenen Kapitel beschrieben, beeinflusst die Genetik einen großen Teil der Persönlichkeitsmerkmale von Hunden. Allerdings werden diese auch von ontogenetischen Einflüssen geprägt. Ein Augenmerk liegt dabei vor allem auf der vorgeburtlichen sowie der frühen nachgeburtlichen Entwicklung. Die frühe Entwicklung eines Hundes wird zumeist in folgende Phasen eingeteilt: Es gibt die neonatale Phase, die die ersten zwei Lebenswochen umfasst. Bereits in dieser Zeit wird die Grundlage der Persönlichkeitsentwicklung gelegt, und die hier gemachten Erfahrungen haben weitreichende Auswirkungen. Die folgende Phase wird oft als sensible Phase oder Sozialisationsphase bezeichnet. Diese dauert, je nach Autor, bis zur 14. – 16. Lebenswoche. In dieser Zeit entstehen besonders viele Neuronenverknüpfungen im Hirn, die dafür sorgen, dass die gemachten Erfahrungen besonders tief eingeprägt werden. Auch der darauffolgende Zeitraum der juvenilen Phase sowie der Übergang ins Erwachsenenalter inklusive der viel besprochenen Pubertät sind wichtige Kapitel in der Ausreifung der Persönlichkeit. Die individuellen Persönlichkeitsausprägungen stabilisieren sich erst im frühen Erwachsenenalter. Nach den Daten von Svartbergs DMA-Test passiert das ungefähr im Alter von 1 – 2 Jahren. Der genaue Zeitpunkt hängt stark von der Rasse des Hundes ab. Gerade bei sehr großen Rassen kann sich die Persönlichkeitsentwicklung auch bis zu drei Jahren hinziehen. Das bedeutet allerdings nicht, dass ab diesem Zeitpunkt die Persönlichkeit bis zum Ende des Lebens unveränderlich ist. Auch im Alter finden noch Veränderungen in den Charaktermerkmalen statt, obgleich diese dann nicht mehr so unstet sind. Während des Reifungsprozesses gibt es natürlich eine ganze Reihe von Faktoren, die die Entwicklung der Persönlichkeit in unterschiedlicher Weise beeinflussen können. Auf einige dieser Faktoren möchte ich im Laufe dieses Kapitels eingehen.

IM MUTTERLEIB – DIE PRÄNATALE PHASE

Bereits im Mutterleib kommt es zur Beeinflussung späterer Verhaltensmuster. Die wissenschaftlichen Erkenntnisse hierzu beziehen sich in erster Linie auf Arbeiten mit Nagetieren. Allerdings gibt es keinen Grund anzunehmen, dass diese Vorgänge bei anderen Säugetieren anders ablaufen. Stressoren, die aus der Umwelt auf die Mutter einwirken, können zu einer veränderten Ausschüttung von Hormonen führen, insbesondere von Glukokortikoiden (z. B. Cortisol), Katecholaminen (z. B. Adrenalin) und Sexualsteroiden (z. B. Testosteron). Ein Teil dieser Hormone passiert die Plazenta und gelangt so in den Blutkreislauf des Fötus. Dort beeinflusst es die Entwicklung des zentralen Nervensystems. Dabei wird auch die Ausbildung der Stresshormonrezeptoren in der Amygdala dauerhaft beeinflusst, was in Nagetier-Versuchen mit einer ausgeprägten Ängstlichkeit einhergeht. Einer der massivsten Auswirkungen mütterlichen Stresses betrifft die Ausbildung der Stressreaktion. Nachkommen von gestressten Müttern zeigen eine deutlich verminderte Fähigkeit, mit Stress umzugehen. Es kommt zu einer vermehrten Ausschüttung von Cortisol und durch Fehlregulation in der Stressachse zu lang anhaltenden hohen Stresswerten. Das Tier ist also schlechter in der Lage, sich wieder abzuregen.

Neben erhöhter Ängstlichkeit und Emotionalität sind ein reduziertes Erkundungsverhalten, Lerndefizite sowie eine verminderte Aufmerksamkeitsspanne weitere mögliche Auswirkungen von vorgeburtlichem Stress. Braastad und Kollegen (1998) untersuchten die Effekte von pränatalem Stress auf die hormonelle und Verhaltensentwicklung von Blaufüchsen. Dazu wurde ein Teil der trächtigen Fähen täglich für eine Minute aus ihrem Käfig geholt und festgehalten. Da die Tiere nicht an den Menschen gewöhnt waren, stellt das eine sehr stressige Situation dar. Im Alter von 10 Tagen hatte der Nachwuchs dieser Mütter im Vergleich zu Nachkommen aus der Kontrollgruppe erhöhte Adrenalin- und Cortisolwerte. Sie zeigten also eine gesteigerte Stressreaktion. Im Alter von fünf Wochen wurden die Welpen mit verschiedenen neuen Situationen konfrontiert. Auch hier zeigten die Nachkommen aus der Stressgruppe eine erhöhte Reaktivität und Ängstlichkeit.

VORGEBURTLICHE FAKTOREN UND DER ZEITPUNKT DER GEBURT

Andere vorgeburtliche Faktoren, die einen Einfluss auf die Persönlichkeit haben können, sind die Größe des Wurfes und dessen

Auch die Zeit im Mutterleib hat einen Einfluss auf die Persönlichkeitsentwicklung.

Zusammensetzung. Welpen aus eher kleinen Würfen zeigen später ein höheres soziales Interesse als Welpen aus größeren Würfen (Foyer et al. 2016). Außerdem kann es im Mutterleib zu einer sogenannten „Vermännlichung" von weiblichen Föten kommen. Das bedeutet, dass Hündinnen aus rüdenlastigen Würfen später wahrscheinlicher gewisse Formen von Aggression und männliche Verhaltensweisen zeigen. Zum Beispiel heben ungefähr die Hälfte dieser Hündinnen das Bein während des Urinierens, so wie es ein Rüde auch tut (Coppola 1986, Beach 1974). Auch der Zeitpunkt der Geburt kann Auswirkungen auf die Persönlichkeit haben. Sommerwelpen zeigten sich in der Untersuchung offener als Welpen, die im Winter geboren wurden (Foyer et al. 2016). Möglicherweise wurden die Sommerwelpen aufgrund der Witterungsbedingungen früher nach draußen gelassen, sodass sie dort mehr Reize kennenlernen konnten.

Es ist also nicht erst von Bedeutung, was ein Individuum erlebt, wenn es auf der Welt ist. Bereits vorgeburtliche Einflüsse können eine starke Auswirkung auf spätere Verhaltensmuster haben, vor allem das Stressverhalten betreffend.

GESTRESSTES SPERMA?

Aber nicht nur der Stress der Mutter während der Schwangerschaft, sondern auch die Erfahrungen des männlichen Tieres können sich auf den Nachwuchs übertragen. In einem Versuch an Mäusen wurden zunächst männliche Tiere dahingehend konditioniert, dass sie einen bestimmten Geruch mit einem unangenehmen Stromreiz verknüpfen. Als Folge dieser Lernerfahrung reagierten sie ängstlich auf den Geruch. Das ist natürlich erstmal nicht verwunderlich, sondern das Resultat einer klassischen Konditionierung. Interessanterweise reagierten aber auch die Nachkommen dieser männlichen Mäuse mit Angst auf diesen Geruch, obwohl sie selbst nie die Erfahrung gemacht haben, dass dem Geruch ein Stromschlag folgt. Durch die Lernerfahrung kam es also zu Veränderungen bestimmter Genstrukturen im Sperma, sodass diese Information auf die Nachkommen übertragen wurde. Tatsächlich waren bei den Nachkommen der angstkonditionierten Mäuse auch diejenigen Hirnregionen verändert, die für die Verarbeitung von Gerüchen zuständig sind (Dias & Ressler 2014).
Wir befinden uns hier also im Bereich der Epigenetik (siehe Infobox 5.1).

Infobox 5.1

EPIGENETIK UND METHYLIERUNG

Die Epigenetik beschreibt Mechanismen der umweltbedingten Regulierung der Genaktivität.
Eine wichtige Rolle spielt hier die sogenannte Methylierung. Hierbei kommt es zu einer biochemischen Umgestaltung bestimmter DNA-Abschnitte, die dazu führt, dass das entsprechende Gen deaktiviert wird. Dazu bindet sich ein kleines Molekül, die Methylgruppe, an ganz bestimmte Teile der Erbsequenz. Mit dieser kleinen Modifikation kann das Gen nicht mehr abgelesen werden – es ist also deaktiviert. Eine Methylierung wird unter anderem durch chemische, aber auch durch soziale Einflüsse initiiert. Diese durch äußere Bedingungen veränderte Genaktivität kann auch vererbt werden.

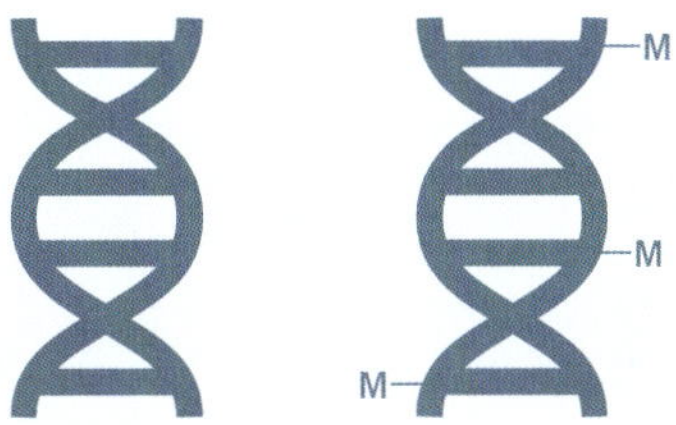

Die DNA-Sequenz ist frei von Methylgruppen. Das Gen ist aktiv, die Information kann abgelesen werden.

Methylgruppen haben an bestimmte Abschnitte der DNA-Sequenz angelagert. Das Gen ist nicht mehr ablesbar.

Das Fürsorgeverhalten der Mutter hat einen nachhaltigen Einfluss auf die Stressverarbeitung des Nachwuchses.

DIE NEONATALE PHASE UND DER EINFLUSS DER MUTTERHÜNDIN

Eine der wichtigsten Umweltfaktoren in den ersten Lebenswochen eines Welpen ist natürlich die Mutterhündin. Als sogenannte Nesthocker kommen Hundewelpen relativ unentwickelt auf die Welt und benötigen anfänglich ein hohes Maß an Pflegeverhalten. In den ersten Wochen muss die Mutterhündin die Welpen nicht nur füttern und vor Gefahren beschützen, sondern sie auch wärmen, da ihre Thermoregulation noch nicht vollständig entwickelt ist und sie ihre Körpertemperatur nicht selbstständig regulieren können. Während der ersten zwei Wochen verbringt die Mutterhündin etwa die Hälfte ihrer Zeit damit, die Welpen zu säugen. Zusätzlich verwendet sie 3 % – 18 % ihrer Zeit damit, die Anogenitalregion der Welpen zu belecken. Das ist notwendig, um den Kot- und Urinabsatz der Welpen zu stimulieren, da sie nicht selbstständig dazu in der Lage sind. Die Intensität dieses Pflegeverhaltens ist natürlich maßgeblich an der Entwicklung der Welpen beteiligt, auch in Bezug auf die Ausprägung verschiedener Verhaltensweisen und Persönlichkeitsmerkmale.

STUDIE MIT NAGETIEREN

Wie sich in Studien mit Nagetieren gezeigt hat, haben selbst kleine Veränderungen der mütterlichen Fürsorge, wie zum Beispiel in der Häufigkeit des Beleckens, tiefgreifende Auswirkungen auf den Nachwuchs. Rattenbabys, die häufig von ihrer Mutter gesäugt und beleckt werden und oft Körperkontakt mit ihr haben, sind später weniger anfällig für Stress. Sie erschrecken seltener, erkunden neue Umgebungen mutiger und sind allgemein weniger ängstlich. Nachwuchs von Müttern, die hingegen kaum Fürsorgeverhalten zeigen, werden dagegen mit hoher Wahrscheinlichkeit stressanfällig.
An diesem Beispiel sieht man wieder, wie eng die genetische Grundausstattung sowie die Umwelt miteinander zusammenhängen.

Es zeigt sich nämlich, dass durch das Belecken der Mutter Änderungen in gewissen Genstrukturen ausgelöst werden, die zu einer erhöhten Anzahl an Glukocorticoid-Rezeptoren im Hippocampus führen und damit eine bessere Regulation der Stresshormonlevel ermöglichen.
Das Fürsorgeverhalten der Mutter hat also einen nachhaltigen Einfluss auf die Stressverarbeitung des Nachwuchses (Sapolsky 2004). Untersuchungen, bei denen der Nachwuchs von fürsorglichen und nicht-fürsorglichen Müttern direkt nach der Geburt vertauscht wurde, konnten zeigen, dass diese Veränderungen in der Stressverarbeitung tatsächlich durch die liebevolle Betreuung der Mutter entstehen. Die Methylierungsrate im Hirn des Nachwuchses und damit auch das spätere Stressverhalten war nämlich nicht davon abhängig, von welcher Mutter sie geboren wurden, sondern davon, von welcher Mutter sie aufgezogen wurden (Weaver et al. 2004, Abbildung 5.1).

AUF WELPEN ÜBERTRAGBAR

Auch wenn sich das Brutpflegeverhalten von Ratten und Hunden in einigen Punkten unterscheidet, ist es sehr wahrscheinlich, dass sich die zugrunde liegenden physiologischen Prozesse, die für den späteren Umgang mit Stress entscheidend sind, bei beiden Tierarten ähneln.
Denn auch wenn die Welpen in dieser Zeit weder hören noch sehen können, reagieren sie sehr empfindlich auf Berührungs- und Temperaturreize. Das Anogenitallecken ist dabei von besonderer Bedeutung, da es nicht

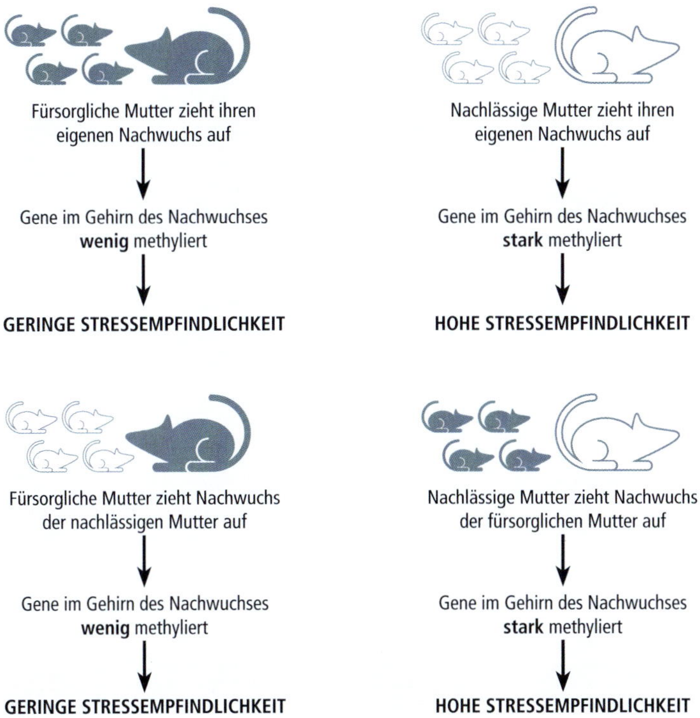

Abb. 5.1: Die Stressempfindlichkeit des Nachwuchses hängt nicht davon ab, von welcher Mutter sie geboren werden, sondern von welcher sie aufgezogen werden.

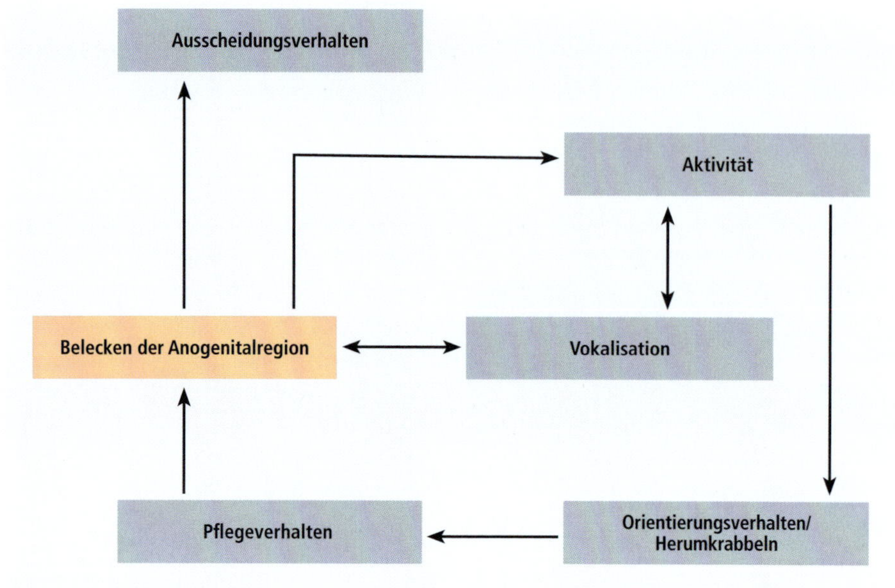

Abb. 5.2: Auswirkungen von Anogenitallecken: Interaktion von Mutter und Nachwuchs (nach Wilsson 2016)

nur das Ausscheidungsverhalten auslöst, sondern auch zu mehr Aktivität animiert und somit eine frühe selbstständige Orientierung fördert (siehe Abbildung 5.2). Welpen, deren Mutter in den ersten Wochen mehr Zeit mit Belecken verbrachte, stießen seltener Stresslaute aus, wenn sie von der Mutter getrennt wurden. Außerdem zeigten sie auch in unbekannter Umgebung aktiveres Verhalten (Wilsson 2016).
In einer weiteren Untersuchung wurde das mütterliche Pflegeverhalten in 22 Würfen Deutscher Schäferhunde analysiert. Es zeigte sich, dass Welpen, deren Mütter sich in den ersten Lebenswochen intensiver kümmerten, im Alter von 18 Monaten häufiger mit Sozialpartnern und ihrer Umwelt interagierten, was auf ein niedrigeres Ängstlichkeitslevel schließen lässt (Foyer et al. 2016). Demgegenüber haben Hunde, deren Mütter sich nach Aussage der Besitzer wenig intensiv um die Welpen gekümmert haben, später ein größeres Risiko, ein erhöhte Ängstlichkeit zu zeigen (Tiira und Lohi 2015).

DAS RICHTIGE MASS AN FÜRSORGE

Es ist also wichtig, dass der Welpe ausreichend Kontakt mit seiner Mutter hat. Eine aktuelle Studie lässt jedoch vermuten, dass auch ein Zuviel an Zuwendung ein Nachteil sein kann (Bray et al. 2017). In dieser Studie wurde untersucht, inwieweit der Pflegestil der Mutterhündin einen Einfluss auf den Erfolg im Trainingsprogramm zum Blindenführhund hat. Im Rahmen dieser Studie haben die Wissenschaftlerinnen bei 98 Welpen die Intensität des Pflegeverhaltens der Mutter während der ersten drei Lebenswochen untersucht und analysiert, mit welcher Wahrscheinlichkeit die Welpen im Erwachsenenalter das entsprechende Trainingsprogramm absolvieren.
Die Ergebnisse zeigen, dass einige Mütter deutlich vermehrte Interaktion mit den Welpen zeigten (z. B. Belecken) und häufiger in deren Nähe waren. Diese Hündinnen hatten auch im Ruhezustand erhöhte Stresswerte und reagierten bei einer kurzen Trennung der Welpen mit einer deutlicheren

Stressreaktion. Wären sie Menschen, würde man sie vermutlich als Helikoptermütter bezeichnen. Dieses intensive Pflegeverhalten wirkte sich negativ auf die Erfolgsquote im Trainingsprogramm aus. Ein Faktor, der dieses Ergebnis stark beeinflusste, war, wie die Mutter sich während des Säugens verhielt. Die meisten Hündinnen lagen während des Säugevorgangs relativ bewegungslos auf der Seite. Das hat für die Welpen den Vorteil, dass sich die Zitzen auf Kopfhöhe befinden und sie sich nicht sehr anstrengen müssen. Im Gegensatz dazu sind eine größere Anstrengung und mehr Aktivität notwendig, wenn die Mutter während des Säugens sitzt oder steht. Welpen, deren Mütter weniger intensives Pflegeverhalten zeigten und die sich mehr anstrengen mussten, schnitten später besser bei Problemlöseaufgaben ab, hatten weniger Furcht vor unbekannten Objekten und kamen besser mit einer kurzen Trennungsphase klar. Insgesamt zeigten sie sich also stressresistenter, was zu einer höheren Erfolgsquote führte.

Die Ergebnisse bestätigen die Annahme, dass das mütterliche Verhalten in der frühen Kindheit einen dauerhaften Effekt auf das Temperament und die kognitiven Fähigkeiten der Nachkommen haben kann. Außerdem zeigt sich mal wieder, dass es immer wichtig ist, ein gesundes Maß zu finden. Natürlich ist mütterliche Fürsorge extrem wichtig. Aber wie meistens im Leben gilt auch hier: Ein Zuviel kann auch kontraproduktive Effekte haben. Parallelen zu menschlichen Helikoptereltern sind nicht ausgeschlossen.

Welpen, die sich schon im jungen Alter mehr anstrengen müssen, beispielsweise weil die Mutterhündin im Sitzen oder Stehen säugt, zeigen später eine höhere Stressresistenz.

NEUROLOGISCHE STIMULATION FÜR DIE OPTIMALE ENTWICKLUNG

Entgegen der gängigen Meinung, dass Stress schadet, sind kleine Herausforderungen, also ein gewisses Maß an Stress, wichtig für die optimale Entwicklung. So sind Ratten, die während ihrer ersten Lebenstage jeweils für kurze Zeit von ihrer Mutter getrennt werden, im Erwachsenenalter deutlich stressresistenter als ihre Wurfgeschwister, die diese Erfahrung nicht gemacht haben. Diese milde Form von Stress führt zu einer neurologischen Stimulation und bereitet den Organismus darauf vor, zukünftigem Stress angemessen zu begegnen.

Da es in dieser Periode zu einem rasanten Ausbau des Neuronennetzwerkes kommt, sind diese äußeren Reize sowie Bewegung extrem wichtig. Nur so kommt es zu einer optimalen Entwicklung der Nervenverbindungen. Um die Nervenfasern im Körper bilden sich während der ersten Wochen die sogenannten Myelinscheiden. Diese „Schutzschicht" um die vorher nackte Nervenfaser verursacht auch, dass es zu einer wesentlich schnelleren Reizweiterleitung kommt. Nervenzellen ohne diese Umhüllung leiten die elektrischen Impulse mit einer Geschwindigkeit von ungefähr einem Meter pro Sekunde weiter. Mit den Myelinscheiden steigert sich diese Geschwindigkeit auf ungefähr 100 Meter pro Sekunde. Der Myelinisierungsprozess beginnt am Kopf und setzt sich dann langsam bis zu den Hinterbeinen fort. Das ist der Grund, warum Hundewelpen zunächst den Kopf heben können, dann die Vorderbeine mehr oder weniger koordiniert einsetzen und die Kontrolle über die Hinterbeine erst später folgt. Diese Entwicklung betrifft nicht nur die Nervenfasern im Körper, sondern auch die Nervenverbindungen des Hirns.

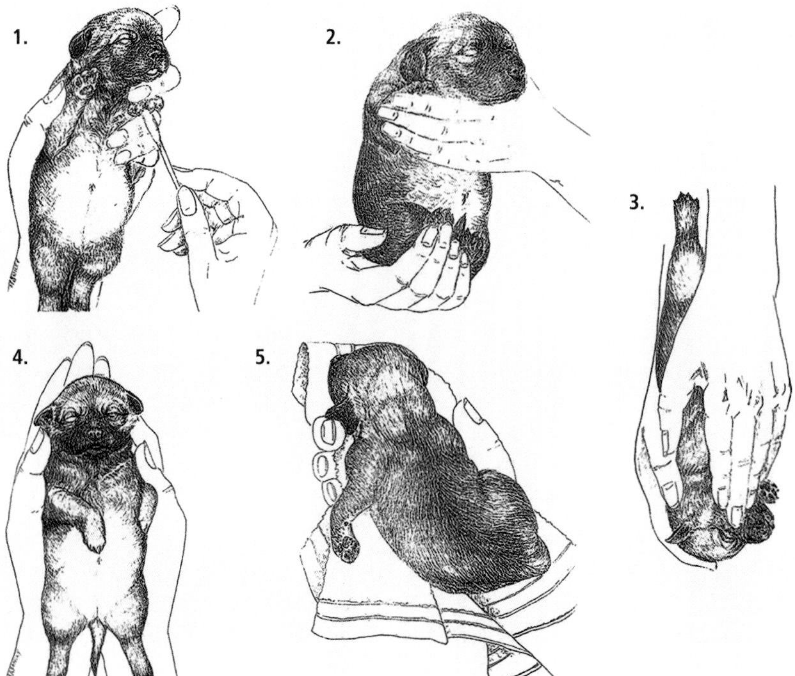

Abbildung 5.3: Neurologische Stimulation nach Battaglia (2009).

FÜNF ÜBUNGEN FÜR DIE NEURONALE ENTWICKLUNG

Schon in den 60er-Jahren haben Fox und Stelzner Versuche mit Hunden durchgeführt, in denen sie nachweisen konnten, dass Welpen, die von Geburt an und bis zur 5. Woche täglich gehändelt und dabei kurz von der Mutter getrennt wurden, später mehr Explorationsverhalten und ein besseres Problemlöseverhalten gezeigt haben. Ähnliche Ergebnisse zeigt auch eine aktuellere Studie mit 43 Welpen. Die Hälfte der Tiere wurde zwischen ihrem dritten und 21. Lebenstag täglich kurz vom Rest des Wurfes getrennt, sie wurden sanft auf den Rücken gedreht und der Bauch wurde massiert. Im Anschluss wurden sie zurück zu ihren Wurfgeschwistern gesetzt (Gazzano 2008). Diese so behandelten Welpen zeigten im Vergleich zu der Kontrollgruppe mehr Neugierverhalten in einer neuen Umgebung und waren entspannter, wenn sie kurz von den Artgenossen getrennt wurden.

Battaglia (2009) schlägt fünf tägliche Übungen vor, die die frühe neuronale Entwicklung fördern sollen (siehe Abbildung 5.3):

Taktile Stimulation Der Welpe wird in einer Hand gehalten und jede Pfote wird für je 3 – 5 Sekunden mit einem Ohrstäbchen „gekitzelt".

Aufrechte Kopfhaltung Der Welpe wird für 3 – 5 Sekunden in beiden Händen aufrechtgehalten, sodass der Kopf direkt über dem Schwanz ist.

Kopf zeigt nach unten Der Welpe wird für 3 – 5 Sekunden mit beiden Händen verkehrt herum festgehalten, sodass sein Kopf Richtung Boden zeigt.

Rückenlage Der Betreuer hält den Welpen für 3 – 5 Sekunden in Rückenlage auf seinen Handflächen.

Thermostimulation Der Welpe wird für 3 – 5 Sekunden auf ein feuchtes, gekühltes Tuch gesetzt.

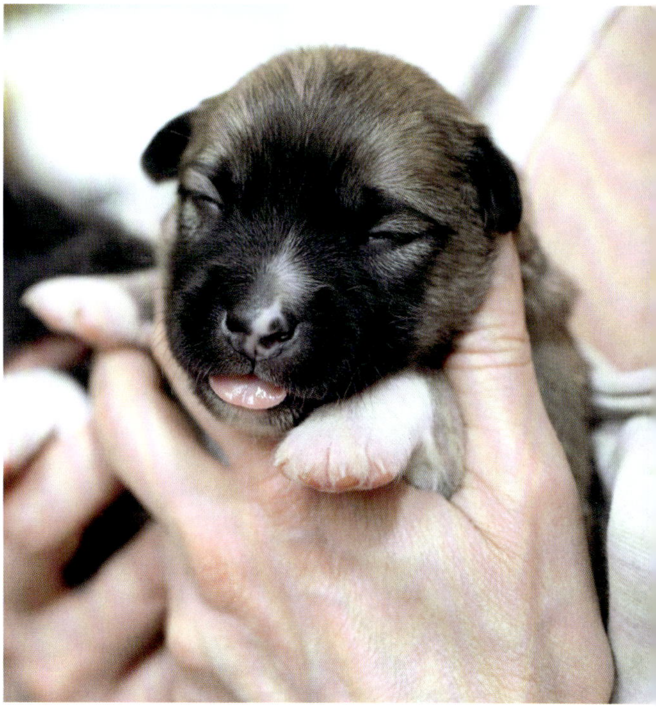

Kurzes tägliches Handling steigert die Stressresilienz des Welpen.

„BIO SENSOR PROGRAM"

Diese fünf Übungen wurden im Rahmen eines Ausbildungsprogrammes für Militärhunde genutzt und es wurde beobachtet, dass die so behandelten Welpen eine verbesserte Herzrate sowie stärkere Herzschläge hatten und dass sie resistenter gegen Stress und Krankheiten waren. Allerdings bleibt hier zu beachten, dass dies nur Beobachtungen sind, allerdings keine systematischen Daten erhoben wurden. Schoon und Berntsen (2011) verglichen die Effektivität des „Bio Sensor Programs" mit normalem Handling. Dazu untersuchten sie 91 Welpen aus 10 Malinois-Würfen eines Zuchtprogramms für Minenspürhunde. Dabei erhielt jeweils die Hälfte des Wurfes entweder das Handling mit den konkreten Handlungsanweisungen aus dem „Bio Sensor Program", während die andere Hälfte genauso viel Aufmerksamkeit und Handling durch den Menschen erhielt, dieses aber nicht dem konkreten Protokoll folgte.

Die Wissenschaftlerinnen fanden keinen Unterschied in der Entwicklung der Welpen oder dem späteren Erfolg in der Ausbildung. Es spielt also nicht unbedingt eine Rolle, wie das Handling ganz konkret aussieht, sondern, dass es eine Stimulation der Welpen gibt. Gestützt wird diese Annahme auch von einer neueren Studie, in der die Welpen in den ersten Wochen zusätzlich täglich kurz mit unterschiedlichen Materialien taktil stimuliert wurden (unter anderem eine weiche Kinderzahnbürste und ein Gummihandschuh). Auch hier wurden positive Auswirkungen dieser frühen Reizaktivierung auf die weitere Entwicklung im ersten Lebensjahr festgestellt. Die so behandelten Welpen verhielten sich später selbstbewusster in einer neuen Umgebung, sie zeigten weniger Trennungsstress und ließen sich nicht so leicht ablenken (Vaterlaws-Whiteside & Hartmann 2017).

Mit Beginn der Sozialisierungsphase …

EIN GEWISSES MASS AN HERAUSFORDERUNGEN

Wichtig ist zu beachten, dass man diese Übungen nicht mehr als einmal täglich mit jedem Welpen durchführt, da es sonst zu einer Überstimulation kommen kann, die negative Auswirkungen auf die Stressresistenz haben könnte.

Auch wenn ein gewisses Maß an Herausforderungen für eine optimale Entwicklung in den ersten zwei bis drei Lebenswochen notwendig ist, sollte man selbstverständlich darauf achten, dass die Welpen nicht zu viel Stress ausgesetzt sind. Denn das wiederum kann negative Auswirkungen auf die Resilienz, also Stressresistenz, haben. Auch das konnte schon in Studien mit Mäusen belegt werden. Eine Gruppe Mäuse wurde dabei in den ersten Lebenstagen täglich für drei Stunden von der Mutter getrennt – dieser lange Zeitraum stellt eine starke Stresssituation dar. Die so traumatisierten Mäuse hatten daraufhin eine lebenslang anhaltende Fehlregulation des Stresssystems. Bei ihnen war die Ausschüttung des Stresshormons Cortisol erhöht und die sogenannte negative Rückkopplung, die man als Abschaltmechanismus der Stressreaktion bezeichnen könnte, gestört (Murgatroyd et al. 2009).

Ein junges Lebewesen braucht also genug Stimulation, um den angemessenen Umgang mit Störfaktoren erlernen zu können. Ein Zuviel an Stresseinflüssen ist allerdings schädlich.

Obwohl Hunde sehr unterentwickelt geboren werden und sich sowohl ihr Nervensystem als auch ein Großteil ihrer Sinnesorgane noch entwickeln müssen, haben die ersten Tage nach der Geburt schon einen erheblichen Einfluss auf die Persönlichkeitsentwicklung des kleinen Tieres.

… sind die Sinnesorgane ausgereift und der kleine Hund kann vollständig mit seiner Umwelt interagieren.

DER HUND ENTDECKT DIE WELT – SOZIALISIERUNGSPHASE

Auf die neonatale Phase folgt eine kurze Übergangsphase, in der der Hund Augen und Ohren öffnet und erstmals mit seiner Umwelt in Kontakt tritt. Diese geht dann recht schnell in die Sozialisationsphase über. Dieser Zeitraum gehört zu den sensiblen Phasen und beschreibt eine Periode maximaler Lernfähigkeit. Somit hat diese Zeitspanne eine enorme Auswirkung auf die Persönlichkeitsentwicklung des Welpen. Die Sozialisierungsphase beginnt ungefähr mit der dritten oder vierten Woche und hält circa bis zu 12. bis 16. Woche an. Je nach Autor schwanken die Zahlen hier stark, was auch auf erhebliche Rasseunterschiede zurückzuführen ist.

ERFAHRUNGEN SAMMELN

Mit Beginn der Sozialisierungsphase sind die Sinnesorgane bereits ausgereift, und der Hund kann vollständig mit seiner Umwelt interagieren. Während in den ersten drei Lebenswochen des Welpen die Mutterhündin der grundlegende Sozialbezug war, fangen die Hunde jetzt an, ihre Umgebung zu erkunden und andere soziale Kontakte zu knüpfen.

Während dieser sensiblen Phase kommt es zur verstärkten Synapsogenese, das bedeutet, es wird ein großer Teil der Nervenverknüpfungen im Hirn angelegt. Dadurch sind die Hunde nun in der Lage, stabile Verknüpfungen zu erlernen. Die Erfahrungen, die ein Hund in dieser Zeit macht, sind besonders einprägsam. **Alle Dinge und Situationen, mit denen der Welpe während dieser Phase konfrontiert wird, können später besser eingeschätzt werden.**

Angenehme Erfahrungen mit Artgenossen sind während der Sozialisierungsphase besonders wichtig.

Es bildet sich sozusagen ein Referenzsystem aus, auf das der Hund später zugreifen kann. Je umfangreicher und stabiler dieses Referenzsystem ausgebildet ist, umso besser kann der Hund später neue Umweltreize einordnen. Natürlich bedeutet das nicht, dass der Welpe möglichst viele Erfahrungen machen muss. Ganz im Gegenteil: Die Bezugsperson sollte unbedingt darauf achten, dass der Umfang der äußeren Einflüsse für den kleinen Hund gut zu bewältigen ist. Auch braucht er ausreichend lange Pausen, um die gemachten Erfahrungen verarbeiten zu können. Der Leitsatz lautet hier: „Fördern und fordern, aber nicht überfordern!"

Das heißt auch nicht, dass ein Hund in dieser Zeit ausschließlich angenehme Erfahrungen machen sollte. Getreu dem Motto: „Wer im Paradies aufwächst, kann auch nur im Paradies überleben" –, geringer Stress ist auch hier von Vorteil. Dabei sollte klar sein, dass man den kleinen Vierbeiner keinen traumatischen Ereignissen aussetzt. Aber in einem normalen Leben lassen sich nun einmal negative Einflüsse nicht verhindern. Wenn ein sehr junger Hund zum Beispiel ausschließlich mit sehr toleranten, geduldigen erwachsenen Artgenossen Kontakt hat, die ihn nie in seine Schranken verweisen, lernt er möglicherweise nicht, dass er fremden Hunden gegenüber gewisse Grenzen einhalten sollte. Wenn der Welpe also einmal eine unangenehme Erfahrung mit einem anderen erwachsenen Hund macht, ist das wiederum kein Drama. Man sollte aber darauf achten, dass man dem kleinen Begleiter nach so einem Ereignis sozialen Zuspruch und Sicherheit gewährt und ihn nicht mit der Situation alleine lässt. Außerdem ist es natürlich notwendig, dass der Welpe ausreichend angenehme Erfahrungen mit unbekannten Artgenossen macht. So wird er lernen, dass andere Hunde generell in Ordnung sind, man aber auch gewisse Verhaltensregeln einhalten sollte. Wie immer ist also eine gewisse Balance wichtig, um auch in dieser Zeit optimale Voraussetzungen für eine gute Persönlichkeitsentwicklung gewährleisten zu können.

DAS RICHTIGE ABGABEALTER

Ein ganz wichtiger Aspekt für die optimale Persönlichkeitsentwicklung eines Hundes ist, dass er eine ausreichend lange Zeit bei seiner Mutter und seinen Wurfgeschwistern verbleibt, denn nur so können sie die sozialen Regeln im Kontakt mit anderen Hunden lernen. Dabei lernen sie auch, sich der Mutter unterzuordnen, Konflikte mit den Geschwistern angemessen auszutragen und erste Frustrationen zu ertragen, weil die Mutterhündin zum Beispiel nicht mehr gewillt ist, ihren Nachwuchs ständig zu säugen – kurzum: sie lernen, sich Artgenossen gegenüber angemessen zu verhalten und sich auch mal zurückzunehmen. Dabei werden gemeinsames Spiel und soziale Fellpflege (zum Beispiel gegenseitiges Beknabbern) häufiger in Würfen beobachtet, in denen die Mutter den Welpen eine klare Unterordnung beigebracht hat und ihre Welpen aktiv entwöhnt (Wilsson2016).
Welpen, die dagegen frühzeitig von der Mutter und den Geschwistern getrennt werden, zeigen häufig lebenslange Defizite, vor allem, was das Sozialverhalten angeht. Hunde, die beispielsweise bereits mit vier bis sechs Wochen adoptiert wurden, zeigen im Erwachsenenalter häufiger Verhaltensauffälligkeiten. Sie zerstören Dinge, bellen exzessiv, sind häufiger ängstlich und zeigen häufiger Ressourcenaggressivität als Welpen, die erst mit der achten Woche zu ihrem neuen Besitzer wechseln (Pierantoni et al. 2011). Andersherum sollten die jungen Hunde aber auch nicht zu spät in ihre neuen Familien gegeben werden. Welpen, die bei der Abgabe älter als acht Wochen sind, zeigen

Acht Wochen ist das optimale Abgabealter. Vor allem wenn der junge Hund zu früh in seine neue Familie einzieht, kann es vermehrt zu Verhaltensproblemen kommen.

später häufiger Problemverhalten gegenüber bekannten und unbekannten Menschen sowie unbekannten Hunden (Jokinen et al. 2017). Das beste Abgabealter scheint also bei acht Wochen zu liegen. Wichtig zu beachten ist hierbei, dass negative Erlebnisse im Alter von 8 – 10 Wochen besonders einprägsam sind (Fox & Stelzner 1966). Also vor allem in dieser Zeit sollte gut darauf geachtet werden, dass stark unangenehme Erfahrungen für den jungen Hund vermieden werden.

Auch wenn das Abgabealter die weitere Entwicklung des Hundes beeinflussen kann, spielen die Aufzuchtbedingungen eine wesentlich wichtigere Rolle. Außerdem sollte man die rassebedingten Unterschiede in der Entwicklung bei der Abwägung über das richtige Abgabealter beachten.

FRÜHER KONTAKT ZU MENSCHEN

Auch ein ausreichender Kontakt zu Menschen ist in dieser Lebensphase wichtig. Bereits Anfang der 60er-Jahre wurde untersucht, inwieweit der Kontakt mit einer Person in den ersten Lebenswochen Auswirkungen auf das spätere Verhalten Menschen gegenüber beeinflusst. In seinem Versuch hat Daniel Freedman (1961) Cocker Spaniel- und Beagle-Welpen während der ersten 14 Wochen in einem Gehege mit blickdichtem Zaun aufgezogen. Die Hunde wurden in verschiedene Gruppen eingeteilt. Die Tiere hatten während dieser gesamten Zeit zwar Sozialkontakt mit ihren Geschwistern und ihrer Mutter, aber – je nach Gruppeneinteilung – nur zu bestimmten Zeiten je eine Woche Kontakt mit Menschen. In dieser Woche hatten die Hunde jeden Tag dreimal

---

Infobox 5.2

DEPRIVATIONSSYNDROM

Als Deprivationssyndrom bezeichnet man die Verhaltensstörungen, die durch einen Mangel an Außenreizen während der frühen Lebensphase entstehen. Dabei tritt ein „vollständiges" Deprivationssyndrom, das die Folge des Fehlens sämtlicher Außenreize darstellt, bei Hunden nur sehr selten auf. Durchaus denkbar ist allerdings, dass bestimmte relevante Stimuli fehlen. So kann es beispielsweise bei einer reinen Zwingeraufzucht zu einem Mangel an Sozialkontakt mit dem Menschen und Artgenossen sowie zu wenig Konfrontation mit Umweltreizen kommen. Verschiedene Studien haben gezeigt, dass das Fehlen bestimmter Reize während der Sozialisierungsphase dazu führt, dass der Hund mit einer hohen Wahrscheinlichkeit Furcht vor diesem Reiz entwickelt (Appleby et al. 2002). Durch den Erfahrungsmangel kann sich das neuronale Referenzsystem nicht ausbilden, sodass der Hund den Umweltreiz später nicht einordnen und folglich nicht adäquat reagieren kann.

Mögliche Folgen eines Deprivationssyndroms sind:

- Gestörte Angst- und Erregungskontrolle
- Gestörte Frustrationskontrolle
- Verstärkte Neigung zu übermäßig aggressivem Verhalten
- Entwicklung von Zwangsverhalten
- Gestörtes Lernverhalten
- Verstärkte Neigung zu Phobien und Trennungsstress

Je nach Grad des Deprivationsschadens kann sich eine „Wiedergutmachung" sehr schwierig gestalten, auch wenn eine Besserung in den meisten Fällen durchaus möglich ist.

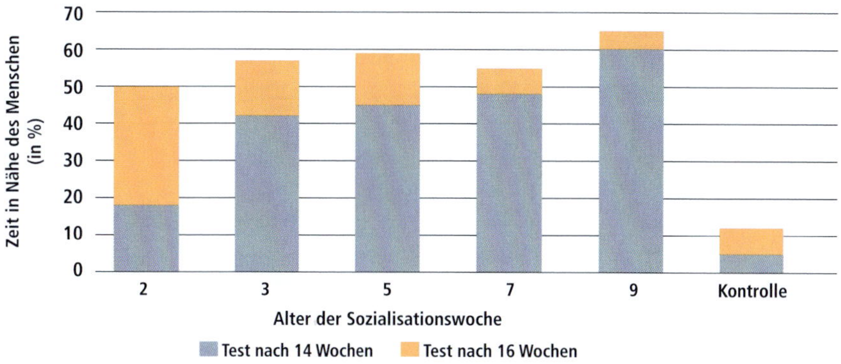

Abb. 5.4: Zeit, die die Welpen in der Nähe einer ruhigen fremden Person verbrachten. Der Test wurde sowohl im Alter von 14 Wochen (blau) als auch nach einer zweiwöchigen Sozialisierungseinheit (mit 16 Wochen, rot) durchgeführt. Es ist gut zu erkennen, dass sich alle Gruppen nach dieser Sozialisierungseinheit länger bei der fremden Person aufhalten. Vor allem die Versuchsgruppe, deren erste Sozialisierungseinheit bereits in der zweiten Lebenswoche stattfand, profitieren stark von der zweiten Einheit. Allerdings fällt auch auf, dass die Kontrollgruppe, die in den ersten 14 Wochen keinerlei Menschenkontakt hatte, den Kontakt zur fremden Person auch nach der Sozialisierungseinheit weitgehend meidet (nach Freedman 1961).

eine halbe Stunde intensiven Kontakt mit einer Person, die mit ihnen spielte und sich um sie kümmerte. Bei Gruppe 1 fand diese „Menschenkontakt-Woche" im Alter von zwei Wochen statt, bei Gruppe 2 im Alter von drei Wochen, Gruppe 3 machte diese Erfahrung im Alter von fünf Wochen, Gruppe 4 mit sieben Wochen und Gruppe 5 im Alter von neun Wochen. Außerdem gab es eine Kontrollgruppe, die in den ersten 14 Wochen keinerlei Kontakt mit Menschen hatte. Nach den 14 Wochen hatten alle Hunde zwei Wochen lang täglichen Kontakt mit Menschen.

Es wurde sowohl direkt mit 14 Wochen als auch nach der zweiwöchigen Kontaktphase getestet, inwieweit sich die Hunde freiwillig einem Menschen annähern. Dabei zeigt sich, dass die Hunde, die in den ersten 14 Wochen keinen Menschenkontakt hatten, auch nach der zweiwöchigen Kontaktphase Meideverhalten gegenüber Menschen zeigen (siehe Abbildung 5.4). Die Autoren beschreiben, dass auch im weiteren Verlauf kein Aufbau einer normalen Hund-Mensch-Beziehung möglich war. Hingegen zeigten die Welpen, die zwischen der zweiten und neunten Woche bereits Menschenkontakt erfahren haben, normale soziale Interaktionen mit der bekannten Person, aber auch mit Fremden. Weiterhin konnten Scott und Fuller 1965 mit ihrer bahnbrechenden Forschung zeigen, welchen wichtigen Einfluss die sensible Phase auf die Ausprägung auf das zwischenartliche Sozialverhalten von Hunden hat. Ihre Untersuchungen ergaben, dass bereits eine 40-minütige freundliche Interaktion mit einem Menschen während der achten Lebenswoche ausreicht, um die Sozialisation von Hunden so voranzutreiben, dass sie später keine Angst vor Menschen haben.

DIE HERKUNFT DES WELPEN

Natürlich werden die Erfahrungen des Hundes in den ersten Wochen auch dadurch bestimmt, wo er aufwächst. Sicherlich sind die Aufzuchtbedingungen dabei bei einem verantwortungsvollen Züchter deutlich optimaler als in einer Vermehrerstation oder im Verkauf eines Zoofachhandels. Während Letzteres in Deutschland zum Glück eher unüblich ist, ist der Kauf eines Welpen im

Infobox 5.3

MÖGLICHE GRÜNDE FÜR VERHALTENSAUFFÄLLIGKEITEN AUFGRUND VON SCHLECHTEN AUFZUCHTBEDINGUNGEN

Stress
Wenn die trächtige Hündin starken Stressfaktoren ausgesetzt ist, kann sich das auch auf die spätere Stressresilienz der Nachkommen auswirken. Vorstellbare Stressfaktoren wären zum Beispiel extreme Temperaturen, Futtermangel, Unterbringung in Käfigen oder ähnlich ungeeigneten Orten, die die Bewegungsfreiheit einschränken, körperliche Misshandlungen und vieles mehr.
Zu starke Stresseinflüsse in den ersten Lebenswochen können zu lebenslangen Folgeschäden führen. Neben den Stressfaktoren, die schon im vorherigen Punkt genannt wurden, hätte hier wiederholte und länger andauernde Isolation von Mutterhündin und Wurfgeschwistern möglicherweise fatale Folgen.

Schlechte Gewöhnung und Sozialisation
Schlechte Gewöhnung an Umweltreize sowie schlechte Sozialisierung sind natürlich auch wichtige Faktoren für mögliche Schwierigkeiten in der Persönlichkeitsentwicklung. Hunde, die unter schlechten Bedingungen aufwachsen, haben hier vermutlich starke Defizite. Hunde, die bei verantwortungslosen Vermehrern aufwachsen, werden höchstwahrscheinlich nicht mehr als ihre eigene Wurfbox, ihre Mutter sowie ihre Wurfgeschwister kennenlernen. Das sind natürlich denkbar schlechte Voraussetzungen für eine optimale Persönlichkeitsausprägung.
Je ähnlicher die Umweltreize während der ersten Lebenswochen und vor allem in der Sozialisierungsphase den zukünftigen Lebensumständen sind, umso besser kann sich der Hund an diese anpassen. Da es unwahrscheinlich ist, dass die Aufzuchtbedingungen in einer Vermehrerstation der „normalen" menschlichen Umwelt entsprechen, in der der Hund später leben wird, sind Schwierigkeiten nicht unwahrscheinlich.

Frühe Trennung
Wenn der Welpe zu früh von der Mutter getrennt wird, kann es im Erwachsenenalter gehäuft zu unerwünschtem Verhalten und einer erhöhten Ängstlichkeit kommen.

Tiergeschäft in anderen Ländern durchaus gängige Praxis. McMillan und Kollegen (2013) aus den USA fanden heraus, dass Welpen aus dem Tierhandel ein höheres Erregungslevel hatten und schwieriger erziehbar waren.
Eine italienische Studie konnte nachweisen, dass Hunde, die in einem Zoofachgeschäft erworben wurden, später häufiger Probleme bei der Stubenreinheit sowie Trennungsängste zeigten. Zusätzlich zeigten diese Hunde öfter Aggressionen gegenüber ihrem Besitzer (Pirrone et al. 2016). Eine erhöhte Aggressivität gegenüber dem eigenen Halter, aber auch gegenüber fremden Menschen oder Hunden konnte auch in anderen Studien gezeigt werden. Wie schon erwähnt, ist der Kauf eines Hundes in einer Zoofachhandlung in Deutschland bis auf wenige Ausnahmen nicht gebräuchlich. Allerdings schaffen sich viele Menschen hierzulande Welpen über diverse Plattformen im Internet oder ähnliche Quellen an. Hier ist sehr oft nicht nachvollziehbar, woher die Welpen stammen und unter welchen Umständen sie aufgewachsen sind. Die Ursachen für mögliche

Verhaltensproblematiken bei Hunden, die unter schlechten Bedingungen großgezogen wurden, sind dabei vielfältig (siehe Infobox 5.3). Als verantwortungsvoller Welpenkäufer sollte man also unbedingt darauf achten, wo man den Hund kauft.

WIE ZUVERLÄSSIG SIND WELPENTESTS?

Welpentests werden – wie der Name schon sagt – bei wenige Tage bis wenige Wochen alten Hunden durchgeführt. Sie sollen Auskunft über die Persönlichkeit des Hundes geben und zum Beispiel dabei helfen, einen geeigneten Besitzer zu finden oder eine Vorhersage darüber treffen, ob der Hund als Diensthund bei der Polizei, dem Militär oder als Servicehund geeignet ist. Auch sollen damit Prädispositionen, also eine höhere Anfälligkeitswahrscheinlichkeit, für bestimmte Verhaltensprobleme frühzeitig erkannt werden. Bisherige Studien über die Aussagekraft dieser frühen Tests liefern allerdings widersprüchliche Ergebnisse.

TESTVERFAHREN

Es gibt vor allem zwei Typen von Welpentests, die häufig so oder so ähnlich durchgeführt werden: der Biotonus-Test und der 6-Wochen-Test.

Der Biotonus-Test wurde in den 1970ern von Eberhard Trumler entwickelt. In der ursprünglichen Form dieses Tests wird der Welpe direkt nach der Geburt in die Mitte eines Brettes oder einer Decke gelegt, auf dem 16 bezifferte Felder markiert sind. Der Welpe wird nun vier Minuten lang beobachtet und es wird gemessen, wie viel er sich bewegt, also wie viele Felder er „durchquert". Außerdem wird analysiert, wie viele und wie intensive Lautäußerungen er von sich gibt. Nach Trumlers Interpretation besitzt ein Welpe, der sich in dieser Situation viel bewegt, einen hohen „Biotonus" beziehungsweise Lebenswillen. Welpen, die sich hier kaum bewegen, würden wenig Lebenswillen besitzen und wären in der freien Natur nicht überlebensfähig.
Auch heutzutage wird dieser Test so oder in leicht abgewandelter Form von vielen Züchtern durchgeführt. Man erhofft sich davon, Hinweise über die spätere Persönlichkeit des Hundes zu erhalten. So soll der Test zum Beispiel vorhersagen, wie schreckhaft und ängstlich, wie aktiv oder wie kooperationsbereit der Hund später ist. Allerdings gibt es bis dato keinerlei wissenschaftliche Daten, die die Aussagekraft dieses Tests belegen.

Der 6-Wochen-Test Ähnlich sieht es auch für den sogenannten 6-Wochen-Test aus, der 1975 von Campbell entwickelt wurde und auch heute noch in ähnlicher Form angewendet wird. Mit diesem Test soll unter anderem festgestellt werden, wie dominant, gesellig oder aggressiv ein Hund ist. Wie der Name schon andeutet, wird dieser Test meist im Alter von sechs Wochen durchgeführt. Dabei wird das Verhalten des Welpen in unterschiedlichen Situationen analysiert (Infobox 5.4).
Es wird zum Beispiel untersucht, wie er sich in einem unbekannten Raum verhält, wie er auf einen fremden Menschen oder auf körperliche Begrenzung reagiert. Bisherige Untersuchungen über die Vorhersagekraft dieses Tests ergeben kein eindeutiges Bild.

Der Biotonus-Test wird mit wenige Tage alten Welpen durchgeführt.

Infobox 5.4

6-WOCHEN-TEST

William Campbell entwickelte diesen Test zu Beginn der 1970er-Jahre. Ziel war es, mittels eines standardisierten Tests das Wesen eines Hundes möglichst früh einschätzen und späteres Verhalten vorhersagen zu können und damit eine geeignete Familie für jeden Welpen zu finden. Als Testraum sollte ein ruhiger, abgelegener Ort genutzt werden, den der Welpe im Idealfall nicht kennt. Sämtliche potenzielle Ablenkungen (wie zum Beispiel Spielzeug) sollte man entfernen. Jeder Welpe wird einzeln in den Testraum gebracht. Der Umgang mit dem Hund soll umsichtig sein, aber er soll weder belohnt noch bestraft werden. Harn- und Kotabsatz werden während des gesamten Testablaufs ignoriert. Nach Beendigung des Tests wird der Welpe gestreichelt, gelobt und anschließend zur Mutter und den Geschwistern zurückgebracht. Die Wesensüberprüfung besteht insgesamt aus fünf Tests und dauert etwa fünf Minuten.

Test 1: „Soziale Anziehung"
Direkt nachdem der Welpe in die Mitte des Testraumes gesetzt wurde, entfernt sich die Versuchsleiterin einige Schritte von ihm, hockt sich hin und macht durch vorsichtiges Händeklatschen auf sich aufmerksam. Campbell (1975) analysierte die Bereitschaft zu kommen sowie die Schwanzhaltung des Welpen bei der Annäherung. Mithilfe dieser Kriterien soll beurteilt werden, wie offen der Welpe fremden Menschen gegenüber ist und wie stark seine Unabhängigkeit ausgeprägt ist.

Test 2: „Nachlaufen"
Ausgehend von der Position des Welpen läuft die Versuchsleiterin in einem normalen Schritttempo weg von ihm. Gemessen wird dabei, ob und wie der Welpe der Person folgt. Ein Nicht-Nachlaufen wurde als Zeichen für eine starke Tendenz zur sozialen Unabhängigkeit bewertet.

Test 3: „Begrenzung"
In diesem Testabschnitt wird analysiert, wie der Hund auf eine körperliche Begrenzung reagiert. Dazu wird der Welpe vorsichtig auf den Rücken gedreht und mit der Hand am Brustkorb für 30 Sekunden in dieser Position gehalten. Campbell (1975) beurteilte dabei das Ausmaß der Abwehr oder Duldung und zog Rückschlüsse auf die dominanten beziehungsweise submissiven Tendenzen des Tieres.

Test 4: „Soziale Dominanz"

Die Versuchsleiterin hockt sich neben den Welpen und streichelt mit der Hand über den Kopf und entlang des Rückens. Je nachdem, ob der Welpe diese Handlung duldet oder sie abwehrt, interpretierte Campell (1975), ob der Welpe die Dominanz des Menschen akzeptiert oder nicht.

Test 5: „Dominanz durch Hochheben"

Auch im fünften Testabschnitt geht es darum, ob der Hund bereit ist, die menschliche „Dominanz" zu akzeptieren. Hierbei wird dem Welpen mit beiden Händen unter den Bauch gefasst und er wird hochgehoben. Diese Position wird für 30 Sekunden gehalten.

Die Reaktionen der Welpen in allen fünf Testsituationen wurden mittels eines definierten Auswertungsbogens erfasst.

Tabelle Auswertungsbogen nach Campbell (1975)

Test 1: „Soziale Anziehung"

a. Kommt leicht, Schwanz hoch, hüpft herum, zwickt in die Hände
b. Kommt leicht, Schwanz hoch, tänzelt vor den Händen
c. Kommt leicht, Schwanz gesenkt
d. Kommt zögernd, Schwanz gesenkt
e. Kommt nicht

Test 2: „Nachlaufen"

a. Folgt leicht, Schwanz hoch, zwickt in die Hände
b. Folgt leicht, Schwanz hoch, läuft bei Fuß
c. Folgt leicht, Schwanz gesenkt
d. Folgt zögernd, Schwanz gesenkt
e. Folgt nicht/ in großem Abstand, läuft weg

Test 3: „Dominanz durch Zwang" (30 sec)

a. Wehrt sich, kämpft heftig, knurrt oder beißt zu
b. Wehrt sich, kämpft heftig, beißt nicht
c. Wehrt sich einige Zeit, gibt dann auf
d. Wehrt sich nicht, duldet den Druck der Hand, leckt

Test 4: „Soziale Dominanz" (30 sec)

a. Springt auf, tänzelt weg, kratzt, knurrt oder beißt
b. Springt auf, tänzelt weg
c. Windet sich heraus, leckt die Hände
d. Dreht sich um, leckt die Hände
e. Duldet die Stellung, rührt sich nicht

Test 5: „Dominanz durch Hochheben" (30 sec)

a. Wehrt sich heftig, knurrt, beißt
b. Wehrt sich heftig, beißt aber nicht
c. Wehrt sich, gibt dann auf, leckt
d. Wehrt sich nicht, leckt

AUSWERTUNG

Zwei a oder mehr, sonst nur b
Campbell (1975) schätzt diese Welpen als ungeeignet für Haushalte mit kleinen Kindern oder älteren Menschen ein, da sie ein dominant-aggressives Verhalten zeigen und bei physischem Zwang möglicherweise zubeißen. Die Erziehung muss auf sanfte Art, ohne physischen Zwang und in ruhiger Atmosphäre erfolgen.

Drei b oder mehr
Diese Hunde neigen zu dominantem Verhalten. Konsequentes, freundliches Training bringt hier einen schnellen Lernerfolg. Laut Campbell sind diese Hunde für kleine Kinder ungeeignet.

Drei c oder mehr
Campbell beschreibt diese Tiere als „ausgeglichenen Typ", der sehr anpassungsfähig ist. Sie würden auch für kleine Kinder und ältere Menschen geeignet sein.

Zwei d oder mehr
Diese Welpen werden als sehr unterwürfig eingeschätzt. Laut Campbell benötigen sie viel Einfühlungsvermögen, um sich Menschen vertrauensvoll anschließen zu können. Diese Hunde wären im Normalfall auch für Haushalte mit kleinen Kindern geeignet, da sie nur bei ernster Bedrohung oder zur Selbstverteidigung beißen würden.

Zwei e oder mehr
Nach Campbells Interpretation der Auswertung sind diese Welpen sehr ängstlich und schlecht sozialisierbar. Sind im Testergebnis auch a- und b-Antworten enthalten, kann es in Stresssituationen möglicherweise zum Angstbeißen kommen. Treten hingegen auch c- und d-Reaktionen auf, zeigen die Hunde in unangenehmen Situationen eher Fluchtverhalten.

Mischung aller Reaktionen
Sollten die Testergebnisse gemischt ausfallen, verhält sich der Welpe bzw. entwickelt sich dessen Verhalten laut Campbell möglicherweise unberechenbar. Er schlägt in diesem Fall einen neuen Testdurchlauf in einer neuen Umgebung vor.

EINORDNUNG

Aus heutiger Sicht scheint diese Art der Verhaltenseinschätzung und die daraus resultierende Interpretation und Typeneinteilung sehr veraltet. Und tatsächlich liefert die Auswertung des Testes keine zuverlässige Vorhersage über das zukünftige Verhalten eines Hundes. Nichtsdestotrotz wird das Grundkonzept des Testes mit einigen Erweiterungen oder verschiedenen Abwandlungen auch heute noch durchgeführt.

STUDIE WELPEN- UND ERWACHSENENTEST

In einer Längsschnittstudie haben Stefanie Riemer und ihre Kolleginnen von der Universität Wien Border Collies in verschiedenen Lebensabschnitten verschiedenen Persönlichkeitstests unterzogen. Zunächst wurden 99 Border Collies im Alter von 2 – 10 Tagen dem sogenannten „Neugeborenentest" unterzogen, der dem oben erwähnten Biotonustest ähnelt. Eine weitere Untersuchung fand im Alter von 40 – 50 Tagen statt (Welpentest). Hierbei wurden 134 Welpen bei ihren Züchtern getestet (einschließlich 93 Individuen, die bereits im Neugeborenentest untersucht wurden). 50 von ihnen nahmen im Alter von 1,5 – 2 Jahren abermals an einem Verhaltenstest teil (Erwachsenentest). Ziel dieser Studie

war es herauszufinden, ob man mit dem Neugeborenen- bzw. Welpentest zukünftiges Verhalten vorhersagen kann.
In dem Neugeborenentest wurde die Mutter ca. zwei Stunden vor Testbeginn vom Wurf separiert. Im Test wird der Welpe dann in die Mitte einer Decke gesetzt, welche in 16 Quadrate unterteilt ist. Die Wissenschaftler haben gemessen, wie oft sich der Welpe bewegte, wie viele Quadrate er berührte und wie lange bzw. wie intensiv seine Lautäußerungen waren. Nach zwei Minuten nahm die Versuchsleiterin den Hund hoch und ließ ihn am Finger saugen. Dabei wurde die Saugintensität bewertet.

Kategorien und Ergebnisse

Sowohl der Welpentest, der im Alter von 40 – 50 Tagen durchgeführt wurde (ähnlich dem vorgestellten 6-Wochen-Test), als auch der Erwachsenentest enthielt Untersuchungen in folgenden Kategorien:

1. Erkundungsverhalten in der neuen Umgebung
2. Interaktion mit einem unbekannten Versuchsleiter
3. Spielsituation
4. Reaktion auf ein unbekanntes Objekt
5. Sozialer Konflikt (bei den Welpen drei Tests, in denen sie in ihrer Bewegung stark eingeschränkt wurden und bei den Erwachsenen durch eine bedrohliche Annäherung des Versuchsleiters)

Die Wissenschaftlerinnen konnten keinerlei Zusammenhang zwischen den Messwerten im Neugeborenen-Test und den Messungen im Welpen- bzw. Erwachsenentest finden. Der Neugeborenentest hat also keinerlei Vorhersagekraft. Weder kann er Hinweise darauf geben, wie sich der Hund im Alter von ca. sechs Wochen verhalten wird, noch wie das Verhalten im Erwachsenenalter aussieht. Auch der Vergleich zwischen dem Welpentest und dem Erwachsenentest ergab nur einen einzigen Zusammenhang: Das Erkundungsverhalten in der fremden Umgebung. Je mehr Erkundungsverhalten der Welpe in dem unbekannten Raum gezeigt hat, umso aktiver war er auch im Erwachsenenalter in einer vergleichbaren Situation. Weder das zukünftige Sozialverhalten, die Reaktion auf unbekannte Menschen bzw. fremde Objekte, noch das Verhalten in einer sozialen Konfliktsituation lassen sich durch diesen Test vorhersagen. **Also kann auch der Welpentest, der im Alter von 6 – 7 Wochen durchgeführt wurde, nur eine sehr begrenzte Aussage über das zukünftige Verhalten des Hundes treffen.**

Welpentests haben eine sehr begrenzte Aussagekraft.

Ähnliche Ergebnisse bei anderen Arten

Vergleichbare Ergebnisse wurden auch in einem ähnlichen Test mit Wolfwelpen erzielt, der in den 1980ern von Kevin MacDonald durchgeführt wurde. Er stellte fest, dass sich die individuellen Verhaltensunterschiede erst ab dem 86. Tag stabilisieren. Innerhalb dieses Entwicklungszeitraumes gab es sogar drastische Veränderungen. So wurde der ursprünglich ängstlichste Wolfswelpe später derjenige, der im Vergleich zu seinen Geschwistern am freundlichsten auf Menschen zuging.

Diese Ergebnisse sind nicht überraschend, denn auch bei anderen Tierarten, zum Beispiel Makaken oder Pavianen, aber auch beim Menschen, gibt es kaum einen Zusammenhang zwischen dem Verhalten in den ersten Lebenswochen/-monaten und der späteren Persönlichkeit. Es spielen nämlich auch folgende Lebensabschnitte eine wichtige Rolle in der Wesensausbildung, zum Beispiel in der Pubertät. Während dieser Zeit gibt es tief greifende Veränderungen im zentralen Nervensystem. Und das betrifft nicht nur Menschen, sondern auch Hunde.

Sowohl der Neugeborenen- als auch der Welpentest stellen nur eine Momentaufnahme dar. Sie können zwar den „Ist"-Zustand der individuellen Unterschiede der Welpen aufzeigen, haben aber kaum Aussagekraft über das zukünftige Verhalten des Hundes. Auch wenn die Sozialisierungsphase eine sehr wichtige Bedeutung für die Persönlichkeitsentwicklung eines Hundes hat, spielen auch spätere Umwelteinflüsse eine Rolle, denn alle individuellen Erfahrungen während des gesamten Lebens haben Einfluss auf die Persönlichkeitsentwicklung.

WENN AUS DEM WELPEN EIN JUNGHUND WIRD

Mit der juvenilen Phase wird der Zeitraum bezeichnet, der sich an die Sozialisierungsphase anschließt und mit dem Eintritt ins Erwachsenenalter endet. Je nach Rasse wäre das also ungefähr zwischen dem dritten/vierten Monat bis zu einem Alter von ca. 12 bis 18 Monaten, vor allem bei großen Rassen kann sie auch bis zu 24 Monaten andauern. Aktuell gibt es nur wenige Studien, die sich konkret mit der Entwicklung in diesem Zeitraum beschäftigen.

Hunde, die mit Artgenossen aufwachsen, zeigen später weniger innerartliche Aggressionen.

Ähnlich wie beim Menschen kann es auch bei jungen Hunden während der „Pubertät" zu Verhaltensproblemen kommen. Der Grund dafür ist die Umstrukturierung des Gehirns.

In einem Ausbildungsprogramm der schwedischen Armee werden Hunde (vor allem Deutsche Schäferhunde) ab der achten Woche bis zur militärischen Eignungsprüfung in Pflegefamilien aufgezogen. Eine Befragung dieser „Besitzer auf Zeit" hat ergeben, dass diejenigen Hunde, deren Pflegefamilien sich intensiver um sie gekümmert haben und mehr „quality time" mit ihnen verbrachten, eine höhere Wahrscheinlichkeit hatten, die Eignungsprüfung zu bestehen. Diese Hunde waren später auch eifriger bei der Arbeit.

Diese Ergebnisse legen nahe, dass gerade in dieser Zeit eine eingehende Auseinandersetzung und Aufmerksamkeit gegenüber dem Hund förderlich ist, um eine stabile Entwicklung zu gewährleisten.

Auch ein weiterer Faktor scheint eine Rolle zu spielen: Diejenigen Hunde, in deren Pflegefamilien auch andere Artgenossen wohnten, zeigten später seltener Aggression oder Furcht gegenüber unbekannten Artgenossen.

In einer weiteren Studie wurde das Verhalten von Golden Retrievern, Labradoren und Deutschen Schäferhunden verglichen, die in einem Zuchtprogramm für Blindenführhunde aufgezogen wurden. Hier hat sich ergeben, dass es bei den Schäferhunden zwischen dem sechsten und dem zwölften Monat zu einem Anstieg des aggressiven Verhaltens gegenüber unbekannten Menschen kam. Diese Veränderung konnte bei den anderen beiden Rassen nicht festgestellt werden (Serpell & Duffy 2016). Bei der Entwicklung von emotionalen Reaktionen in der juvenilen Phase scheint es also auch rassebedingte Unterschiede zu geben.

PUBERTÄT UND PUBERTIERE

Die Pubertät beschreibt die Phase der körperlichen Umstellung auf die Geschlechtsreife und ist am Ende der juvenilen Phase verortet. Sie ist nicht nur bei menschlichen Teenagern ein schwieriges Alter, sondern kann auch bei Hunden zu „Nebenwirkungen" führen. In dieser Zeit kommt es nicht nur zur vermehrten Ausschüttung von Sexualhormonen, sondern auch zur Reifung des Gehirns. Es findet eine Umstrukturierung der Neuronenverbindungen statt. Dieser Prozess betrifft nicht alle Hirnregionen gleichzeitig. Er beginnt hinten am Kleinhirn und setzt sich

Die Persönlichkeit eines Hundes ist mit ein bis zwei Jahren relativ stabil.

dann bis zum Stirnlappen, dem Präfrontalen Cortex, fort. Dieser Hirnbereich ist an Prozessen wie Planung, Situationsbewertung, Risikoabschätzung und Impulskontrolle beteiligt. Wenn dieser Teil nun während der Pubertät einer Baustelle gleicht, sind während dieser Zeit natürlich auch die erwähnten Prozesse stark beeinträchtigt. Zusätzlich ist ein anderes Hirnareal in dieser Phase vergrößert: die Amygdala (Mandelkern). Dieses Areal ist an der Verarbeitung und Regulierung von Emotionen beteiligt. Da nun gleichzeitig das Zentrum der Risikobewertung und Impulskontrolle einer Baustelle gleicht und das Gefühlszentrum überaktiviert ist, erklärt sich auch das mitunter recht originelle Verhalten und Wesensveränderungen des pubertierenden Individuums. Sowohl Rüden als auch Hündinnen können während dieser Zeit gehäuft zu Schreckhaftigkeit und Unsicherheit, Gereiztheit, fehlender Konzentration und anderen Verhaltensmodifikationen neigen.

PERSÖNLICHKEITSVERÄNDERUNGEN IN DER PUBERTÄT

Dass sich verschiedene Persönlichkeitsdimensionen während der Pubertät deutlich ändern, konnte auch Stephanie Riemer und Kollegen (2016) in einer Studie zeigen. Sie verfolgten die Persönlichkeitsveränderungen von 69 Border Collies über 18 – 24 Monate. Dazu füllten die Besitzer im Alter von 6, 12 und 18 – 24 Monaten den Dog Personality Questionnaire (DPQ, Gosling) aus. Es zeigte sich, dass sowohl Ängstlichkeit, Aggressionen gegenüber Menschen und Tieren, als auch die Trainierbarkeit in dieser Zeitspanne zunahmen. Diese Faktoren änderten sich vor allem zwischen dem sechsten und zwölften Monat. Lediglich die Erregbarkeit beziehungsweise das Aktivitätslevel änderte sich nicht. Ähnlich wie das Erkundungsverhalten in der Studie zur Voraussagekraft von Welpentests spiegelt die Erregbarkeit vermutlich anteilig die Reaktivität als Teil des (angeborenen) Temperamentes wider. Beruhend auf dieser Studie sowie den Daten des Dog Mentality Assessment (DMA) von Svartberg (2007), geht man davon aus, dass sich die Persönlichkeitsmerkmale erst mit ungefähr 1 – 2 Jahren einigermaßen stabilisieren. Dabei ist der genauere Zeitpunkt unter anderem von der Rasse des Hundes abhängig. Kleine Hunde reifen im Regelfall schneller als große Hunde. Gerade bei sehr großen Rassen kann sich die Adoleszenz auch bis zum dritten Lebensjahr hinziehen.

VERÄNDERUNGEN NACH DER PUBERTÄT

Auch wenn dann mit der Erwachsenwerdung drastische Persönlichkeitsveränderungen abgeschlossen sind, heißt das nicht, dass sie nicht mehr veränderlich sind. Allerdings passiert das eben über deutlich längere Zeiträume. Auch Menschen werden zum Beispiel mit zunehmendem Alter weniger extrovertiert und offen, aber auch weniger neurotisch. Dafür nehmen die Umgänglichkeit und das Pflichtbewusstsein im Alter zu. Auch bei Hunden finden nach der Pubertät noch Veränderungen in verschiedenen Persönlichkeitsdimensionen statt. So ist wenig überraschend, dass ältere Hunde weniger aktiv sind. Zudem sind sie weniger kontaktfreudig und trainierbar (Bennett and Rohlf 2007; Kubinyi et al. 2009; Siwak et al. 2002). Auch die Aggressivität nimmt mit zunehmendem Alter eher ab. Dahingegen steigt die Ängstlichkeit – vor allem bei älteren Hunden (Svartberg 2017). Letzteres kann auch damit zu tun haben, dass die Sinnesleistungen nachlassen und der Hund die äußeren Reize nicht mehr so schnell verarbeiten kann.

VOM ERWACHSENEN HUND ZUM SENIOR

Während man vor einigen Jahren noch davon ausging, dass die Persönlichkeitsentwicklung mit Eintritt ins Erwachsenenalter abgeschlossen ist, weiß man heute, dass sich der Charakter eines Menschen sein Leben lang verändert – auch wenn diese Änderung viel langsamer erfolgt. Während die Persönlichkeitsmerkmale in der Kindheit eine Beständigkeit von gerade einmal 0,31 aufweisen (mit der Annahme, dass 1,0 eine absolute Beständigkeit bedeutet), stabilisieren sie sich im Alter auf 0,74 (Roberts & DelVeccio 2000). Menschen werden im Alter tendenziell weniger neurotisch, extrovertiert und offen, aber umgänglicher und gewissenhafter (McCrae et al. 2002; Srivastava & John 2003). Auch beim Hund bleibt die Persönlichkeitsentwicklung nicht mit dem Erreichen des Erwachsenenalters stehen. Während die Beständigkeit der Persönlichkeitsmerkmale in der Welpenzeit mit einem Wert von 0,31 dem von Menschenkindern gleicht, stabilisiert sich der Wert im Erwachsenenalter auf 0,51 und liegt damit deutlich unter dem

Wert bei erwachsenen Menschen (Fratkin et al. 2013). Das erklärt sich vermutlich damit, dass die Ausprägungen der Persönlichkeitsmerkmale stark davon abhängen, in welchem Umfeld der Hund lebt.

Generell sind Hunde im Alter eher gelassener, zeigen weniger Aktivität und Ängstlichkeit, aber auch weniger Geselligkeit (Kubinyi et al. 2009).

Allerdings gibt es gerade in Bezug auf die Ängstlichkeit auch abweichende Erkenntnisse. So entwickeln ältere Hunde häufig Geräuschangst (Blackwell et al. 2013). Das kann unterschiedliche Gründe haben. Zum einen lässt die sensorische Wahrnehmung nach, damit nehmen sie die Geräusche anders wahr und können sie schlechter einordnen. Aber auch auf kognitiver Ebene lässt die Fähigkeit zur Verarbeitung von Umweltreizen nach. Somit kann es älteren Hunden schwerer fallen, bestimmte Außenreize korrekt zu verarbeiten. Dadurch kann es passieren, dass er auf eigentlich bekannte Stimuli mit Furcht oder Aggression reagiert.

ALTERUNGSPROZESSE BEIM HUND

Dass bestimmte kognitive Kapazitäten im Laufe des Lebens abnehmen, ist sowohl beim Hund als auch beim Menschen normal. Es gibt mittlerweile auch eine größere Anzahl an Studien, die verschiedene Alterungsprozesse beim Hund betrachten. Ähnlich wie beim Menschen kommt es bei Hunden zu einer Abnahme der Lernleistung, die Gedächtniskapazität lässt nach, und die Kontrolle und Bewertung sowie eine flexible Steuerung kognitiver Prozesse nimmt ab. Allerdings kann der Abbau dieser Fähigkeiten auch unnormal schnell fortschreiten und damit pathologische Ausmaße annehmen. In diesem Falls spricht man von einer Caninen Kognitiven Dysfunktion, die der Alzheimer-Erkrankung beim Menschen sehr ähnlich ist (siehe Infobox 5.5).

Ältere Hunde entwickeln häufiger Geräuschängste. Der Grund hierfür kann sowohl in einer nachlassenden sensorischen Wahrnehmung als auch in einer verminderten kognitiven Verarbeitungsfähigkeit liegen.

Infobox 5.5

CANINE KOGNITIVE DYSFUNKTION

(Englisch: Canine Cognitive Dysfunction, Abkürzung CCD)
Für Hundebesitzer ist es wichtig zu erkennen, wann bestimmte Alterserscheinungen beim Hund vom normalen Alterungsprozess abweichen. Ein verhaltensneurologisches Krankheitsbild, das Hunde ab ungefähr acht Jahren betreffen kann, ist das sogenannte Canine Kognitive Dysfunktionssyndrom (Englisch: Canine Cognitive Dysfunction, Abkürzung CCD). Dieses Syndrom könnte man auch als Demenz beim Hund bezeichnen.

Krankheitsbild

Das Krankheitsbild ist charakterisiert durch einen fortschreitenden Abbau bzw. Funktionsverlust der Nerven in der Großhirnrinde bzw. im Hippocampus, der zur Verminderung der kognitiven Fähigkeiten sowie zu auffälligen Verhaltensveränderungen führt. Folgende Verhaltensweisen deuten auf CCD hin:

- Desorientierung
- Abnahme sozialer Interaktionen
- Änderungen des Schlaf-Wach-Rhythmus
- Erhöhte Ängstlichkeit
- Änderung im Aktivitätslevel
- Verlust der Stubenreinheit

Außerdem zeigen Hunde, die an dieser Krankheit leiden, einen massiven Rückgang der Gedächtnisleistung sowie der räumlichen Orientierung. Sie zeigen häufiger zielloses Verhalten, reagieren weniger auf soziale Ansprache und zeigen Verhaltensänderungen, wenn sie allein gelassen werden.
Über den Prozentsatz, wie viele Hunde von dieser Krankheit betroffen sind, sind sich verschiedene Wissenschaftler und Tierärzte nicht einig. Aufgrund fehlender einheitlicher Messmethoden (von diversen Fragebögen bis verschiedenen Verhaltenstests ist alles dabei – weitere Informationen zu den einzelnen Bewertungsmethoden findest du in der angegebenen Referenz) kommt es zu erheblichen Schwankungen. Während CCD nur bei ca. 1,9 % der Hunde über acht Jahre tierärztlich diagnostiziert wird, liegt der geschätzte Prozentsatz verschiedener Studien bei 14,2 – 22,5%.

Maßnahmen

Laut verschiedener Studien können verschiedene Nahrungszusätze helfen, einer Demenz beim Hund vorzubeugen. So sollen Antioxidantien (Vitamin A und E), Liponsäure und Carnitin sowie Omega-3-Fettsäuren das Erkrankungsrisiko mindern, wenn sie schon im jüngeren Alter (ab ca. 6 Jahren) gegeben werden. Wenn die ersten Symptome des CCS bereits aufgetreten sind, können verschiedene Medikamente Milderung verschaffen (Chapagain et al. 2018). Diese sollten selbstverständlich nur nach Absprache mit dem Tierarzt verabreicht werden.
Zusätzlich kann ein Beschäftigungsprogramm, das physische Aktivität, soziale Interaktionen sowie kognitive Herausforderungen umfasst, die kognitiven Funktionen älterer Hunde erhalten oder sogar verbessern. Generell kann Aufmerksamkeitstraining während der gesamten Lebensspanne das kognitive Altern verzögern.
Also auch wie beim Menschen gilt: Wer sich geistig und körperlich fit hält und sich abwechslungsreich ernährt, hat bessere Chancen, gesund zu altern.

DER EINFLUSS VON UMWELTFAKTOREN AUF DIE PERSÖNLICHKEIT

DER EINFLUSS DES BESITZERS

Der Besitzer hat einen großen Einfluss auf die Ausprägung der Persönlichkeit seines Hundes. Dabei spielen sowohl biologische Faktoren eine Rolle (wie zum Beispiel Alter oder Geschlecht), aber natürlich auch Persönlichkeitsfaktoren des Besitzers, die auch einen Einfluss darauf haben, wie er mit dem Hund interagiert.

Hunde älterer Besitzer sind eher schüchterner als die Hunde jüngerer Menschen.

So sind die Hunde von männlichen Besitzern im Durchschnitt ruhiger und weniger aggressiv, aber auch weniger sozial und unerzogener als die vierbeinigen Begleiter von Besitzerinnen (Kubinyi et al.2009, Hsu & Sun 2010, Bennett & Rohlf 2007). Da es sich bei den Erhebungen um Fragebogenstudien handelt, kann es sein, dass Männer und Frauen ihre Hunde einfach unterschiedlich wahrnehmen oder unterschiedliche Erwartungen an sie haben und diese deswegen unterschiedlich bewerten.
Auch das Alter des Besitzers kann einen Einfluss auf die Persönlichkeitsausprägungen eines Hundes haben. Die Hunde junger Personen scheinen extrovertierter, wagemutiger, sozialer und weniger ängstlich zu sein als die Hunde älterer Besitzer (Ley et al. 2009, Kubinyi et al. 2009). Das steht vermutlich damit in Zusammenhang, dass jüngere Menschen zum einen mehr soziale Kontakte haben und damit auch der Hund häufiger Umgang mit fremden Personen und Artgenossen hat. Zum anderen sind ältere Menschen im Regelfall weniger risikofreudig, was sich auch auf den vierbeinigen Begleiter übertragen könnte.
Neben dem Alter spielt aber natürlich auch die Erfahrung des Hundehalters eine entscheidende Rolle. Die Hunde von unerfahrenen Hundebesitzern werden häufiger als unerzogen und übermäßig aufgeregt beschrieben und sind öfter ängstlich (Tiira & Lohi 2015, Jagoe & Serpell 1996, Bennett & Rohlf 2007).

Wie ähnlich sind sich Hund und Mensch?

WIE DER HERR SO'S GESCHERR?

Verschiedene Studien zeigen, dass Hund und Besitzer sich ähnlich sehen. Ähnliche Mechanismen passieren auch, wenn wir uns einen menschlichen Wegbegleiter suchen. Bei der Suche nach einem menschlichen Sozialpartner orientieren wir uns aber nicht nur an physischer Attraktivität, sondern auch an psychologischen Eigenschaften. Dabei scheint auch die Ähnlichkeit in der Persönlichkeit eine Rolle zu spielen: Sie sorgt für höhere Zufriedenheit in der Beziehung (Karney & Bradbury, 1995). Da Hunde für gewöhnlich als Begleiter, Freunde oder Familienmitglieder betrachtet werden, könnten bei der Auswahl des Vierbeiners die gleichen kulturellen und psychologischen Faktoren einen Einfluss haben. Möglicherweise wählen Menschen einen bestimmten Hund oder eine bestimmte Rasse, weil sie verschiedene Verhaltensaspekte besonders attraktiv finden oder Ähnlichkeiten zu sich selbst entdecken.

GRÜNDE

Es gibt mehrere mögliche Gründe für den Einfluss der Besitzerpersönlichkeit auf die Persönlichkeit des Hundes. Zum einen könnte es aufgrund der engen Beziehung zwischen Hund und Halter zu einer Wahrnehmungsverzerrung kommen, das bedeutet, dass der Besitzer dem vierbeinigen Begleiter Verhaltensmerkmale zuschreibt, die ihm selbst ähneln, ohne dass der Hund diese Verhaltensmerkmale tatsächlich zeigt. Diese Vermutung ist allerdings unwahrscheinlich, da die Beurteilungen der Eigen- und Fremdeinschätzung in den verwendeten Persönlichkeitsfragebögen ähnlich sind (Turcsan et al. 2012).

Ein weiterer Grund könnte sein, dass die gemeinsamen Aktivitäten mit dem Besitzer die Persönlichkeit des Hundes beeinflussen – vor allem, wenn der Hund schon von Welpenbeinen an mit ihm zusammenwohnt. So ist es wahrscheinlich, dass der Hund

Extrovertierte Menschen beschreiben ihren Vierbeiner eher als energetisch, enthusiastisch und sozial offen.

eines eher extrovertierten Besitzers öfter zu sozialen Ereignissen mitgenommen und somit auch eher mit fremden Menschen und Artgenossen sozialisiert wird. Andersherum könnte es natürlich auch einen umgekehrten Zusammenhang geben: Die Persönlichkeit des Hundes beeinflusst den Besitzer. So ist es zum Beispiel denkbar, dass ein aktiver, energiegeladener Hund seine zweibeinigen Begleiter zu mehr Aktivität anregt.

Des Weiteren wäre es möglich, dass sich die Charakteristika von Hund und Halter über die Zeit angleichen. Demnach sollten Hunde, die länger mit ihren Besitzern zusammenleben, mehr Ähnlichkeit aufweisen, als Hunde, die kürzere Zeit bei ihrem Besitzer leben. Die Studienlage zeigt allerdings, dass dies nicht der Fall ist, denn die Länge des Zusammenlebens ist nicht entscheidend für die Ähnlichkeiten in den Persönlichkeitsstrukturen zwischen Hund und Halter. Es ist also nicht so, dass sich Hund und Besitzer über die Zeit ähnlicher werden (Turcsan et al. 2012). Gemeinsame Aktivitäten könnten die Persönlichkeit des Hundes beeinflussen.

DIE AUSWAHL DES HUNDES

Möglicherweise sucht sich der Besitzer aber auch von Beginn an einen vierbeinigen Begleiter aus, der zu seiner Persönlichkeit und seinem Lebensstil passt – so wie wir Menschen es im Übrigen auch mit unseren Partnern und Freunden tun.

Diese Auswahl könnte sowohl auf individueller als auch auf Rasseebene stattfinden. Dabei finden natürlich unterschiedliche Menschen verschiedene Persönlichkeitsausprägungen ansprechend. Zum Beispiel suchen Besitzer, die einen Hund als engen Partner und soziale Unterstützung betrachten, eher nach einem Vierbeiner, der sehr viel Zuneigung spendet. Im Unterschied dazu wird ein eher eigenständiger Mensch voraussichtlich einen unabhängigen Hund wählen. Auch wird eine sehr sportliche, energetische Person nach einem Hund Ausschau halten, der in den aktiven Alltag passt, während eine ruhige Person auch einen entspannten Hund auswählt. Demzufolge könnte die Wahl der Rasse beziehungsweise des individuellen Hundes bewusst oder unbewusst die Persönlichkeit des Besitzers widerspiegeln.

ZUSAMMENHANG DER HUND-HALTER-PERSÖNLICHKEITEN

Tatsächlich finden Studien Zusammenhänge in den Persönlichkeitsdimensionen zwischen Hund und Halter. Zum Beispiel schätzen emotional instabile Menschen ihre Hunde als nervöser und unsicherer ein, während extrovertierte Menschen ihren Vierbeiner eher als energetisch, enthusiastisch und sozial offen beschreiben (Turcsán et al., 2012). Umgänglichere Personen schätzen ihren Hund als weniger aggressiv ein und pflichtbewusste Menschen stufen ihren Hund als besser trainierbar ein (Chopik et al. 2019). Besitzer von Hunden mit Verhaltensproblemen (z. B. Angstaggression oder Trennungsangst) beschreiben sich selbst häufig als weniger selbstbewusst (Dodman 2003) und Menschen mit einem aggressiven vierbeinigen Begleiter neigen nach eigener Aussage selbst dazu, aggressiv und angespannt zu sein (Podberscek & Serpell 1997). Außerdem tendieren emotional instabilere Menschen sowie Menschen mit niedrigen Werten in der Big5-Kategorie „Verträglichkeit" eher dazu, Rassen zu wählen, die als aggressiv wahrgenommen werden (Egan & MacKenzie 2012). Einen ähnlichen Zusammenhang findet auch eine weitere Untersuchung: Besitzer von Hunderassen, die häufiger Verletzungen verursachen (in dieser Erhebung waren das Akitas, Dobermänner, Rottweiler, Chow Chows, Pitbulls und Wolfsmixe), zeigen häufiger antisoziales

Gemeinsame Aktivitäten könnten die Persönlichkeit des Hundes beeinflussen.

Verhalten und sind risikofreudiger als Personen in der Vergleichsgruppe (Ragatz et al. 2009). Allerdings muss man wie immer bei solchen Studienergebnissen Vorsicht bei der Interpretation der Daten walten lassen. Man kann aus den gefundenen Korrelationen nicht zwingend auch kausale Verbindungen ableiten, das bedeutet, dass aus diesen Zusammenhängen nicht ersichtlich ist, was nun eigentlich die Ursache und was die Konsequenz ist. Also möglicherweise ist es zum Beispiel nicht so, dass Hunde aggressiver werden, weil ihre Menschen angespannt sind, sondern dass die Halter zunehmend anspannen, weil ihr Hund regelmäßig aggressives Verhalten zeigt. Auch muss man betonen, dass die Einschätzungen dieser Verhaltensweisen ausschließlich auf Aussagen der Besitzer

Ähnlichkeiten zwischen Mann und Hund: In Budapest wurde ihnen ein Denkmal gesetzt.

beruhen. Das kann die Ergebnisse zu einem gewissen Grad beeinflussen. Allerdings scheinen Besitzer im Allgemeinen die Persönlichkeit ihres Hundes recht gut einschätzen zu können, da deren Beurteilung in den meisten Fällen auch mit der Beurteilung von anderen Personen übereinstimmt. Es ist also nicht so, dass der Besitzer diese Verhaltensweisen lediglich auf den Hund projiziert.

Vermutlich hat auch der kulturelle Hintergrund einen Einfluss darauf, welche Persönlichkeitsmerkmale zwischen Hund und Besitzer übereinstimmen. Denn wie bei menschlichen Sozialbeziehungen auch, haben Menschen aus verschiedenen Ländern möglicherweise unterschiedliche Erwartungen, welche Persönlichkeitsmerkmale mit dem Sozialpartner übereinstimmen. Diese Erwartungshaltung wirkt sich natürlich auch Auswirkungen auf die Ergebnisse der Besitzerbefragung aus. Während zum Beispiel ungarische Hundebesitzer in allen Dimensionen des Big5-Modells Ähnlichkeiten bei ihrem Vierbeiner ausmachen, erkennen Besitzer aus Österreich und den USA lediglich Parallelen bei der Extraversion und der emotionalen Stabilität (Cavanaugh et al. 2008, Turcsán et al. 2012).

Auch werden beispielsweise Deutsche Schäferhunde von ihren ungarischen Besitzern als weniger selbstbewusst und aggressiv eingeschätzt, als Deutsche Schäferhunde von US-Amerikanern (Wan et al. 2009).

MEIN STRESS – DEIN STRESS?

Auch die sogenannte Gefühlsansteckung spielt in der Interaktion zwischen Mensch und Hund eine Rolle. Dieser als Vorform der Empathie zugeordnete Mechanismus sorgt zum Beispiel dafür, dass Säuglinge deutliche Stresssymptome zeigen, wenn ihnen das Weinen eines gleichaltrigen Babys vorgespielt wird. Selbstverständlich beschränkt sich dieser Mechanismus nicht nur auf Neugeborene, auch bei erwachsenen Menschen spielt Gefühlsansteckung im sozialen Mit-

Die eigene Stimmung beeinflusst auch das Verhalten der vierbeinigen Begleiter.

einander eine wichtige Rolle. Vermutlich hat schon jeder selbst einmal erlebt, wie sehr ein schlecht gelaunter Kollege die Stimmung runterziehen und damit das ganze Arbeitsklima vermiesen kann.

Aber auch bei Tieren kann man dieses Phänomen finden. Studien mit Rhesusaffen und Ratten zeigen, dass sich die Ängstlichkeit eines Individuums, welches zuvor in einer bestimmten Situation schlechte Erfahrungen gesammelt hat, schnell auf andere Gruppenmitglieder übertragen kann, auch wenn diese selbst keinerlei schlechte Erfahrungen gemacht haben.

Wie die allermeisten sozialen Fähigkeiten hat auch die Gefühlsansteckung einen evolutionären Sinn. Sie fungiert als Warnsystem und sorgt dafür, dass potenzielle Gefahren frühzeitig erkannt werden können. Angesichts des engen Zusammenlebens zwischen Mensch und Hund ist es also naheliegend, dass hier die Gefühlsansteckung auch zwischenartlich funktioniert. Diese Annahme wird durch verschiedene Studien gestützt. So reagieren Hunde mit einer Erhöhung des Cortisollevels und des Erregungsgrades, wenn sie das Schreien eines Neugeborenen hören – selbst dann, wenn sie bis dahin keine eigenen Erfahrungen mit menschlichen Säuglingen gesammelt haben (Yong et al. 2014). Genau wie wir Menschen lassen sie sich also von den Stressäußerungen des Babys anstecken. In einer weiteren Studie wurde den teilnehmenden Hunden positive sowie negative Lautäußerungen von Menschen und Hunden vorgespielt. Die Vierbeiner reagierten mit deutlichen Stresssignalen auf die negativen Laute, unabhängig davon, ob diese von einem Artgenossen oder von einem Menschen kamen (Huber et al. 2017).

Aber Hunde erkennen nicht nur negative Lautäußerungen, sondern können auch unfreundliche von freundlichen Gesichtsausdrücken unterscheiden. Dabei zeigen sie häufiger Signale von Unwohlsein, wie zum Beispiel Lippenlecken oder Blick abwenden, wenn ihnen das unfreundliche Gesicht gezeigt wird (Müller et al. 2015; Albuquerque et al. 2017).

Man sollte sich also im Zusammenleben und vor allem in Trainingssituationen bewusst sein, dass unsere vierbeinigen Begleiter sehr empfänglich für unsere Stimmungen sind und sich unsere Stressäußerungen sehr leicht auf den Hund übertragen.

STRESSÜBERTRAGUNG

Während der situative Cortisolwert meist über Speichelproben bestimmt wird, kann man den Langzeit-Cortisol-Spiegel über die Anreicherung in den Haaren messen. Kürzlich konnte mit dieser Methode auch ein Zusammenhang zwischen dem Langzeit-Cortisol-Spiegel des Menschen und dem seines Hundes bestätigt werden (Sundman et al. 2019). Je gestresster also eine Person ist, umso höhere Werte des Stresshormons weist auch der Hund auf (Abbildung 5.5). Zusätzlich fanden die Wissenschaftlerinnen einen Zusammenhang zwischen einigen Persönlichkeitsmerkmalen der menschlichen Begleitung und dem Cortisolspiegel des Vierbeiners, vor allem die „Emotionale Stabilität" der untersuchten Besitzerinnen scheint einen Einfluss zu haben. Menschen mit niedriger emotionaler Stabilität, also hohen Neurotizismus-Werten, neigen zu Ängstlichkeit und geringer Stresstoleranz. Interessanterweise ergeben sich bei diesem Merkmal unterschiedliche Auswirkungen auf Rüden und Hündinnen. Während die Hündinnen von Besitzerinnen mit wenig emotionaler Stabilität ein höheres Cortisollevel aufweisen, sinkt der Spiegel des Stresshormons bei Rüden mit steigenden Neurotizismus-Werten der Besitzerinnen. Schon in vorangegangenen Studien wurde ein umgekehrter Zusammenhang zwischen den Neurotizismus-Werten des Besitzers und dem Cortisolspiegel des Hundes gefunden (Kotrschal et al. 2009). Während die Autoren beider Studien diese Ergebnisse dahingehend interpretieren, dass neurotische Besitzer möglicherweise ein besonders enges Verhältnis zu ihrem Hund haben und dieser deswegen einen geringeren Stresswert aufweist, gibt es auch noch eine alternative Erklärung: der sogenannte „Hypocortisolismus". Dabei kommt es durch lang andauernde Stressbelastung zu einem Zusammenbruch der Funktionalität der Stressachse. Dadurch wird trotz starkem subjektivem Stressempfinden weniger Cortisol ausgeschüttet. Damit lassen sich auch die Ergebnisse einer Studie erklären, deren Ergebnisse zeigen, dass Tierheimhunde niedrigere Level des Stresshormons aufweisen als Familienhunde (Cobb et al. 2016). Durch die Dauer-

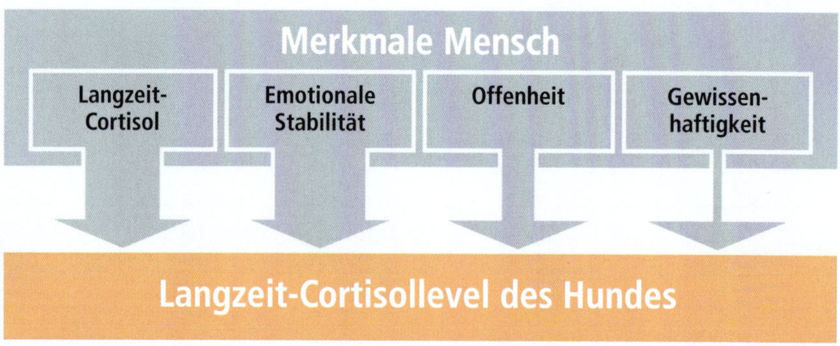

Abb. 5.5 Sowohl das Langzeit-Cortisollevel des Besitzers als auch verschiedene Persönlichkeitsmerkmale der Big5 beeinflussen das Langzeit-Cortisollevel des Hundes (nach Sundman et al. 2019).

Durch Stimmungsübertragung kann sich der Stress des Besitzers auf den Vierbeiner übertragen.

belastung der Tierheimsituation scheinen hier die Stressbewältigungsmechanismen des Körpers überfordert zu sein, was dazu führt, dass trotz starkem Stress die Cortisolausschüttung nicht steigt. Dieser Mechanismus tritt unter anderem auch bei Menschen auf, die unter Depressionen oder Angststörungen leiden.
In bestimmten Fällen ist also bei der Interpretation von Cortisolwerten Vorsicht geboten, da sie unter Umständen nur bedingt aussagekräftig sind. Ein niedriges Cortisollevel bedeutet nicht zwingend, dass ein Individuum weniger Stress empfindet.

Zusammengefasst zeigt sich, dass die charakterliche Ähnlichkeit einen wichtigen Faktor in der Hund-Mensch-Beziehung darstellt. Wie in menschlichen sozialen Beziehungen auch, scheint der Wunsch nach einer gewissen Übereinstimmung im Wesen auch die Wahl des vierbeinigen Begleiters zu beeinflussen. Zusätzlich wird die Persönlichkeit des Hundes zu einem gewissen Teil auch durch die Persönlichkeit des Halters und dem daraus resultierenden Umgang mit dem Hund sowie den gemeinsamen Erfahrungen geprägt.

Extrovertierte Menschen loben ihren Hund häufiger bei einfachen Übungen.

TRAININGSSTATUS

Es ist nahe liegend, dass bestimmte menschliche Persönlichkeitsmerkmale auch unseren Umgang mit dem Hund und somit dessen Verhalten beeinflussen. Zum Beispiel neigen neurotische, also weniger emotional stabile Menschen dazu, ihrem Hund häufiger Kommandos zu geben. Allerdings reagieren die Vierbeiner weniger zuverlässig darauf. Das lässt den Schluss zu, dass es bei diesen Besitzern an der Konsequenz in der Umsetzung der gegebenen Kommandos mangelt. Menschen, die im Persönlichkeitstest mit hohen Werten im Bereich „Extraversion" abschneiden, loben ihren Hund öfter bei einfachen Gehorsamsübungen (Kis et al 2012).
Dass nicht nur die Art des Trainings, sondern auch das entsprechende Ausmaß einen Einfluss auf die Persönlichkeit des Hundes hat, sollte nicht überraschen. Vierbeiner, deren Besitzer regelmäßig mit ihnen trainieren, sind folgsamer, weniger nervös und freundlicher gegenüber Menschen und Artgenossen (Bennett & Rohlf 2007; Jagoe & Serpell 1996; Kobelt et al. 2003; Kubinyi et al. 2009). Generell zeigt sich, dass ein Hund seiner menschlichen Begleitung umso mehr Aufmerksamkeit schenkt, je höher sein Trainingslevel ist (Mongillo et al. 2016). Ein eher überraschender Aspekt ist wohl aber der Zusammenhang zwischen Geräuschempfindlichkeit sowie Trennungsstress mit dem Umfang der täglichen gemeinsamen Aktivität. Dabei erhielten Hunde, die Anzeichen von Geräuschangst und Trennungsstress zeigten, weniger umfangreiche Aktivitäten mit seinem Menschen (Tiira & Lohi 2015). Die tägliche gemeinsame Beschäftigung scheint also ein wichtiger Resilienzfaktor zu sein. Denkbar wäre hier natürlich aber auch ein umgekehrter Zusammenhang: Besitzer geräuschängstlicher Hunde machen seltener Spaziergänge mit ihrem Hund, weil diese einen Stressfaktor darstellen. Allerdings würde das dann nicht den Zusammenhang zwischen gemeinsamer Aktivität und Trennungsstress erklären.

SOZIALER STELLENWERT

Wie wir unsere Hunde beurteilen, hängt auch davon ab, welchen sozialen Stellenwert sie in unserem Leben einnehmen. 93 % der Hundebesitzer beschreiben ihren Hund als Familienmitglied. Sie schätzen ihre Hunde als weniger gut erziehbar, aber als sozialer ein als Menschen, die ihren Hund als Arbeitstier betrachten (Kubinyi et al. 2009). Generell scheinen Rassen, die hohe Werte im Bereich der Trainierbarkeit erzielen, länger zu leben. Vermutlich liegt dieser Zusammenhang darin begründet, dass gut trainierbare Rassen oft eher zurückhaltend sind und weniger Aggressionen zeigen. Damit kommen diese Hunde entspannter durchs Leben und sparen damit Energie (Careau et al. 2010).

DAS FAMILIÄRE UMFELD

Auch die Anzahl der Familienmitglieder sowie andere Hunde im Haushalt können einen Einfluss auf verschiedene Persönlichkeitsdimensionen haben. Einzelhunde weisen in ihrer Persönlichkeitsstruktur beispielsweise eine höhere Ähnlichkeit zu ihrem Besitzer auf, als Hunde, die mit anderen Artgenossen in einem Haushalt leben (Turcsán et al. 2012). Möglicherweise erfüllen Vierbeiner aus Mehrhundehaushalten in den Augen ihrer Besitzer unterschiedliche Rollen. Während der eine vielleicht emotional näher bewertet wird, ist ein anderer möglicherweise besser geeignet,

Ein Artgenosse im Haushalt scheint sich positiv auf bestimmte Verhaltensweisen auszuwirken.

um gemeinsam Sport zu treiben. Aus diesen unterschiedlichen Betrachtungsweisen ergeben sich natürlich auch verschiedene Bewertungen der Persönlichkeiten – denn auch diese Studien beziehen sich auf Befragungen der Besitzer und sind somit nicht frei von persönlichen Sichtweisen auf die Hunde. Generell scheint die Anwesenheit eines anderen Hundes im gleichen Haushalt eher positive Effekte zu haben: Die Hunde werden als ruhiger und leichter erziehbar (Kubinyi et al. 2009) beschrieben. Zudem kommen ängstliche Hunde öfter aus Einzelhundhaushalten und auch Hunde, die stereotypisches Verhalten, wie zum Beispiel Schwanzjagen, zeigen, leben seltener mit Artgenossen zusammen (Tiira & Lohi 2015). Außerdem zeigten Hunde aus Mehrhundehaushalten schneller sinkende Cortisolwerte nach der Konfrontation mit einem simulierten Gewitter als Einzelhunde (Dreschel und Granger 2005). Möglicherweise hat die Anwesenheit eines vertrauten Artgenossen einen Einfluss auf die Stressresilienz.

Dagegen zeigen andere Fragebogenstudien, dass Hunde in Familien mit mehreren Kindern als ungehorsamer und aggressiver bewertet wurden (Bennett & Rohlf, 2007). Eine Ursache könnte sein, dass es umso mehr Trubel in einem Haushalt gibt je mehr Kinder darin leben. Das kann für manche Hunde einen Stressfaktor darstellen. Vorstellbar ist aber auch, dass Personen, die eine große Familie haben, möglicherweise weniger Zeit für die Erziehung des Hundes haben.

Hunde, die in Familien mit mehreren Kindern aufwachsen, werden als ungehorsamer beschrieben.

VERÄNDERT KASTRATION DAS WESEN DES HUNDES?

Immer wieder kommt auch die Frage auf, inwieweit eine Kastration oder auch Sterilisation das Wesen des Hundes verändert – vor allem hinsichtlich der Aggressivität und Ängstlichkeit. Auf der einen Seite wird Kastration nach wie vor zur Behandlung und Vorbeugung von Verhaltensproblemen – einschließlich Aggressionen – eingesetzt. Auf der anderen Seite gibt es Hinweise darauf, dass kastrierte Hunde sogar eine höheres Aggressivitäts- und Ängstlichkeitslevel aufweisen als intakte Vierbeiner. Es kursieren dazu viel Annahmen, systematisch wissenschaftliche Studien, die einen Zusammenhang zwischen Aggressivität und Kastration zeigen, sind allerdings rar. Dahingegen ist der Zusammenhang zwischen Kastration und Ängstlichkeit recht deutlich: vor allem Frühkastration führt zu einem erhöhten Risiko für die Ausprägung von Geräuschangst, aber auch anderen Unsicherheiten (Spain et al. 2004; Tiira & Lohi 2015). In der Fragebogenstudie von Zink und Kollegen aus dem Jahr 2014 wurden Vizsla-Besitzer zum Gesundheitszustand ihrer Hunde befragt. Dabei zeigt sich, dass Tiere, die mit weniger als einem halben Jahr kastriert wurden, im Vergleich zu unkastrierten Artgenossen ein erhöhtes Risiko für Verhaltensauffälligkeiten aufwiesen.

STUDIE AGGRESSIVES VERHALTEN BEI KASTRIERTEN HUNDEN

Eine allumfassende Betrachtung des Zusammenhanges zwischen Kastration und Aggression hingegen ist aus wissenschaftlicher Sicht generell sehr schwierig, da es sehr unterschiedliche Formen von Aggression gibt. So würde man annehmen, dass – wenn überhaupt – sexuell motivierte Aggression durch eine Kastration abnimmt. Andere Aggressionsformen, wie zum Beispiel territoriale Aggression oder Ressourcenverteidigung werden aber vermutlich eher nicht durch diesen Eingriff beeinflusst. Leider gibt es bis dato keine Studien, die sich mit dem konkreten Einfluss einer Kastration auf unterschiedliche Motivationen von Aggressionen auseinandersetzt. Deswegen kann ich nur Studien zitieren, die sich dem Thema von einem eher allgemeinen Blickwinkel aus nähern.

Eine aktuelle Studie hat untersucht, inwiefern sich aggressives Verhalten gegenüber bekannten Menschen, Fremden oder Artgenossen bei Hunden unterscheidet, die in verschiedenen Altersstufen kastriert wurden. Die Grundlage der Daten bildet dabei der C-BARQ. Es wurden 13 795 Fragebögen ausgewertet, in denen Hunde aggressives Verhalten gegenüber bekannten Personen zeigten 13 498 mit aggressivem Verhalten gegenüber Fremden und 13 237 Hunden, die sich aggressiv gegenüber Artgenossen verhielten. Dabei wurden alle Fragen im C-BARQ ausgewertet, die das Aggressionsverhalten betreffen und daraus Mittelwerte gebildet. Die Ergebnisse von Hunden, die keinerlei Aggressionen zeigten, wurden mit Hunden mit mittlerer bis starker Aggression verglichen. Zusätzlich gab es eine Vergleichsanalyse der Daten von intakten Hunden mit solchen, die mit sechs Monaten oder weniger, 7 – 12 Monaten, 11 – 18 Monaten und mehr als 18 Monaten kastriert wurden (Farhoody et al. 2018).

(K)EIN ZUSAMMENHANG ZWISCHEN KASTRATION UND AGGRESSIONSVERHALTEN

In den Studienergebnissen konnte kein Zusammenhang zwischen Kastration an sich oder zwischen dem Alter zum Zeitpunkt der Kastration und dem Aggressionsverhalten gegenüber bekannten Menschen und Artgenossen gefunden werden. Allerdings zeigten Hunde, die im Alter zwischen

Intakte Hündinnen schenken ihrem Besitzer in einer unbekannten Umgebung mehr Aufmerksamkeit als kastrierte Artgenossinnen.

sieben und zwölf Monaten kastriert wurden, eine leicht erhöhte Wahrscheinlichkeit, mäßige oder starke Aggression gegenüber fremden Menschen zu zeigen.

Wenn verschiedene Faktoren berücksichtigt werden, die Aggressionsverhalten auslösen können, scheint es keinen Zusammenhang zwischen Kastration und dem Aggressionsverhalten gegenüber bekannten Menschen und anderen Hunden zu geben. Es wurde lediglich eine minimale Zunahme in der Aggression gegenüber fremden Menschen gefunden (Farhoody et al. 2018).

In einer weiteren Studie wurden die Reaktionen von Hündinnen auf Annäherung fremder Personen und Artgenossen dokumentiert. Hündinnen, die im Alter zwischen fünf und zehn Monaten kastriert wurden, reagierten fünf Monate später in diesen Situationen deutlich aggressiver als ihre intakten Wurfgeschwister.

Insgesamt zeigen diese Ergebnisse, dass Kastration sich nicht eignet, um Aggressionsprobleme zu behandeln oder zu verhindern. Ganz im Gegenteil – die Ergebnisse deuten darauf hin, dass eine Kastration unter bestimmten Bedingungen sogar zur Steigerung des Aggressivitätslevels führen kann. Man sollte die Entscheidung daher gut abwägen.

CHEMISCHE KASTRATION

Im Übrigen können diese Verhaltensänderungen beim Rüden auch durch einen sogenannten Kastrationschip, der „chemischen Kastration", ausgelöst werden. Hierbei wird dem Hund ein Hormonchip eingesetzt, der den Vierbeiner vorübergehend (meist 6 – 12 Monate) unfruchtbar macht. **Aber vor allem bei unsicheren und ängstlichen Hunden sollte man die Behandlung gut überdenken, da es zu einer möglichen Aggressivitätssteigerung kommen könnte.** Der Hersteller selbst warnt in den Gebrauchsinformationen ausdrücklich: „Hunde mit soziopathischen Störungen und mit Episoden intraspezifischer (Hund zu Hund) und/oder interspezifischer (Hund zu anderer Spezies) Aggression sollten daher weder chirurgisch noch mittels Implantats kastriert werden." Sollte es dennoch wichtige Gründe geben, die für eine Kastration sprechen, kann man mit dieser Art „chemischer Kastration" testen, ob mögliche unerwünschte Verhaltensänderungen auftreten, da sowohl die Wirkweise und damit auch die möglichen Verhaltensveränderungen zeitlich begrenzt sind.

AUSWIRKUNGEN AUF KOGNITIVE FÄHIGKEITEN

Bei kastrierten Hündinnen konnte in verschiedenen Studien auch ein überraschender Effekt beobachtet werden: Sie schneiden in manchen Aufgaben bezüglich ihrer kognitiven Fähigkeiten schlechter ab. So lösen zum Beispiel intakte Hündinnen eine Labyrinthaufgabe besser als ihre kastrierten Artgenossinnen. Die Kastration scheint hier also Auswirkungen auf die räumliche Orientierung zu haben (Mongillo et al. 2016). Zudem zeigten intakte Hündinnen in einer unbekannten Umgebung höhere Aufmerksamkeitslevel gegenüber ihrer menschlichen Begleitung und ließen sich weniger von Außenreizen ablenken (Mongillo et al. 2016). Auch scheinen sie besser in der Lage zu sein, kommunikative Signale des Menschen zu deuten (Scandurra et al. 2019). Außerdem birgt eine Kastration bei Rüden ein höheres Risiko von kognitiven Einschränkungen im hohen Alter (Hart 2001).

Angesichts der zunehmenden Hinweise auf negative Auswirkungen von Kastration, sollte dieser Eingriff sorgsam überdacht werden und immer eine Einzelfallentscheidung bleiben.

DER APFEL FÄLLT NICHT WEIT VOM STAMM …

… aber er kann noch weit rollen. Die Genetik spielt eine wichtige Rolle bei der Temperamentsausprägung eines Hundes. Diese sowie die vorgeburtliche und frühe nachgeburtliche Phase geben einen gewissen Rahmen vor, in dem sich das Wesen ausprägen kann. Die Aufzuchtbedingungen sowie sämtliche Erfahrungen, die der Hund während seines Lebens macht, beeinflussen die Ausprägung der Persönlichkeit.

Die Persönlichkeit wird aus einem Zusammenspiel zwischen Genen und Umwelt bestimmt.

SERVICE
— Wissenswertes
für Hundehalter

ZUM STÖBERN

ZUM WEITERLESEN

Weitere Bücher aus dem Verlagsprogramm, die dich auch interessieren könnten:

Feddersen-Petersen, Dorit: **Ausdrucksverhalten beim Hund**. Mimik und Körpersprache, Kommunikation und Verständigung. 2008

Feddersen-Petersen, Dorit: **Hundepsychologie.** Sozialverhalten und Wesen, Emotionen und Individualität. 2013

Gansloßer, Udo: **Verhaltensbiologie für Hundetrainer**. Grundlagen moderner Ethologie. 2020

Gansloßer, Udo, Yvonne Adler, Gudrun Braun: **Hunderassen**. Zoologie, Zucht und Verhalten neu betrachtet. 2021

Gansloßer, Udo und Mechthild Käufer: **Auszeit auf Augenhöhe**. Mensch-Hund-Spiel. 2017

Gansloßer, Udo und Kate Kitchenham: **Hundeforschung aktuell**. Anatomie, Ökologie, Vehalten. 2019

Heberer, Ute, Nora Brede, Normen Mrozinski: **Aggressionsverhalten beim Hund**. 2017

Mehl, Robert: **Die Psyche des Hundes**. Wie Prozesse im Gehirn das Verhalten steuern. 2021

Ücüncü, Gülay: **Der gelassene Hund**. Selbstbeherrschung, Impulskontrolle, Frustrationstoleranz. 2019

WEBINARE

Viele spannende Themen und Autor*innen findest du in unseren Online-Seminaren. Ob live oder als Aufzeichnung: hier dreht sich alles um den Hund.

KOSMOS Webinar

SOCIAL MEDIA

Du möchtest wissen, was los ist? Storys, Webinar-Ankündigungen, Zitate, Buchclips, Gewinnspiele, Take over unserer Autor*innen und vieles mehr findest du unter instagram.com/kosmos.hund und unter facebook.com/Kosmos.Hund
Folge uns und werde Teil unserer Kosmos-Hund-Community.

„Du bist zeitlebens für das verantwortlich, was du dir vertraut gemacht hast.“
Antoine de Saint-Exupéry

DIE AUTORIN

Mein Name ist Marie und ich lebe und arbeite mit meinen drei Hunden in Leipzig. Ich bin promovierte Verhaltensbiologin und habe 10 Jahre am Max-Planck-Institut für evolutionäre Anthropologie über die kognitiven Fähigkeiten von Hunden geforscht. Mein besonderes Interesse galt dabei der Hund-Mensch-Kommunikation und der Hund-Mensch-Kooperation. Im Rahmen meiner Forschungsarbeit habe ich an zahlreichen Studien mitgewirkt sowie viele Experimente selbst entwickelt und veröffentlicht. Durch den Besuch zahlreicher Konferenzen habe ich ein großes Netzwerk zu anderen Hundewissenschaftlern aufgebaut und lerne viel über Hundeverhalten außerhalb meines Forschungsfokus. Somit habe ich einen tiefgreifenden Einblick in die aktuellen Wissenschaftsthemen.

In unserer Forschungsgruppe war ich auch für die Öffentlichkeitsarbeit zuständig. Diese Arbeit machte mir besonders Spaß, da ich es schade finde, dass viele spannende Ergebnisse sonst nur selten ein größeres Publikum erreichen. Aus diesem Grund habe ich auch meinen Blog HUNDEPROFIL – Hund und Wissenschaft gestartet, in dem ich aktuelle Forschungsthemen rund um den Hund vorstelle.

Ich war 2016 Mitgründerin der KynoLogisch – Hundetrainer:innenausbildung, in der ich das Dozententeam verstärke und die Koordination leite. Zudem gebe ich als freischaffende Dozentin Vorträge und Seminare zu verschiedenen hundewissenschaftlichen Themen und schreibe Artikel für Hundefachzeitschriften.

Seit 2020 arbeite ich auch als mobile Hundetrainerin “MiraBello Hundetraining” in und um Leipzig. In diesem Rahmen gebe ich sowohl Einzeltraining als auch Gruppenstunden.

Meine drei Hunde Mira, Milou und Katjes habe ich aus dem Tierschutz. Alle drei sind sehr unkompliziert und begleiten mich in meinem Alltag fast überall mit hin.

Dr. Marie Nitzschner mit Milou, Mira und Katjes

LITERATURVERZEICHNIS

Alberghina, D., Rizzo, M., Piccione, G., Giannetto, C., & Panzera, M. (2017). An exploratory study about the association between serum serotonin concentrations and canine-human social interactions in shelter dogs (Canis familiaris). *Journal of Veterinary Behavior, 18*, 96 – 101.

Albuquerque, N., Guo, K., Wilkinson, A., Savalli, C., Otta, E., & Mills, D. (2016). Dogs recognize dog and human emotions. *Biology letters, 12*(1), 20150883.

Amat, M., Le Brech, S., Camps, T., Torrente, C., Mariotti, V. M., Ruiz, J. L., & Manteca, X. (2013). Differences in serotonin serum concentration between aggressive English cocker spaniels and aggressive dogs of other breeds. *Journal of Veterinary Behavior, 8*(1), 19 – 25.

Appleby, D. L., Bradshaw, J. W., & Casey, R. A. (2002). Relationship between aggressive and avoidance behaviour by dogs and their experience in the first six months of life. *Veterinary Record, 150*(14), 434 – 438.

Arhant, C., Bubna-Littitz, H., Bartels, A., Futschik, A., & Troxler, J. (2010). Behaviour of smaller and larger dogs: Effects of training methods, inconsistency of owner behaviour and level of engagement in activities with the dog. *Applied Animal Behaviour Science, 123*(3 – 4), 131 – 142.

Battaglia, C. L. (2009). Periods of early development and the effects of stimulation and social experiences in the canine. *Journal of Veterinary Behavior, 4*(5), 203 – 210.

Beach FA, Buehler MG, and Dunbar IF (1982). Competitive behavior in male, female, and pseudohermaphroditic female dogs. *J Comp Physiol Psychol*, 96:855–874.

Bear, M. F., Connors, B. W., & Paradiso, M. A. (2018). *Neurowissenschaften: Ein grundlegendes Lehrbuch für Biologie, Medizin und Psychologie.* Springer-Verlag.

Beerda, B., Schilder, M. B., Van Hooff, J. A., De Vries, H. W., & Mol, J. A. (1998). Behavioural, saliva cortisol and heart rate responses to different types of stimuli in dogs. *Applied Animal Behaviour Science, 58*(3 – 4), 365 – 381.

Beerda, B., Schilder, M. B., Bernadina, W., Van Hooff, J. A., De Vries, H. W., & Mol, J. A. (1999). Chronic stress in dogs subjected to social and spatial restriction. II. Hormonal and immunological responses. *Physiology & Behavior, 66*(2), 243 – 254.

Bennett, A., & Hayssen, V. (2010). Measuring cortisol in hair and saliva from dogs: coat color and pigment differences. *Domestic Animal Endocrinology, 39*(3), 171 – 180.

Bennett, P. C., & Rohlf, V. I. (2007). Owner-companion dog interactions: Relationships between demographic variables, potentially problematic behaviours, training engagement and shared activities. *Applied Animal Behaviour Science, 102*(1 – 2), 65 – 84.

Bentosela, M., Wynne, C. D. L., D'Orazio, M., Elgier, A., & Udell, M. A. (2016). Sociability and gazing toward humans in dogs and wolves: Simple behaviors with broad implications. *Journal of the Experimental Analysis of Behavior, 105*(1), 68 – 75.

Bergmüller, R., & Taborsky, M. (2010). Animal personality due to social niche specialisation. *Trends in ecology & evolution, 25*(9), 504 – 511.

Bernhardt, P. C., Dabbs Jr, J. M., Fielden, J. A., & Lutter, C. D. (1998). Testosterone changes during vicarious experiences of winning and losing among fans at sporting events. *Physiology & Behavior, 65*(1), 59 – 62.

Blackwell, E. J., Bradshaw, J. W., & Casey, R. A. (2013). Fear responses to noises in domestic dogs: Prevalence, risk factors and co-occurrence with other fear related behaviour. *Applied Animal Behaviour Science, 145*(1 – 2), 15 – 25.

Bland, I. M., Guthrie-Jones, A., Taylor, R. D., & Hill, J. (2010). Dog obesity: veterinary practices' and owners' opinions on cause and management. *Preventive veterinary medicine, 94*(3 – 4), 310 – 315.

Bollen, K. S., & Horowitz, J. (2008). Behavioral evaluation and demographic information in the assessment of aggressiveness in shelter dogs. *Applied Animal Behaviour Science, 112*(1 – 2), 120 – 135.

Bosch, G., Beerda, B., Beynen, A. C., van der Borg, J. A., van der Poel, A. F., & Hendriks, W. H. (2009). Dietary tryptophan supplementation in privately owned mildly anxious dogs. *Applied Animal Behaviour Science, 121*(3 – 4), 197 – 205.

Bowen, J., & Heath, S. (2005). *Behaviour problems in small animals: practical advice for the veterinary team*. Elsevier Health Sciences.

Braastad, B. O. (1998). Effects of prenatal stress on behaviour of offspring of laboratory and farmed mammals. *Applied Animal Behaviour Science, 61*(2), 159 – 180.

Bray, E. E., Sammel, M. D., Cheney, D. L., Serpell, J. A., & Seyfarth, R. M. (2017). Effects of maternal investment, temperament, and cognition on guide dog success. *Proceedings of the National Academy of Sciences, 114*(34), 9128 – 9133.

Brenøe, U. T., Larsgard, A. G., Johannessen, K. R., & Uldal, S. H. (2002). Estimates of genetic parameters for hunting performance traits in three breeds of gun hunting dogs in Norway. *Applied Animal Behaviour Science, 77*(3), 209 – 215.

Brucks, D., Marshall-Pescini, S., Wallis, L. J., Huber, L., & Range, F. (2017). Measures of dogs' inhibitory control abilities do not correlate across tasks. *Frontiers in Psychology, 8*, 849.

Brucks, D., Soliani, M., Range, F., & Marshall-Pescini, S. (2017). Reward type and behavioural patterns predict dogs' success in a delay of gratification paradigm. *Scientific reports, 7*, 42459.

Canteras, N. S., Resstel, L. B., Bertoglio, L. J., de Pádua Carobrez, A., & Guimaraes, F. S. (2009). Neuroanatomy of anxiety. In *Behavioral Neurobiology of Anxiety and Its Treatment* (pp. 77 – 96). Springer, Berlin, Heidelberg.

Capitanio, J. P., Mendoza, S. P., & Baroncelli, S. (1999). The relationship of personality dimensions in adult male rhesus macaques to progression of simian immunodeficiency virus disease. *Brain, behavior, and immunity, 13*(2), 138 – 154.

Careau, V., Réale, D., Humphries, M. M., & Thomas, D. W. (2010). The pace of life under artificial selection: personality, energy expenditure, and longevity are correlated in domestic dogs. *The American Naturalist, 175*(6), 753 – 758.

Carere, C., Caramaschi, D., & Fawcett, T. W. (2010). Covariation between personalities and individual differences in coping with stress: converging evidence and hypotheses. *Current Zoology, 56*(6), 728 – 740.

Caspi, A., Sugden, K., Moffitt, T. E., Taylor, A., Craig, I. W., Harrington, H., ... & Poulton, R. (2003). Influence of life stress on depression: moderation by a polymorphism in the 5-HTT gene. *Science, 301*(5631), 386 – 389.

Cassidy, K. A., Mech, L. D., MacNulty, D. R., Stahler, D. R., & Smith, D. W. (2017). Sexually dimorphic aggression indicates male gray wolves specialize in pack defense against conspecific groups. *Behavioural processes, 136*, 64 – 72.

Cavanaugh, L. A., Leonard, H. A., & Scammon, D. L. (2008). A tail of two personalities: How canine companions shape relationships and well-being. *Journal of Business Research, 61*(5), 469 – 479.

Chapagain, D., Range, F., Huber, L., & Virányi, Z. (2018). Cognitive aging in dogs. *Gerontology, 64*(2), 165 – 171.

Chopik, W. J., & Weaver, J. R. (2019). Old dog, new tricks: Age differences in dog personality traits, associations with human personality traits, and links to important outcomes. *Journal of Research in Personality, 79*, 94 – 108.

Ciocchi, S., Passecker, J., Malagon-Vina, H., Mikus, N., & Klausberger, T. (2015). Selective information routing by ventral hippocampal CA1 projection neurons. *Science, 348*(6234), 560 – 563.

Cloninger, C. R., Svrakic, D. M., & Przybeck, T. R. (1993). A psychobiological model of temperament and character. *Archives of general psychiatry, 50*(12), 975 – 990.

Cobb, M. L., Iskandarani, K., Chinchilli, V. M., & Dreschel, N. A. (2016). A systematic review and meta-analysis of salivary cortisol measurement in domestic canines. *Domestic animal endocrinology, 57*, 31 – 42.

Coccaro, E. F., Kavoussi, R. J., Hauger, R. L., Cooper, T. B., & Ferris, C. F. (1998). Cerebrospinal fluid vasopressin levels: correlates with aggression and serotonin function in personality-disordered subjects. *Archives of General Psychiatry, 55*(8), 708 – 714.

Cook, P. F., Spivak, M., & Berns, G. (2016). Neurobehavioral evidence for individual differences in canine cognitive control: An awake fMRI study. *Animal cognition, 19*(5), 867 – 878.

Cook, P., Prichard, A., Spivak, M., & Berns, G. S. (2018). Jealousy in dogs? Evidence from brain imaging. *Animal Sentience, 3*(22), 1.

Coppens, C. M., de Boer, S. F., & Koolhaas, J. M. (2010). Coping styles and behavioural flexibility: towards underlying mechanisms. *Philosophical Transactions of the Royal Society B: Biological Sciences, 365*(1560), 4021 – 4028.

Coppinger, R., & Coppinger, L. (2001). *Dogs: A startling new understanding of canine origin, behavior & evolution*. Simon and Schuster.

Coppola MC(1986). Dominance aggression in dogs. Master's thesis. Department of Psychology, Hunter College, New York, NY.

Corsetti, S., Borruso, S., Di Traglia, M., Lai, O., Alfieri, L., Villavecchia, A., ... & Natoli, E. (2018). Bold personality makes domestic dogs entering a shelter less vulnerable to diseases. *PloS one, 13*(3), e0193794.

Coulon, M., Wellman, C. L., Marjara, I. S., Janczak, A. M., & Zanella, A. J. (2013). Early adverse experience alters dendritic spine density and gene expression in prefrontal cortex and hippocampus in lambs. *Psychoneuroendocrinology, 38*(7), 1112 – 1121.

Davis, K. L., & Panksepp, J. (2018). *The emotional foundations of personality: A neurobiological and evolutionary approach*. WW Norton & Company.

De Boer, S.F. (2016). Untangling the Neurobiology of escalated aggression in animals. *Canine Science Forum*, Padua

DeNapoli, J. S., Dodman, N. H., Shuster, L., Rand, W. M., & Gross, K. L. (2000). Effect of dietary protein content and tryptophan supplementation on dominance aggression, territorial aggression, and hyperactivity in dogs. *Journal of the American Veterinary Medical Association, 217*(4), 504 – 508.

Dias, B. G., & Ressler, K. J. (2014). Parental olfactory experience influences behavior and neural structure in subsequent generations. *Nature neuroscience, 17*(1), 89 – 96.

Dinwoodie, I. R., Dwyer, B., Zottola, V., Gleason, D., & Dodman, N. H. (2019). Demographics and comorbidity of behavior problems in dogs. *Journal of Veterinary Behavior, 32*, 62 – 71.

Dodman, N. H., Patronek, G. J., Dodman, V. J., Zelin, M. L., & Cottam, N. (2004). Comparison of personality inventories of owners of dogs with and without behavior problems. *Journal of Applied Research in Veterinary Medicine, 2*(1), 55.

Dollard, J., Miller, N. E., Doob, L. W., Mowrer, O. H., & Sears, R. R. (1939). Frustration and aggression.

Dreschel, N. A. (2010). The effects of fear and anxiety on health and lifespan in pet dogs. *Applied Animal Behaviour Science, 125*(3 – 4), 157 – 162.

Dreschel, N. A., & Granger, D. A. (2005). Physiological and behavioral reactivity to stress in thunderstorm-phobic dogs and their caregivers. *Applied Animal Behaviour Science, 95*(3 – 4), 153 – 168.

Ducrest, A. L., Keller, L., & Roulin, A. (2008). Pleiotropy in the melanocortin system, coloration and behavioural syndromes. *Trends in ecology & evolution, 23*(9), 502 – 510.

Duffy, D. L., Hsu, Y., & Serpell, J. A. (2008). Breed differences in canine aggression. *Applied Animal Behaviour Science, 114*(3 – 4), 441 – 460.

Eckstein, M., Becker, B., Scheele, D., Scholz, C., Preckel, K., Schlaepfer, T. E., ... & Hurlemann, R. (2015). Oxytocin facilitates the extinction of conditioned fear in humans. *Biological psychiatry, 78*(3), 194 – 202.

Egan, V., & MacKenzie, J. (2012). Does personality, delinquency, or mating effort necessarily dictate a preference for an aggressive dog?. *Anthrozoös, 25*(2), 161 – 170.

Eigenmann, J. E., Patterson, D. F., & Froesch, E. R. (1984). Body size parallels insulin-like growth factor I levels but not growth hormone secretory capacity. *European Journal of Endocrinology, 106*(4), 448 – 453.

Fadel, F. R., Driscoll, P., Pilot, M., Wright, H., Zulch, H., & Mills, D. (2016). Differences in trait impulsivity indicate diversification of dog breeds into working and show lines. *Scientific Reports, 6*(1), 1 – 10.

Farhoody, P., Mallawaarachchi, I., Tarwater, P. M., Serpell, J. A., Duffy, D. L., & Zink, C. (2018). Aggression toward familiar people, strangers, and conspecifics in gonadectomized and intact dogs. *Frontiers in veterinary science, 5*, 18.

Ferrari, P. F., Van Erp, A. M. M., Tornatzky, W., & Miczek, K. A. (2003). Accumbal dopamine and serotonin in anticipation of the next aggressive episode in rats. *European Journal of Neuroscience, 17*(2), 371 – 378.

Ferris, C. F., Melloni Jr, R. H., Koppel, G., Perry, K. W., Fuller, R. W., & Delville, Y. (1997). Vasopressin/serotonin interactions in the anterior hypothalamus control aggressive behavior in golden hamsters. *Journal of Neuroscience, 17*(11), 4331 – 4340.

Flint, H. E., Coe, J. B., Serpell, J. A., Pearl, D. L., & Niel, L. (2017). Risk factors associated with stranger-directed aggression in domestic dogs. *Applied Animal Behaviour Science, 197*, 45 – 54.

Fox, M. W., & Stelzner, D. (1966). Approach/withdrawal variables in the development of social behaviour in the dog. *Animal behaviour, 14*(2 – 3), 362 – 366.

Fox, M. W., & Stelzner, D. (1966). Behavioural effects of differential early experience in the dog. *Animal behaviour, 14*(2 – 3), 273 – 281.

Fox, M. W., & Stelzner, D. (1967). The effects of early experience on the development of inter and intraspecies social relationships in the dog. *Animal Behaviour, 15*(2 – 3), 377 – 386.

Foyer, P., Svedberg, A. M., Nilsson, E., Wilsson, E., Faresjö, Å., & Jensen, P. (2016). Behavior and cortisol responses of dogs evaluated in a standardized temperament test for military working dogs. *Journal of Veterinary Behavior, 11*, 7 – 12.

Foyer, P., Wilsson, E., & Jensen, P. (2016). Levels of maternal care in dogs affect adult offspring temperament. *Scientific reports, 6*, 19253.

Fraser, D. F., Gilliam, J. F., Daley, M. J., Le, A. N., & Skalski, G. T. (2001). Explaining leptokurtic movement distributions: intrapopulation variation in boldness and exploration. *The American Naturalist, 158*(2), 124 – 135.

Fratkin, J. L., Sinn, D. L., Patall, E. A., & Gosling, S. D. (2013). Personality consistency in dogs: a meta-analysis. *PLoS One, 8*(1), e54907.

Fratkin, J. L. (2017). Personality in dogs. In *Personality in Nonhuman Animals* (pp. 205 – 224). Springer, Cham

Freedman, D. G., King, J. A., & Elliot, O. (1961). Critical period in the social development of dogs. *Science, 133*(3457), 1016 – 1017.

Friedman, M., & Rosenman, R. H. (1959). Association of specific overt behavior pattern with blood and cardiovascular findings: blood cholesterol level, blood clotting time, incidence of arcus senilis, and clinical coronary artery disease. *Journal of the American medical association, 169*(12), 1286 – 1296.

Gazzano, A., Mariti, C., Notari, L., Sighieri, C., & McBride, E. A. (2008). Effects of early gentling and early environment on emotional development of puppies. *Applied Animal Behaviour Science, 110*(3 – 4), 294 – 304.

Gerlicher, A. M. V., Tüscher, O., & Kalisch, R. (2018). Dopamine-dependent prefrontal reactivations explain long-term benefit of fear extinction. *Nature communications, 9*(1), 1 – 9.

Ghirlanda, S., Acerbi, A., Herzog, H., & Serpell, J. A. (2013). Fashion vs. function in cultural evolution: The case of dog breed popularity. *PLoS One, 8*(9), e74770.

Gosling, S. D., & John, O. P. (1999). Personality dimensions in nonhuman animals: A cross-species review. *Current directions in psychological science, 8*(3), 69 – 75.

Hart, B. L. (2001). Effect of gonadectomy on subsequent development of age-related cognitive impairment in dogs. *Journal of the American Veterinary Medical Association, 219*(1), 51 – 56.

Hennessy, M. B., Williams, M. T., Miller, D. D., Douglas, C. W., & Voith, V. L. (1998). Influence of male and female petters on plasma cortisol and behaviour: can human interaction reduce the stress of dogs in a public animal shelter?. *Applied Animal Behaviour Science, 61*(1), 63 – 77.

Hettema, J. M., Neale, M. C., Myers, J. M., Prescott, C. A., & Kendler, K. S. (2006). A population-based twin study of the relationship between neuroticism and internalizing disorders. *American journal of Psychiatry, 163*(5), 857 – 864.

Hsu, Y., & Sun, L. (2010). Factors associated with aggressive responses in pet dogs. *Applied Animal Behaviour Science, 123*(3 – 4), 108 – 123.

Hagger, M. S., Chatzisarantis, N. L., Alberts, H., Anggono, C. O., Batailler, C., Birt, A. R., ... & Calvillo, D. P. (2016). A multilab preregistered replication of the ego-depletion effect. *Perspectives on Psychological Science, 11*(4), 546 – 573.

Hejjas, K., Vas, J., Kubinyi, E., Sasvari-Szekely, M., Miklosi, A., & Ronai, Z. (2007). Novel repeat polymorphisms of the dopaminergic neurotransmitter genes among dogs and wolves. *Mammalian Genome, 18*(12), 871 – 879.

Hejjas, K., Vas, J., Topál, J., Szántai, E., Rónai, Z., Székely, A., ... & Miklosi, A. (2007). Association of polymorphisms in the dopamine D4 receptor gene and the activity-impulsivity endophenotype in dogs. *Animal genetics, 38*(6), 629 – 633.

Hejjas, K., Kubinyi, E., Ronai, Z., Szekely, A., Vas, J., Miklósi, Á., ... & Kereszturi, E. (2009). Molecular and behavioral analysis of the intron 2 repeat polymorphism in the canine dopamine D4 receptor gene. *Genes, Brain and Behavior, 8*(3), 330 – 336.

Helton, W. S. (2009). Cephalic index and perceived dog trainability. *Behavioural processes, 82*(3), 355 – 358.

Horn, L., Range, F., & Huber, L. (2013). Dogs' attention towards humans depends on their relationship, not only on social familiarity. *Animal Cognition, 16*(3), 435 – 443.

Horváth, Z., Igyártó, B. Z., Magyar, A., & Miklósi, Á. (2007). Three different coping styles in police dogs exposed to a short-term challenge. *Hormones and behavior, 52*(5), 621 – 630.

Hradecká, L., Bartoš, L., Svobodová, I., & Sales, J. (2015). Heritability of behavioural traits in domestic dogs: A meta-analysis. *Applied Animal Behaviour Science, 170*, 1 – 13.

Hsu, Y., & Serpell, J. A. (2003). Development and validation of a questionnaire for measuring behavior and temperament traits in pet dogs. *Journal of the American Veterinary Medical Association, 223*(9), 1293 – 1300.

Huber, A., Barber, A. L., Faragó, T., Müller, C. A., & Huber, L. (2017). Investigating emotional contagion in dogs (Canis familiaris) to emotional sounds of humans and conspecifics. *Animal Cognition, 20*(4), 703 – 715.

Jagoe, A., & Serpell, J. (1996). Owner characteristics and interactions and the prevalence of canine behaviour problems. *Applied Animal Behaviour Science, 47*(1 – 2), 31 – 42.

Jakovcevic, A., Mustaca, A., & Bentosela, M. (2012). Do more sociable dogs gaze longer to the human face than less sociable ones?. *Behavioural processes, 90*(2), 217 – 222.

Jansen, F., Heiming, R. S., Lewejohann, L., Touma, C., Palme, R., Schmitt, A., ... & Sachser, N. (2010). Modulation of behavioural profile and stress response by 5-HTT genotype and social experience in adulthood. *Behavioural brain research, 207*(1), 21 – 29.

Jokinen, O., Appleby, D., Sandbacka-Saxén, S., Appleby, T., & Valros, A. (2017). Homing age influences the prevalence of aggressive and avoidance-related behaviour in adult dogs. *Applied Animal Behaviour Science, 195*, 87 – 92.

Jones, A. C., & Gosling, S. D. (2005). Temperament and personality in dogs (Canis familiaris): A review and evaluation of past research. *Applied Animal Behaviour Science, 95*(1 – 2), 1 – 53.

Jones, A. C. (2008). Development and validation of a dog personality questionnaire.

Karney, B. R., & Bradbury, T. N. (1995). The longitudinal course of marital quality and stability: A review of theory, methods, and research. *Psychological bulletin, 118*(1), 3.

Kealy, R. D., Lawler, D. F., Ballam, J. M., Mantz, S. L., Biery, D. N., Greeley, E. H., ... & Stowe, H. D. (2002). Effects of diet restriction on life span and age-related changes in dogs. *Journal of the American Veterinary Medical Association, 220*(9), 1315 – 1320.

Kienast, T., Hariri, A. R., Schlagenhauf, F., Wrase, J., Sterzer, P., Buchholz, H. G., ... & Bartenstein, P. (2008). Dopamine in amygdala gates limbic processing of aversive stimuli in humans. *Nature neuroscience, 11*(12), 1381 – 1382.

King, C., Smith, T. J., Grandin, T., & Borchelt, P. (2016). Anxiety and impulsivity: Factors associated with premature graying in young dogs. *Applied animal behaviour science, 185*, 78 – 85.

Kis, A., Turcsán, B., Miklósi, Á., & Gácsi, M. (2012). The effect of the owner's personality on the behaviour of owner-dog dyads. *Interaction Studies, 13*(3), 373 – 385.

Kis, A., Bence, M., Lakatos, G., Pergel, E., Turcsán, B., Pluijmakers, J., ... & Sasvári-Székely, M. (2014). Oxytocin receptor gene polymorphisms are associated with human directed social behavior in dogs (Canis familiaris). *PloS one*, *9*(1), e83993.

Kobelt, A. J., Hemsworth, P. H., Barnett, J. L., & Coleman, G. J. (2003). A survey of dog ownership in suburban Australia—conditions and behaviour problems. *Applied Animal Behaviour Science*, *82*(2), 137 – 148.

Kotrschal, K., Schöberl, I., Bauer, B., Thibeaut, A. M., & Wedl, M. (2009). Dyadic relationships and operational performance of male and female owners and their male dogs. *Behavioural processes*, *81*(3), 383 – 391.

Kubinyi, E., Turcsán, B., & Miklósi, Á. (2009). Dog and owner demographic characteristics and dog personality trait associations. *Behavioural Processes*, *81*(3), 392 – 401.

Kubinyi, E., Bence, M., Koller, D., Wan, M., Pergel, E., Ronai, Z., ... & Miklósi, Á. (2017). Oxytocin and opioid receptor gene polymorphisms associated with greeting behavior in dogs. *Frontiers in psychology*, *8*, 1520.

León, M., Rosado, B., García-Belenguer, S., Chacón, G., Villegas, A., & Palacio, J. (2012). Assessment of serotonin in serum, plasma, and platelets of aggressive dogs. *Journal of Veterinary Behavior*, *7*(6), 348 – 352.

Ley, J. M., Bennett, P. C., & Coleman, G. J. (2009). A refinement and validation of the Monash Canine Personality Questionnaire (MCPQ). *Applied Animal Behaviour Science*, *116*(2 – 4), 220 – 227.

Liinamo, A. E., van den Berg, L., Leegwater, P. A., Schilder, M. B., van Arendonk, J. A., & van Oost, B. A. (2007). Genetic variation in aggression-related traits in Golden Retriever dogs. *Applied Animal Behaviour Science*, *104*(1 – 2), 95 – 106.

Lim, M. M., & Young, L. J. (2004). Vasopressin-dependent neural circuits underlying pair bond formation in the monogamous prairie vole. *Neuroscience*, *125*(1), 35 – 45.

Lindberg, S., Strandberg, E., & Swenson, L. (2004). Genetic analysis of hunting behaviour in Swedish Flatcoated Retrievers. *Applied Animal Behaviour Science*, *88*(3 – 4), 289 – 298.

Lindsay, S. (2013). *Handbook of Applied Dog Behavior and Training*, John Wiley & Sons.

Lofgren, S. E., Wiener, P., Blott, S. C., Sanchez-Molano, E., Woolliams, J. A., Clements, D. N., & Haskell, M. J. (2014). Management and personality in Labrador Retriever dogs. *Applied Animal Behaviour Science*, *156*, 44 – 53.

Lord, K. (2013). A comparison of the sensory development of wolves (Canis lupus lupus) and dogs (Canis lupus familiaris). *Ethology*, *119*(2), 110 – 120.

MacDonald, K. B. (1987). Development and stability of personality characteristics in pre-pubertal wolves: implications for pack organization and behavior. *Man and Wolf*, 293 – 312.

MacLean, E. L., Gesquiere, L. R., Gruen, M. E., Sherman, B. L., Martin, W. L., & Carter, C. S. (2017). Endogenous oxytocin, vasopressin, and aggression in domestic dogs. *Frontiers in psychology*, *8*, 1613.

MacLean, E. L., Snyder-Mackler, N., VonHoldt, B. M., & Serpell, J. A. (2019). Highly heritable and functionally relevant breed differences in dog behaviour. *Proceedings of the Royal Society B*, *286* (1912), 20190716.

Maejima, M., Inoue-Murayama, M., Tonosaki, K., Matsuura, N., Kato, S., Saito, Y., ... & Ito, S. I. (2007). Traits and genotypes may predict the successful training of drug detection dogs. *Applied Animal Behaviour Science*, *107*(3 – 4), 287 – 298.

Marshall-Pescini, S., Valsecchi, P., Petak, I., Accorsi, P. A., & Previde, E. P. (2008). Does training make you smarter? The effects of training on dogs' performance (Canis familiaris) in a problem solving task. *Behavioural processes*, *78*(3), 449 – 454.

McCrae, R. R. (2002). The maturation of personality psychology: Adult personality development and psychological well-being. *Journal of Research in Personality*, *36*(4), 307 – 317.

McGreevy, P. D., Georgevsky, D., Carrasco, J., Valenzuela, M., Duffy, D. L., & Serpell, J. A. (2013). Dog behavior co-varies with height, bodyweight and skull shape. *PloS one*, *8*(12), e80529.

McMillan, F. D., Serpell, J. A., Duffy, D. L., Masaoud, E., & Dohoo, I. R. (2013). Differences in behavioral characteristics between dogs obtained as puppies from pet stores and those obtained from noncommercial breeders. *Journal of the American Veterinary Medical Association*, *242*(10), 1359 – 1363.

Mendl, M., Brooks, J., Basse, C., Burman, O., Paul, E., Blackwell, E., & Casey, R. (2010). Dogs showing separation-related behaviour exhibit a 'pessimistic' cognitive bias. *Current Biology*, *20*(19), R839 – R840.

Miklósi, A. (2007). Dog behaviour, evolution, and cognition.

Miller, H. C., DeWall, C. N., Pattison, K., Molet, M., & Zentall, T. R. (2012). Too dog tired to avoid danger: Self-control depletion in canines increases behavioral approach toward an aggressive threat. *Psychonomic bulletin & review*, *19*(3), 535 – 540.

Mills, D., van der Zee, E., & Zulch, H. (2014). When the bond goes wrong: problem behaviours in the social context. In *The Social Dog* (pp. 223 – 245). Academic Press.

Mohan-Gibbons, H., Dolan, E. D., Reid, P., Slater, M. R., Mulligan, H., & Weiss, E. (2018). The impact of excluding food guarding from a standardized behavioral canine assessment in animal shelters. *Animals*, *8*(2), 27.

Mongillo, P., Pitteri, E., Candaten, M., & Marinelli, L. (2016). Can attention be taught? Interspecific attention by dogs (Canis familiaris) performing obedience tasks. *Applied Animal Behaviour Science*, *182*, 30 – 37.

Mongillo, P., Scandurra, A., D'Aniello, B., & Marinelli, L. (2017). Effect of sex and gonadectomy on dogs' spatial performance. *Applied animal behaviour science*, *191*, 84 – 89.

Montoya, E. R., Terburg, D., Bos, P. A., & Van Honk, J. (2012). Testosterone, cortisol, and serotonin as key regulators of social aggression: A review and theoretical perspective. *Motivation and emotion*, *36*(1), 65 – 73.

Morrow, M., Ottobre, J., Ottobre, A., Neville, P., St-Pierre, N., Dreschel, N., & Pate, J. L. (2015). Breed-dependent differences in the onset of fear-related avoidance behavior in puppies. *Journal of Veterinary Behavior*, *10*(4), 286 – 294.

Müller, C. A., Schmitt, K., Barber, A. L., & Huber, L. (2015). Dogs can discriminate emotional expressions of human faces. *Current Biology*, *25*(5), 601 – 605.

Murgatroyd, C., Patchev, A. V., Wu, Y., Micale, V., Bockmühl, Y., Fischer, D., ... & Spengler, D. (2009). Dynamic DNA methylation programs persistent adverse effects of early-life stress. *Nature neuroscience*, *12*(12), 1559 – 1566.

Nagasawa, M., Mitsui, S., En, S., Ohtani, N., Ohta, M., Sakuma, Y., ... & Kikusui, T. (2015). Oxytocin-gaze positive loop and the coevolution of human-dog bonds. *Science*, *348*(6232), 333 – 336.

Narvaes, R., & Martins de Almeida, R. M. (2014). Aggressive behavior and three neurotransmitters: dopamine, GABA, and serotonin—A review of the last 10 years. *Psychology & Neuroscience*, *7*(4), 601.

Nicolaus, M., Tinbergen, J. M., Ubels, R., Both, C., & Dingemanse, N. J. (2016). Density fluctuations represent a key process maintaining personality variation in a wild passerine bird. *Ecology Letters*, *19*(4), 478 – 486.

Palmiter, R. D. (2008). Dopamine signaling in the dorsal striatum is essential for motivated behaviors: lessons from dopamine-deficient mice. *Annals of the New York Academy of Sciences*, *1129*, 35.

Panksepp, J. (2004). *Affective neuroscience: The foundations of human and animal emotions*. Oxford university press.

Panksepp, J., & Biven, L. (2012). *The archaeology of mind: neuroevolutionary origins of human emotions (Norton series on interpersonal neurobiology)*. W W Norton & Company.

Patronek, G. J., & Bradley, J. (2016). No better than flipping a coin: Reconsidering canine behavior evaluations in animal shelters. *Journal of Veterinary Behavior*, *15*, 66 – 77.

Persson, M. E., Roth, L. S. V., Johnsson, M., Wright, D., & Jensen, P. (2015). Human-directed social behaviour in dogs shows significant heritability. *Genes, Brain and Behavior*, *14*(4), 337 – 344.

Pfaffenberger, C. J., & Scott, J. P. (1959). The relationship between delayed socialization and trainability in guide dogs. *The Journal of genetic psychology*, *95*(1), 145 – 155.

Pierantoni, L., Albertini, M., & Pirrone, F. (2011). Prevalence of owner-reported behaviours in dogs separated from the litter at two different ages. *Veterinary record*, *169*(18), 468 – 468.

Pirrone, F., Pierantoni, L., Pastorino, G. Q., & Albertini, M. (2016). Owner-reported aggressive behavior towards familiar people may be a more prominent occurrence in pet shop-traded dogs. *Journal of Veterinary Behavior*, *11*, 13 – 17.

Podberscek, A. L., & Serpell, J. A. (1997). Environmental influences on the expression of aggressive behaviour in English Cocker Spaniels. *Applied Animal Behaviour Science, 52*(3 – 4), 215 – 227.

Ragatz, L., Fremouw, W., Thomas, T., & McCoy, K. (2009). Vicious dogs: the antisocial behaviors and psychological characteristics of owners. *Journal of forensic sciences, 54*(3), 699 – 703.

Raine, A., Buchsbaum, M., & LaCasse, L. (1997). Brain abnormalities in murderers indicated by positron emission tomography. *Biological psychiatry, 42*(6), 495 – 508.

Réale, D., Gallant, B. Y., Leblanc, M., & Festa-Bianchet, M. (2000). Consistency of temperament in bighorn ewes and correlates with behaviour and life history. *Animal behaviour, 60*(5), 589 – 597.

Reisner, I. R., Mann, J. J., Stanley, M., Huang, Y. Y., & Houpt, K. A. (1996). Comparison of cerebrospinal fluid monoamine metabolite levels in dominant-aggressive and non-aggressive dogs. *Brain research, 714*(1 – 2), 57 – 64.

Riemer, S., Müller, C., Virányi, Z., Huber, L., & Range, F. (2013). Choice of conflict resolution strategy is linked to sociability in dog puppies. *Applied animal behaviour science, 149*(1 – 4), 36 – 44.

Riemer, S., Müller, C., Virányi, Z., Huber, L., & Range, F. (2014). The predictive value of early behavioural assessments in pet dogs–a longitudinal study from neonates to adults. *PloS one, 9*(7), e101237.

Riemer, S., Müller, C., Virányi, Z., Huber, L., & Range, F. (2016). Individual and group level trajectories of behavioural development in Border collies. *Applied animal behaviour science, 180*, 78 – 86.

Riemer, S. (2019). Not a one-way road—Severity, progression and prevention of firework fears in dogs. *PloS one, 14*(9), e0218150.

Riemer, S. (2020). Effectiveness of treatments for firework fears in dogs. *Journal of Veterinary Behavior.*

Roberts, B. W., & DelVecchio, W. F. (2000). The rank-order consistency of personality traits from childhood to old age: a quantitative review of longitudinal studies. *Psychological bulletin, 126*(1), 3.

Rooney, N. J., Gaines, S. A., & Bradshaw, J. W. S. (2003). How predictive are puppy tests? Evidence from a puppy walking programme for military search dogs. In *Proceedings of the 37th International Congress of ISAE, Abano Terme, Italy* (Vol. 41).

Roth, L. S., & Jensen, P. (2015). Assessing companion dog behavior in a social setting. *Journal of Veterinary Behavior, 10*(4), 315 – 323.

Rothbart, M. K., & Bates, J. E. (2006). Temperament In Damon W & Lerner RM (Series Eds.) & Eisenberg N (Volume Ed.), Handbook of child psychology: Social, emotional, and personality development (pp. 99–166).

Rothbart, M. K., & Bates, J. E. (2007). Temperament. *Handbook of child psychology, 3*.

Sachser, N., Hennessy, M. B., & Kaiser, S. (2011). Adaptive modulation of behavioural profiles by social stress during early phases of life and adolescence. *Neuroscience & Biobehavioral Reviews, 35*(7), 1518 – 1533.

Sachser, N., & Lesch, K. P. (2013). Das Zusammenspiel von Genotyp und Umwelt bei der Entwicklung von Furcht und Angst. *Neuroforum, 19*(3), 104 – 109.

Sapolsky, R. M. (2004). Mothering style and methylation. *Nature neuroscience, 7*(8), 791 – 792.

Schoon, A., & Berntsen, T. G. (2011). Evaluating the effect of early neurological stimulation on the development and training of mine detection dogs. *Journal of Veterinary Behavior, 6*(2), 150 – 157.

Scandurra, A., Prato-Previde, E., Valsecchi, P., Aria, M., & D'Aniello, B. (2015). Guide dogs as a model for investigating the effect of life experience and training on gazing behaviour. *Animal Cognition, 18*(4), 937 – 944.

Scott, J. P., & Fuller, J. L. (1965). Genetics and the social behavior of the dog. Chicago: Univer.

Scandurra, A., Alterisio, A., Di Cosmo, A., D'Ambrosio, A., & D'Aniello, B. (2019). Ovariectomy impairs socio-cognitive functions in dogs. *Animals, 9*(2), 58.

Serpell, J. A., & Duffy, D. L. (2014). Dog breeds and their behavior. In *Domestic dog cognition and behavior* (pp. 31 – 57). Springer, Berlin, Heidelberg.

Serpell, J. A., & Duffy, D. L. (2016). Aspects of juvenile and adolescent environment predict aggression and fear in 12-month-old guide dogs. *Frontiers in veterinary science, 3*, 49.

Serpell, J. A., & Hsu, Y. A. (2005). Effects of breed, sex, and neuter status on trainability in dogs. *Anthrozoös, 18*(3), 196 – 207.

Serpell, J. A., & Hsu, Y. A. (2005). Effects of breed, sex, and neuter status on trainability in dogs. *Anthrozoös, 18*(3), 196 – 207.

Sih, A., & Bell, A. M. (2008). Insights for behavioral ecology from behavioral syndromes. *Advances in the Study of Behavior, 38*, 227 – 281.

Siniscalchi, M., McFarlane, J. R., Kauter, K. G., Quaranta, A., & Rogers, L. J. (2013). Cortisol levels in hair reflect behavioural reactivity of dogs to acoustic stimuli. *Research in Veterinary Science, 94*(1), 49 – 54.

Siwak, C. T., Murphey, H. L., Muggenburg, B. A., & Milgram, N. W. (2002). Age-dependent decline in locomotor activity in dogs is environment specific. *Physiology & behavior, 75*(1 – 2), 65 – 70.

Srivastava, S., John, O. P., Gosling, S. D., & Potter, J. (2003). Development of personality in early and middle adulthood: Set like plaster or persistent change?. *Journal of personality and social psychology, 84*(5), 1041.

Spain, C. V., Scarlett, J. M., & Houpt, K. A. (2004). Long-term risks and benefits of early-age gonadectomy in dogs. *Journal of the American Veterinary Medical Association, 224*(3), 380 – 387.

Stone, H. R., McGreevy, P. D., Starling, M. J., & Forkman, B. (2016). Associations between domestic-dog morphology and behaviour scores in the dog mentality assessment. *PloS one, 11*(2), e0149403.

Sundman, A. S., Van Poucke, E., Holm, A. C. S., Faresjö, Å., Theodorsson, E., Jensen, P., & Roth, L. S. (2019). Long-term stress levels are synchronized in dogs and their owners. *Scientific reports, 9*(1), 1 – 7.

Sutter, N. B., Bustamante, C. D., Chase, K., Gray, M. M., Zhao, K., Zhu, L., ... & Quignon, P. (2007). A single IGF1 allele is a major determinant of small size in dogs. *Science, 316*(5821), 112 – 115.

Svartberg, K. (2002). Shyness–boldness predicts performance in working dogs. *Applied Animal Behaviour Science, 79*(2), 157 – 174.

Svartberg, K. (2005). A comparison of behaviour in test and in everyday life: evidence of three consistent boldness-related personality traits in dogs. *Applied Animal Behaviour Science, 91*(1 – 2), 103 – 128.

Svartberg, K. (2006). Breed-typical behaviour in dogs—historical remnants or recent constructs?. *Applied Animal Behaviour Science, 96*(3 – 4), 293 – 313.

Svartberg, K. (2007). Individual differences in behaviour—dog personality. *The behavioural biology of dogs*, 182 – 206.

Svartberg, K., & Forkman, B. (2002). Personality traits in the domestic dog (Canis familiaris). *Applied animal behaviour science, 79*(2), 133 – 155.

Svartberg, K., Tapper, I., Temrin, H., Radesäter, T., & Thorman, S. (2005). Consistency of personality traits in dogs. *Animal Behaviour, 69*(2), 283 – 291.

Swanson, J. M., Sunohara, G. A., Kennedy, J. L., Regino, R., Fineberg, E., Wigal, T., ... & Wigal, S. (1998). Association of the dopamine receptor D4 (DRD4) gene with a refined phenotype of attention deficit hyperactivity disorder (ADHD): a family-based approach. *Molecular psychiatry*, *3*(1), 38 – 41.

Takeuchi, Y., Hashizume, C., Arata, S., Inoue-Murayama, M., Maki, T., Hart, B. L., & Mori, Y. (2009). An approach to canine behavioural genetics employing guide dogs for the blind. *Animal Genetics*, *40*(2), 217 – 224.

Thompson, R. R., George, K., Walton, J. C., Orr, S. P., & Benson, J. (2006). Sex-specific influences of vasopressin on human social communication. *Proceedings of the National Academy of Sciences*, *103*(20), 7889 – 7894.

Tiira, K., & Lohi, H. (2015). Early life experiences and exercise associate with canine anxieties. *PLoS One*, *10*(11), e0141907.

Tiira, K., Sulkama, S., & Lohi, H. (2016). Prevalence, comorbidity, and behavioral variation in canine anxiety. *Journal of Veterinary Behavior*, *16*, 36 – 44.

Turcsán, B., Kubinyi, E., & Miklósi, Á. (2011). Trainability and boldness traits differ between dog breed clusters based on conventional breed categories and genetic relatedness. *Applied Animal Behaviour Science*, *132*(1 – 2), 61 – 70.

Turcsán, B., Range, F., Virányi, Z., Miklósi, Á., & Kubinyi, E. (2012). Birds of a feather flock together? Perceived personality matching in owner-dog dyads. *Applied Animal Behaviour Science*, *140*(3 – 4), 154 – 160.

Turcsán, B., Range, F., Rónai, Z., Koller, D., & Virányi, Z. (2017). Context and individual characteristics modulate the association between oxytocin receptor gene polymorphism and social behavior in border collies. *Frontiers in Psychology*, *8*, 2232.

Uhde, T. W., Malloy, L. C., & Slate, S. O. (1992). Fearful behavior, body size, and serum IGF-I levels in nervous and normal pointer dogs. *Pharmacology Biochemistry and Behavior*, *43*(1), 263 – 269.

Van der Borg, J. A., Graat, E. A., & Beerda, B. (2017). Behavioural testing based breeding policy reduces the prevalence of fear and aggression related behaviour in Rottweilers. *Applied Animal Behaviour Science*, *195*, 80 – 86.

Van der Waaij, E. H., Wilsson, E., & Strandberg, E. (2008). Genetic analysis of results of a Swedish behavior test on German Shepherd Dogs and Labrador Retrievers. *Journal of animal science*, *86* (11), 2853 – 2861.

Vas, J., Topál, J., Péch, É., & Miklósi, A. (2007). Measuring attention deficit and activity in dogs: a new application and validation of a human ADHD questionnaire. *Applied Animal Behaviour Science*, *103*(1 – 2), 105 – 117.

Vaterlaws-Whiteside, H., & Hartmann, A. (2017). Improving puppy behavior using a new standardized socialization program. *Applied Animal Behaviour Science*, *197*, 55 – 61.

Vermeire, S. T., Audenaert, K. R., Dobbeleir, A. A., De Meester, R. H., De Vos, F. J., & Peremans, K. Y. (2009). Evaluation of the brain 5-HT2A receptor binding index in dogs with anxiety disorders, measured with 123I-5I-R91150 and SPECT. *Journal of Nuclear Medicine*, *50*(2), 284 – 289.

VonHoldt, B. M., Ji, S. S., Aardema, M. L., Stahler, D. R., Udell, M. A., & Sinsheimer, J. S. (2018). Activity of Genes with Functions in Human Williams–Beuren Syndrome Is Impacted by Mobile Element Insertions in the Gray Wolf Genome. *Genome biology and evolution*, *10*(6), 1546 – 1553.

Wahlgren, K., & Lester, D. (2003). The big four: personality in dogs. *Psychological reports*, *92*(3), 828 – 828.

Walum, H., Westberg, L., Henningsson, S., Neiderhiser, J. M., Reiss, D., Igl, W., ... & Lichtenstein, P. (2008). Genetic variation in the vasopressin receptor 1a gene (AVPR1A) associates with pair-bonding behavior in humans. *Proceedings of the National Academy of Sciences*, *105*(37), 14153 – 14156.

Wan, M., Kubinyi, E., Miklósi, Á., & Champagne, F. (2009). A cross-cultural comparison of reports by German Shepherd owners in Hungary and the United States of America. *Applied Animal Behaviour Science*, *121*(3 – 4), 206 – 213.

Weaver, I. C., Cervoni, N., Champagne, F. A., D'Alessio, A. C., Sharma, S., Seckl, J. R., ... & Meaney, M. J. (2004). Epigenetic programming by maternal behavior. *Nature neuroscience*, *7*(8), 847 – 854.

White, G. A., Hobson-West, P., Cobb, K., Craigon, J., Hammond, R., & Millar, K. M. (2011). Canine obesity: is there a difference between veterinarian and owner perception?. *Journal of Small Animal Practice*, *52*(12), 622 – 626.

Wilkins, A. S., Wrangham, R. W., & Fitch, W. T. (2014). The "domestication syndrome" in mammals: a unified explanation based on neural crest cell behavior and genetics. *Genetics*, *197*(3), 795 – 808.

Wilson, D. S., Clark, A. B., Coleman, K., & Dearstyne, T. (1994). Shyness and boldness in humans and other animals. *Trends in Ecology & Evolution*, *9*(11), 442 – 446.

Wilsson, E., & Sundgren, P. E. (1997). The use of a behaviour test for selection of dogs for service and breeding. II. Heritability for tested parameters and effect of selection based on service dog characteristics. *Applied Animal Behaviour Science, 54* (2 – 3), 235 – 241.

Wilsson, E., & Sundgren, P. E. (1998). Behaviour test for eight-week old puppies—heritabilities of tested behaviour traits and its correspondence to later behaviour. *Applied Animal Behaviour Science, 58*(1 – 2), 151 – 162.

Wilsson, E. (2016). Nature and nurture—How different conditions affect the behavior of dogs. *Journal of Veterinary Behavior, 16*, 45 – 52.

Wood, P. A., de Bie, J., & Clarke, J. A. (2014). Behavioural and physiological responses of domestic dogs (Canis familiaris) to agonistic growls from conspecifics. *Applied Animal Behaviour Science, 161*, 105 – 112.

Yong, M. H., & Ruffman, T. (2014). Emotional contagion: Dogs and humans show a similar physiological response to human infant crying. *Behavioural processes, 108*, 155 – 165.

Zapata, I., Serpell, J. A., & Alvarez, C. E. (2016). Genetic mapping of canine fear and aggression. *BMC genomics, 17*(1), 572.

Zink, M. C., Farhoody, P., Elser, S. E., Ruffini, L. D., Gibbons, T. A., & Rieger, R. H. (2014). Evaluation of the risk and age of onset of cancer and behavioral disorders in gonadectomized Vizslas. *Journal of the American Veterinary Medical Association, 244*(3), 309 – 319.

LINKS

C-Barq: https://vetapps.vet.upenn.edu/cbarq/

REGISTER

BILDNACHWEIS

72 Farbfotos wurden von Heike Schmidt-Röger/Kosmos.
Weitere Farbfotos von Anna Auerbach/Kosmos (24: S. 3 M., 60, 100, 112, 125, 129 alle vier, 132, 144, 145, 151, 152 alle drei, 153 beide, 156, 164, 176, 181, 182, 183), Atelier Seidenmatt (1: S. 178), Stefanie Blawe (1: S. 157), Nora Brede (1: S. 63), Annett Mirsberger/Kosmos (2: S. 172, 186), Shutterstock (Olexandr Andreiko S. 84, Baronb S. 109, dezy S. 47, Gokhan Dogan S. 175, fotoliza S. 49, Patrick H S. 93 l., intherayoflight S. 167, lafoto S. 91, Soloviora Liudmyla S. 130, Cyrill Lukin S. 93 r., Mr.Sutun photograph S. 75, Olena Z S. 166, Pixl-Shot S. 55, resormat S. 119, slowmotiongli S. 46, xkunclova S. 50), Trio Bildarchiv (Natalie Große 2: S. 116, 117, Maren Leuker 2: S. 104, 165, Brigitte Marty: S. 174), Vivien Venzke/Kosmos S. 169)
Mit 36 Grafiken von Atelier Krohmer.

IMPRESSUM

Umschlaggestaltung von GRAMISCI Editorialdesign, Claudia Geffert unter Verwendung eines Farbfotos von Nora Brede.
Mit 124 Farbfotos und 36 Grafiken.

Unser gesamtes Programm finden Sie unter **kosmos.de**.
Über Neuigkeiten informieren Sie regelmäßig unsere Newsletter, einfach anmelden unter **kosmos.de/newsletter**

Gedruckt auf chlorfrei gebleichtem Papier

ISBN 978-3-440-15852-4
Redaktion: Alice Rieger
Gestaltungskonzept: Peter Schmidt Group, Hamburg
Gestaltung und Satz: Atelier Krohmer, Dettingen/Erms
Produktion: Nina Renz
Druck und Bindung: Westermann Druck Zwickau GmbH, Zwickau
Printed in Germany / Imprimé en Allemagne

FSC
www.fsc.org
MIX
Papier | Fördert gute Waldnutzung
FSC® C110508